本书的工作受到2022年度江苏省碳达峰碳中和科技创新专项资金（BE2022032–3）的资助

流体机械的优化设计

应用计算流体力学和数值优化

Design Optimization of Fluid Machinery

Applying Computational Fluid Dynamics and Numerical Optimization

［韩　国］ 金光龙（Kwang-Yong Kim）

［印　度］ 阿卜杜·萨马德（Abdus Samad）

［意大利］ 埃内斯托·贝尼尼（Ernesto Benini）

著

司乔瑞　王　鹏　赵睿杰　译

袁寿其　审

WILEY

江苏大学出版社

JIANGSU UNIVERSITY PRESS

镇　江

著作权合同登记：图字 10-2023-363 号

图书在版编目（CIP）数据

流体机械的优化设计：应用计算流体力学和数值优化 /（韩）金光龙，（印）阿卜杜·萨马德，（意）埃内斯托·贝尼尼著；司乔瑞，王鹏，赵睿杰译. -- 镇江：江苏大学出版社，2024.8
ISBN 978-7-5684-1410-4

Ⅰ. ①流… Ⅱ. ①金… ②阿… ③埃… ④司… ⑤王… ⑥赵… Ⅲ. ①流体机械—机械设计—最优设计—研究 Ⅳ. ①TK05

中国国家版本馆 CIP 数据核字（2023）第 190926 号

流体机械的优化设计：应用计算流体力学和数值优化
Liuti Jixie De Youhua Sheji：Yingyong Jisuan Liuti Lixue He Shuzhi Youhua

著　者/［韩国］金光龙（Kwang-Yong Kim）　　［印度］阿卜杜·萨马德（Abdus Samad）
　　　　［意大利］埃内斯托·贝尼尼（Ernesto Benini）
译　者/司乔瑞　王　鹏　赵睿杰
责任编辑/孙文婷
出版发行/江苏大学出版社
地　址/江苏省镇江市京口区学府路 301 号（邮编：212013）
电　话/0511-84446464（传真）
网　址/http://press.ujs.edu.cn
排　版/镇江市江东印刷有限责任公司
印　刷/江苏凤凰数码印务有限公司
开　本/787 mm×1 092 mm　1/16
印　张/17.25
字　数/400 千字
版　次/2024 年 8 月第 1 版
印　次/2024 年 8 月第 1 次印刷
书　号/ISBN 978-7-5684-1410-4
定　价/100.00 元

如有印装质量问题请与本社营销部联系（电话：0511-84440882）

序

　　流体机械是以流体为工质进行能量转换的机械,广泛应用于国民经济各部门,对国防建设、工业发展作用重大。江苏大学在流体机械领域的研究具有悠久的历史,其流体机械及工程学科为国家重点学科,学科所在的江苏大学流体机械工程技术研究中心创建于1962年的吉林工业大学排灌机械研究室,2011年获批组建国家水泵及系统工程技术研究中心,2018年获批组建国家流体工程装备节能技术国际联合研究中心。长期孜孜不倦、坚持不懈地奋斗在流体机械科研征程上的科研人员充分认识到,引进该领域的优秀专著,吸取国外宝贵的科研经验,对促进我国流体机械学科的发展和行业的技术进步具有重要作用。

　　自2013年以来,江苏大学全力推进国际化教育和科研活动,每年邀请十余位国际流体机械研究领域的知名学者来华交流并开设了多门外语课程,在流体机械领域相继引进并翻译了多本优秀国外专著作为研究生的教材。在与亚洲流体机械协会主席、韩国仁荷大学 Kwang-Yong Kim 教授交流期间,我们发现其最新英文专著 *Design Optimization of Fluid Machinery—Applying computational fluid dynamics and numerical optimization* 非常契合中国流体机械行业快速发展的需要,产生了引进并翻译该书的想法,司乔瑞、王鹏、赵睿杰等老师积极承担了该书的翻译工作,江苏大学出版社负责了版权的引进。

本书共分五章，系统地介绍了流体机械基础理论、计算流体力学和优化设计方法，并展示了大量的工业流体机械(泵、压缩机和涡轮机、风机、水轮机等)和可再生能源系统流体装备应用案例。读者既可通过学习计算流体力学知识加深对流体机械内部流动理论的理解，又可结合各优化实例加强对各种流体机械装备优化设计的直观认识。本书非常适合流体工程装备领域相关的工程师、研究员、教师、研究生、高年级本科生阅读，能为促进我国高端流体工程装备发展做出积极贡献。

袁寿其

作者寄语

当我们写这本书时,我们试图帮助流体机械领域的研究者和工程师将优化设计理论带入装备产品的开发流程。这本书提供了采用二维或三维流体流动数值分析方法进行基于代理模型的流体机械优化设计的一些通用知识,并介绍了多种设计优化技术在不同类型的流体机械中的应用。

2019年,我在韩国组织第15届亚洲流体机械国际会议期间结识了江苏大学的司乔瑞博士,他对本书的研究内容表现出极大的兴趣,通过与其畅谈我了解了中国快速发展的流体机械装备发展现状。司乔瑞博士等本书的译者及其所在团队在流体机械研究方面积累了深厚的理论研究基础和工程设计经验,我们很乐意将本书委托他们翻译出版。翻译过程中最困难的是各种复杂的专业术语的翻译,不仅要求意思准确,还要兼顾易读性。他们的翻译工作非常幸运地得到了江苏大学袁寿其研究员的积极支持,他详细地阅读了译稿,特别是对现代流体机械领域科技术语的准确使用提出了许多宝贵意见,我们对他的积极支持深表感谢。

我们非常高兴本书被成功地翻译成中文版,并诚挚地感谢所有参与该书中文版翻译工作的人员,希望中国的流体机械工程师能从中找到有帮助的信息和有价值的想法。

Kwang-Yong Kim

前　言

本书介绍了优化设计方法及其在流体机械,如泵、压缩机、涡轮机、风机等装置的设计中的应用。与结构分析不同,流体在流道内的流动非常复杂,对其进行计算需要消耗大量的时间。近年来,随着计算机计算能力的不断提升,基于三维流动分析的优化设计方法在流体机械领域的应用越来越受到青睐。很长一段时间以来,流体机械的设计技术随着流体力学的不断完善取得了长足的发展。因此,在计算流体力学(Computational Fluid Dynamics,CFD)普及之前,已有各种使用经验公式和近似分析来进行设计的方法。如今,以CFD理论为基础的优化设计方法作为附加的设计过程,进一步完善了流体机械的优化设计。

反设计法,即从既定目标出发,推导出流体机械的最佳几何模型,其所需计算量小,但很难准确地描述目标流场。因此,通过改变设计变量来求解出优化目标的优化设计近来成为流体机械设计的热点。本书阐述的主题为优化设计方法,主要分为梯度法和统计法两种。由于计算时间主要取决于设计变量,因此梯度法不适合应用于拥有大量设计变量的设计问题,但伴随法除外。作为一种统计法,基于代理模型的优化方法因其易于操作和计算成本低廉而被广泛应用于叶轮机械的设计优化中。目标函数的代理建模在很大程度上减少了优化过程所需评估的目标函数的数量,因此基于代理模型的优化方法非常适合应用于那些在流体机械设计过程中使用CFD计算分析需要花费很长时间的流体机械设计问题。本书介绍了基于代理模型优化的一般方法及其在流体机械中的应用。

设计目标,如效率、压力系数、重量等,以及几何/工况设计变量都需依据要优化的流体机械的特性来设定。期望流体机械设计人员能从本书提供的大量不同类型流体机械的优化设计实例中,对如何选择优化方法、设计目标及变量以实现其设计目标获得一定的认识。

本书旨在通过流体流动的二维或三维数值分析，为工程师和大学研究生提供基于代理模型的流体机械优化设计方法的一些通识，并介绍各种优化设计技术在不同类型的流体机械中的应用。

感谢以下研究生帮助完成本书：印度理工学院马德拉斯分校的 Tapas、Karthikeyan、Ezhil、Madhan、Hamid、Murshid 和 Paresh，以及仁荷大学的 Hyeon-Seok Shim、Sang-Bum Ma、Jun-Hee Kim 和 Han-Sol Jeong。

Kwang-Yong Kim

Abdus Samad

Ernesto Benini

编辑说明

1.本书的原版书的目录包含一至四级标题,过于冗余,译者对此进行了删减,仅保留前三级标题。

2.本书的原版书涉及大量外文参考文献,由于文献种类复杂,加之部分文献年代久远,为方便读者查阅,本书直接采用原版书文献著录格式,仅添加序号,不作具体修改。

3.本书未收录原版书索引。

目 录

1 引 言 001

1.1 概述 001

1.2 流体机械:分类与特性 002

1.3 流体机械的分析 003

1.4 流体机械的设计 006

1.4.1 设计要求 006

1.4.2 平均流线参数的确定 006

1.4.3 平均流线分析 006

1.4.4 三维叶片设计 006

1.4.5 准三维流动分析 007

1.4.6 全三维流动分析 007

1.4.7 优化设计 007

1.5 透平机械设计优化 007

参考文献 008

2 流体力学和计算流体力学 010

2.1 流体力学基础 010

2.1.1 介绍 010

2.1.2 流体流动的分类 010

2.1.3 一维、二维、三维流动 013

2.1.4 表面流流动 013

2.1.5 边界层 014

2.2 计算流体力学(CFD) 014

2.2.1 CFD及其在透平机械中的应用 015

2.2.2 CFD分析的基本步骤 017

2.2.3 控制方程 017

2.2.4 湍流模型 019

2.2.5 边界条件 024

2.2.6 移动参考系(MRF) 025

2.2.7 验证和确认 026

2.2.8 商业 CFD 软件 026

2.2.9 开源代码 027

参考文献 028

3 优化方法 030

3.1 介绍 030

3.1.1 工程优化的定义 031

3.1.2 设计空间 031

3.1.3 设计变量和目标 032

3.1.4 优化过程 034

3.1.5 搜索算法 035

3.2 多目标优化(MOO) 035

3.2.1 加权求和方法 036

3.2.2 Pareto 最优前沿 036

3.3 约束、无约束和离散优化 037

3.3.1 约束优化 037

3.3.2 无约束优化 037

3.3.3 离散优化 038

3.4 代理建模 038

3.4.1 概述 038

3.4.2 优化程序 038

3.4.3 代理建模方法 038

3.5 误差估计 042

3.5.1 模拟和优化透平机械系统时的一般误差 042

3.5.2 代理建模中的误差估计 045

3.5.3 灵敏度分析 046

3.6 抽样技术 048

3.6.1 抽样 048

3.6.2 样本大小 048

3.6.3 设计空间 048

3.6.4 维数灾难 048

3.6.5 试验设计(DOE) 049

3.6.6 全因子设计 049

3.6.7 拉丁超立方体抽样(LHS) 049

3.7 优化求解器 050

3.8 多学科设计优化 050

3.8.1 什么是多学科设计优化？ 050

3.8.2 梯度法 051

3.8.3 非梯度法 051

3.8.4 近期 MDO 方法 051

3.9 反设计 051

3.9.1 反设计与直接设计 051

3.9.2 CFD 直接优化设计 051

3.9.3 CFD 反优化设计 052

3.10 自动优化 053

3.10.1 伴随 CFD 的耦合方法 053

3.10.2 案例研究 054

3.11 结论 058

参考文献 058

4 工业流体机械的优化 062

4.1 泵 062

4.1.1 离心泵、混流泵和轴流泵 062

4.1.2 泵优化的参数化形状模型和流动求解器 064

4.2 压缩机和涡轮机 086

4.2.1 轴流、径向、多级压缩机 086

4.2.2 轴流式压缩机参数化优化模型和流动求解器 086

4.2.3 离心式压缩机的优化 103

4.2.4 涡轮机 110

4.3 风机 126

4.3.1 离心风机、轴流风机、混流风机和横流风机 126

4.3.2 风机压力、效率和规律 130

4.3.3 风机气动分析 131

4.3.4 针对风机优化的优化问题和算法 150

4.4 水轮机 168

4.4.1 引言 168

4.4.2 水轮机的空化现象 171

4.4.3 水轮机分析 175

4.4.4 水轮机优化 188

4.5 其他机械 199

4.5.1 蓄热式鼓风机 199

4.5.2 其他机械 205

参考文献　210

5 可再生能源系统流体机械的优化　233

5.1　风能　233

5.1.1　水平轴风力涡轮机的优化　235

5.1.2　叶素理论法　235

5.1.3　涡轮机参数化　237

5.1.4　转子优化策略　240

5.2　海洋能　240

5.2.1　温度梯度　241

5.2.2　潮汐与潮汐流　241

5.2.3　盐度梯度　241

5.2.4　波浪　241

5.3　从海浪中获取能量　241

5.4　振荡水柱（OWC）　243

5.4.1　固定结构 OWC　243

5.4.2　漂浮结构 OWC　243

5.5　涡轮机的分类　243

5.5.1　Wells 涡轮机　244

5.5.2　冲击式涡轮机　245

5.6　空气涡轮机的优化　246

参考文献　250

符号说明　254

① 引　言

1.1　概述

　　流体机械指的是把流体能量转化为轴功(如水轮机和汽轮机)或者将轴功转化为流体能量(如泵和压缩机)的机械装置。流体机械的发展历史悠久,流体机械的设计技术随着流体力学的发展而更加完善。尽管单相牛顿黏性流体的精确控制方程,即纳维-斯托克斯方程(Navier – Stokes equations,简称 N – S 方程)在 19 世纪中叶已经被推导出来,但是直到 100 多年之后随着电子计算机的应用才使得 N – S 方程得到了更精确的数值求解,在此之前,多种基于非黏性假设的近似分析方法一直是流体流动分析中的主流方法。此后,由于计算机科学的高速发展,求解控制微分方程的计算流体力学(computational fluid dynamics,CFD)被完美地应用在流体流动的分析中。

　　由于在流体机械中流动轨迹的复杂性,三维(3D)CFD 在流体机械的空气动力学或水动力学分析中的应用有些滞后,但近年来 CFD 已经广泛地应用于流体机械的设计和分析中。在初期,由于需要耗费大量的计算时间,CFD 在流体机械领域仅仅被应用于流场的分析。但是,计算机性能的不断提高使得在流体机械中运用 CFD 进行优化设计成为现实。因此,现在 CFD 不仅被应用于流体机械的流动分析,而且可以实现流体机械的系统性优化算法。然而,采用 CFD 进行优化设计需要耗费大量的计算时间,所以它只能作为流体机械整体设计中的一种辅助设计方法,而非完全取代流体机械的传统设计方法。

　　常推崇的运用 CFD 来设计流体机械的经典设计过程如下:首先采用近似分析的方法确定该流体机械的一个初始模型设计,然后通过三维 CFD 模拟进行参数研究得出性能参数对所选几何/工况参数的灵敏度,最后对所选取参数的设计变量进行研究以实现流体机械的单目标或多目标优化设计。优化设计需要对目标函数进行多次评估,这些目标函数是在流体机械的性能参数中选取的,而目标函数评估的次数取决于设计变量的数量和所用的优化算法。优化中不断增加设计变量一般而言会改进最后的优化结果,但是设计变量的数量主要受到计算时间的限制。因此,如果计算能力不断提升,那么优化设计在流体机械设计中的应用会更加广泛。

1.2 流体机械：分类与特性

将流体能量转化为轴功的流体机械称为透平机,更具体地说,根据工作介质可分为燃气涡轮机、蒸汽涡轮机、风力涡轮机和水轮机。而将轴功转化为流体能量的另一类流体机械包括泵、风机、鼓风机和压缩机。这一类型中所有使用液体作为工质的机械都叫泵。而根据增压幅度,使用气体作为工质的这一类机械又可分为风机、鼓风机和压缩机。

流体机械同时也可分为两大类:透平机械和容积式流体机械。在透平机械中,旋转叶片(转子)与流经叶片流道的流体进行连续的能量传递。然而,在容积式流体机械中,存在一定量的工作流体位移,但在旋转或往复运动中,流体与机械的运动部件之间没有相对运动。换言之,工作流体在这些机械的某些部分并未流动。本章以下各节主要讨论透平机械。

透平机械也可以根据叶轮内流向的变化进行分类,如图1.1所示。如果通过叶轮的流向没有发生变化,这类机械就称作轴流式透平机械。而流经叶轮后流向改为垂直方向的被称作径流式(或者离心式)透平机械。如果流向变化既不是径向也不是轴向,这类机械就称作混流式透平机械。而且,透平机械的转子可能封装在外壳中或暴露在外部环境中。大多数透平机属于前者封闭式透平机械,但是有些,诸如风力透平、螺桨式风机和船舶螺旋桨,都属于后者扩展式透平机械。

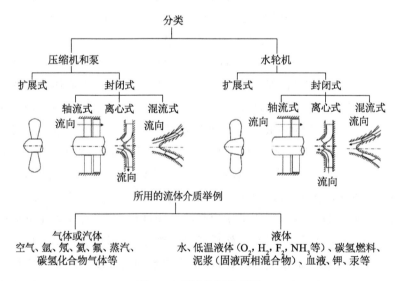

图 1.1 透平机械的分类

[资料来源:转载自 Lakshminarayana 1996(原始资料中的图 1.1),©1996,经 John Wiley & Sons, Inc.许可]

空化(汽蚀)现象是只有在以液体为工质的流体机械中才会发生的一种重要的流动现

象,即在正常工作温度下由于局部静压的下降导致气泡的产生。在泵或水轮机中,叶片旋转导致的局部低压区会产生空化气泡,而气泡在固体壁面附近不断地破裂会导致侵蚀破坏以及噪声。因此,汽蚀现象是液压(水力)机械设计中需要考虑的一个重要因素。另一方面,在以气体作为流体工质的高速运转的流体机械中,气体的可压缩性引起了独特的流动现象,如激波,这是在水力机械中没有发现的。

一个用于对各种类型的透平机械分类的常用参数是比转速。比转速是结合透平机械运行参数定义的一个无量纲参数,如下:

$$N_s = NQ^{1/2}/(g\Delta H)^{3/4} \tag{1.1}$$

相同比转速表明了几何形状相似的透平机械中流动情况也是相似的。然而,如果重力加速度 g 假定为不变,这一参数就成为一个有量纲参数,即 $NQ^{1/2}/(\Delta H)^{3/4}$。比转速 N_s 是透平机械中一个最为重要的参数,如图1.1所示可用于透平机械的选型。特定类型透平机械的比转速范围表明了透平机械类型的最佳效率范围,如图1.2所示。

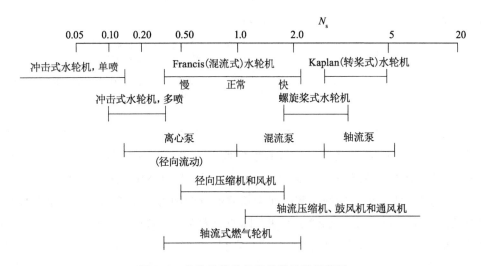

图1.2 各种设计的特定比转速适宜范围

(资料来源:Csanady 1964)

1.3 流体机械的分析

透平机械的分析涉及流体力学、热力学、固体力学、转子动力学、声学、材料科学、机械控制、加工制造等多个领域。然而,在评价透平机械的基本性能时,空气动力/水动力性能是必不可少的。由于很难在这里论及所有的分析,所以本章只介绍空气动力/水动力分析和设计方法。

透平机械的发展史很长。例如,水车已经被人类使用了几千年。对这种古老流体机械的设计需求比流体力学基本理论的建立还要早。因此,随着流体力学的发展,流体机械的分析方法也发展起来。在 20 世纪中叶电子计算机的使用使得三维纳维-斯托克斯方程的数值计算成为可能之前,透平机械的分析是基于表 1.1 所示的各种近似流体力学理论。利用无黏方程和基于经验公式的一维理论来分析能量损失是这类近似分析的经典例子。因此,基于这些近似分析的许多简单的设计方法发展了很长时间,但是自 20 世纪末以来电子计算机的迅速发展使得全 N-S 方程的数值计算成为可能。特别是近年来,三维 CFD 在透平机械分析中得到了广泛的应用。

表 1.1　流动分析的各种近似

控制方程	假设条件
流函数方程	二维势流
拉普拉斯方程(流函数或速度势)	无旋无黏性流
欧拉方程	无黏性流
边界层方程	边界层近似
流函数和涡度方程	二维黏性流
抛物化 Navier - Stokes(PNS)方程	如果可以在薄层 Navier - Stokes(TLNS)方程中指定沿流动方向的压力梯度,则数值解与下游边界条件无关
TLNS 方程	如果边界层的厚度小于体长,则在 Navier - Stokes 方程中可以忽略沿流动方向的扩散项
全 Navier - Stokes 方程	

对于近壁面湍流 N-S 方程的直接数值模拟(direct numerical simulation,DNS)最早是由 Kim 等于 1987 年实现的。然而,由于计算费用昂贵,DNS 无法应用在实际的流体分析中。因为 DNS 需要的空间网格和时间步长的数量会随着雷诺数的增加而迅速增加,所以透平机械流动的 DNS 分析仍然是不切实际的。大涡模拟(large eddy simulation,LES)即通过模拟小涡旋运动来求解湍流大涡旋的方程。参考 Pacot 等在 2016 年的工作可知,尽管只是一个 DNS 的近似值,但仍需大量的计算时间和存储空间来对透平机械进行分析。所以,使用雷诺平均纳维-斯托克斯(Reynolds-averaged Navier - Stokes,RANS)方程分析是唯一实际的求解透平机械湍流的全 N-S 方程的方法,也因此在大多数商业 CFD 软件中得以应用。由于 RANS 方程是通过对瞬时变量进行雷诺分解得到的,所以必须对雷诺应力分量采用湍流闭合模型来求解问题。然而,到目前为止还没有一个单一湍流闭合模型(Wilcox,1993)能够充分实现对所有类型湍流的精确求解。湍流模型,特别是两方程模型,如 $k-\varepsilon$(Launder 和 Sharma,1974)、$k-\omega$(Wilcox,1988),以及 Shear Stress Transport(SST)(Menter,1994) 模型都广泛应用于实际计算。其中,SST 模型通过结合 $k-\varepsilon$ 和 $k-\omega$ 模型以实现在近壁区采用 $k-\omega$ 模型和在远离壁面区域采用 $k-\varepsilon$ 模型。

Lakshminarayana 于 1996 年将透平机械的流体分析方法进行了分类,如图 1.4 所示。透平机械内部复杂三维流动如图 1.3 所示。因此,需要通过求解全 N-S 方程来进一步求解包括流动分离在内的复杂黏性流动结构。但是,当计算域内的全 N-S 方程求解代价较高时,通常采用区域法。该方法是在计算域内定义多个区域,对不同的区域采用不同的近似,并将结果积分到整个域中,以得到一个完整的计算结果。这个方法虽然有些复杂,但是不会过于昂贵,也不会丢失精确度。分析中涉及的计算误差具有不同的来源:不完整的物理模型,如湍流收敛;控制微分方程的离散化;代数方程的求解过程。

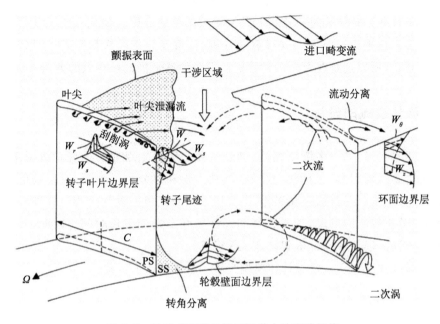

图 1.3 轴流式压缩机转子通道内的流动结构

[资料来源:转载自 Lakshminarayana 1996(原始资料中的图 1.15),©1996,经 John Wiley & Sons, Inc. 许可]

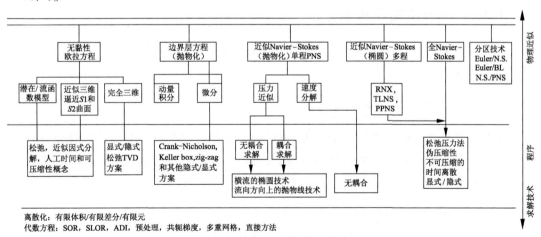

离散化:有限体积/有限差分/有限元
代数方程:SOR,SLOR,ADI,预处理,共轭梯度,多重网格,直接方法

图 1.4 透平机械的流体分析方法

[资料来源:转载自 Lakshminarayana 1996(原始资料中的表 5.2),©1996,经 John Wiley & Sons, Inc. 许可]

虽然利用 N-S 方程对透平机械内流动进行三维分析已成为现实,但由于过度地耗费计算时间,使用基于此分析方法的优化设计来完成整个设计过程仍然是不切实际的。因此,对于新型透平机械的设计,仍然需要使用近似分析方法进行初步设计,以确定机械大量的(如几何和工作)设计参数数值。第二步,通过对选定的设计参数采用三维 CFD 进行参数研究,一些极易影响透平机械性能的设计变量就能在测试参数中确定。接着,用这些设计变量进行优化设计便能进一步提升透平机械的性能。因为使用系统的优化算法进行优化设计需要对透平机械内流动进行重复分析,且重复分析的次数与若干设计变量的三次幂大致成正比,所以这是在有限的计算资源下设计透平机械最有效的方法。

1.4 流体机械的设计

复杂的透平机械,如由多级压缩机、燃烧室和多级涡轮组成的燃气轮机引擎,在设计时需要考虑许多工程因素,包括热力学、空气动力学和热分析。然而,对于其他大多数简单的透平机,如风机、压缩机、泵和涡轮,则应用了相对简单的设计过程。伴随着空气动力学/水动力学分析技术的发展,透平机械的设计已经发展了很长时间。因此,其设计流程一般由几个不同阶段的性能分析和设计步骤组成。

透平机械叶片空气动力学设计的典型方法一般遵循以下步骤。

1.4.1 设计要求

透平机械的设计要求和运作条件需要根据流量、转速(r/min)、压升、效率、噪声等级和入口流动条件确定。

1.4.2 平均流线参数的确定

设计参数如轮毂比、叶顶直径、节径螺距和弦长等,均以平均流线为基准尺寸,依据具体速度图确定。

1.4.3 平均流线分析

平均流线性能分析采用热力学方程、流量偏差和压力损失模型来粗略估计设计变量对空气动力学性能的影响。通过此参数研究,可以在高性能设计的可行范围内确定合理的风机设计变量。

1.4.4 三维叶片设计

利用经过验证的叶片型线、叶片厚度分布法和基迭线法来确定透平机械叶片的三维形状。依据特定的设计要求,通过叶片型线中弧线设计得出叶片横截面的基准线。此外,叶片横截面的厚度分布是通过计算叶片型线长度的点的分布来建立的。叶片的三维设计从两方面完成,一是考虑扫掠(sweep)和倾斜的沿叶片展向叶片基元的基迭线来确定,二是计算圆柱面的叶片部分二维平面的保角变换来完成。

1.4.5 准三维流动分析

在三维叶片设计的基础上,准三维流动法是通过欧拉方程(Euler's equation)、压力损失模型,以及径向平衡运动方程来分析透平机械的空气动力学性能。该分析预测了叶片间、展向流动分布及基于预测流场数据的质量平均的空气动力学性能。然而,这种分析方法在预测泄漏流、二次涡、端壁边界层等三维流动结构时存在一定的问题。

1.4.6 全三维流动分析

通过运用 N-S 方程进行全三维流动分析,能够做到精确地分析透平机械的三维流场和空气动力学性能。在透平机械中,这种分析方法需要为复杂的三维流场生成复杂的网格和一个可靠的湍流闭合模型,因此也就意味着比近似流动分析需要更多的计算时间和工作量。

1.4.7 优化设计

由于近年来数值计算方法和计算机的发展,全三维 CFD 分析可直接用于透平机械的单目标或多目标优化设计。然而,采用优化算法的设计方法需要使用三维 CFD 对目标函数进行反复评估,通常需要花费大量的计算时间,因而限制了优化设计变量的数量。因此,在优化的初始阶段,为了选择需要优化的设计变量及其优化范围,通常会针对一些几何和/或工作参数进行参数化研究。

1.5 透平机械设计优化

尽管在透平机械中复杂湍流分析需要占用很长的计算时间,但是近年来高速计算机的发展使得用三维黏性流动的控制方程如 RANS 方程来进行透平机械的空气动力学和水动力学设计变得更实用。使用高保真分析的系统性优化能得到高性能的透平机械设计,并减少计算和实验花费。

透平机械设计的一般目标是效率、压力比、重量等,通常使用几何/工作参数作为设计变量进行优化。在称为反设计方法的设计中,是从预定的理想流动条件(从而从预定的目标)推导出最佳透平机械几何形状。这种反设计只需要较低的计算成本,但它的难点在于,在特定的流场分析中需要设计者有较强的洞察力和经验。如果是通过改变设计变量找到最优目标则称为直接设计或优化设计。本书主要讨论这种设计方法。优化设计方法可分为两类:梯度法和统计法。

梯度法根据目标函数梯度的计算方法又分为有限差分法、线性化法和伴随法。由于有限差分法和线性化法的计算时间依赖于设计变量的数量,这些方法不适用于设计变量数量较多的设计问题。伴随法的计算时间不依赖于设计变量的数量,在计算时间上具有一定的优势;然而,由于其复杂性和非直观性,这种方法并没有得到广泛的应用(Wang 和 He,2008)。

作为一种统计法,基于代理模型的优化方法容易实施,耗费的计算时间少,被广泛应用于透平机械的设计。通过使用目标函数的代理模型,可以大大减少目标函数的计算次数,从而达到优化的目的。在代理建模中,建模保真度非常重要。目前已经开发出了多种代理模型(Queipo 等,2005),并提出了基于全局误差度量的加权平均模型(Goel 等,2007)。模拟退火和基因算法也可用于优化,但相对来说计算时间较长。

参数化几何建模是透平机械优化设计中必不可少的内容。为了优化透平机械的形状,必须对几何形状进行建模。Lieber(2003)认为,对透平机械各部件和流道几何形状的描述技术需要对复杂构型具有足够的通用性。在设计过程中还必须考虑将流道几何信息传递给其他功能组。在许多透平机械优化中,贝塞尔曲线(Bézier curves)常用于几何参数化,相关控制点可作为设计变量。B 样条曲线(B-spline curve)是贝塞尔曲线的分段集合,当形状过于复杂,使用单个贝塞尔曲线无法进行形状的描述时,就使用 B 样条曲线。利用贝塞尔曲线对透平机械叶片进行参数化有两个优点:这些曲线可以由少量的点来控制以生成光滑剖面,因此只需要少量的设计变量。

参考文献

[1] Csanady, G. T. (1964). *Theory of Turbomachines*. New York: McGraw-Hill.

[2] Goel, T., Haftka, R., Shyy, W., and Queipo, N. (2007). Ensemble of surrogates. *Structural and Multidisciplinary Optimization* 33 (3): 199 – 216.

[3] Kim, J., Moin, P., and Moser, R. D. (1987). Turbulence statistics in fully-developed channel flow at low Reynolds number. *Journal of Fluid Mechanics* 177: 133 – 166.

[4] Lakshminarayana, B. (1996). *Fluid Dynamics and Heat Transfer of Turbomachinery*. New York: Wiley.

[5] Launder, B. E. and Sharma, B., I. (1974). Application of the energy-dissipation model of turbulence to the calculation of flow near a spinning disc. *Letters in Heat and Mass Transfer* 1 (2): 131 – 137.

[6] Lieber, L. (2003). Fluid dynamics of turbomachines. In: *Handbook of Turbomachinery*, 2e (ed. E. Logan and R. Roy). CRC Press.

[7] Menter, F. R. (1994). Two-equation eddy viscosity turbulence models for engineering applications. *AIAA Journal* 32: 1598 – 1605.

[8] Pacot, O., Kato, C., Guo, Y. et al. (2016). Large eddy simulation of the rotating stall in a pump-turbine operated in pumping mode at a part-load condition. *ASME Journal of Fluids Engineering* 138 (11): 111102.

[9] Queipo, N. V., Haftka, R. T., Shyy, W. et al. (2005). Surrogate-based analysis

and optimization. *Progress in Aerospace Sciences* 41: 1 - 28.

[10] Wang, D. X., and He, L. (2008). Adjoint Aerodynamic Design Optimization for Blades in Multistage Turbomachines - part I: Methodology and Verification, *ASME Turbo Expo* 2008 GT2008 - 50208.

[11] Wilcox, D. C. (1988). Reassessment of the scale-determining equation for advance turbulence models. *AIAA Journal* 26 (11): 1299 - 1310.

[12] Wilcox, D. C. (1993). Turbulence modeling for CFD. 5354 Palm Drive, CA: DCW Industries, Inc.

② 流体力学和计算流体力学

2.1 流体力学基础

在日常生活中我们会碰到三种物态：固体、液体和气体。尽管它们在许多方面是不同的，但液体和气体不同于固体的特点在于：它们是流体，缺乏对剪切应力提供稳定阻力的能力。由于流体在剪切应力的作用下会持续运动，所以流体可以定义为任何静止时不能抵抗剪切应力的物质。流体力学包括动力学和运动学两部分。运动学描述了流体的运动，而没有考虑引起流体运动的力。考虑力的流体运动称为流体动力学。通过考虑这些力的平衡，建立了控制方程。

2.1.1 介绍

流体在剪切应力的作用下会不断变形，无论这个应力有多小。虽然液体和气体都体现了与流体相同的特征，但它们都有自己的特点。液体通常被认为是不可压缩的。无论容器的形状或大小，给定质量的液体占据的体积是固定的，如果容器的体积大于液体的体积，则形成一个自由表面。

气体比液体容易压缩。它们的体积随压力的变化而变化，并与温度变化有关。给定质量的气体占据的体积是不固定的，除非它被限制在有盖的密闭容器中，否则气体将会不断膨胀。气体会完全填满任何放置它的容器，因此，气体不会形成自由表面。即使当其速度远低于声速时，气体也常被当作不可压缩处理。

流体动力学是关于流体的学科，是为了研究在不同的情况下流体的表现。流体动力学主要研究流体的运动，以便将动力学原理应用于工程领域。

2.1.2 流体流动的分类

流体的流动可以根据不同的标准分类，比如，考虑其黏性、可压缩性、马赫数等。

2.1.2.1 基于黏性

所有流体都有一种天然的抗拒流动的特性，称之为黏性。在流体中，分子之间存在一种"吸引力"。我们称这种吸引力为"黏性"力。它导致了液体表面的张力。当放置在容器中时,分子也会经受来自容器内部的吸引力。这就是所谓的"附着"力。当流体流动时,黏性会产生摩擦力,既作用于流体表面,也作用于流体内部(White,2017)。黏性使流动变得有趣,当然也使对它的理解和计算具有挑战性。黏性导致了流体的许多物理特征。流体可以分为非黏性流体或黏性流体。

2.1.2.1.1　黏性流

在黏性流动中,摩擦力的影响非常显著。黏性是流体的一种特性,它由相互运动的两层流体之间产生的摩擦力来量化,例如边界层流动。

2.1.2.1.2　无黏性(理想)流

无黏性流只是在控制方程中忽略流体的各黏性项。它是许多现代技术领域的主要理论模型。在该模型框架内得到的计算结果被广泛应用于设计飞行器、火箭、透平机和压缩机等。

2.1.2.2　基于可压缩性

流动依据可压缩性可分为可压缩流动和不可压缩流动,这主要由流体密度决定。

2.1.2.2.1　不可压缩流动

如果压力对流体密度的影响可以忽略,这种流动就称为不可压缩流动。当流动不可压缩时,流体体积分数沿流线保持不变。对于不可压缩流动,其连续性方程简化为$\nabla \cdot \boldsymbol{v}=0$。

2.1.2.2.2　可压缩流动

当流体以相当于声速的 0.3 倍的速度运动时,密度变化起主导作用,流动是可压缩的。这样的流动在液体中不容易发生,因为在液体中需要在 1 000 个大气压的高压下才能达到声速。

水击和汽蚀是液体流动中可压缩性具有重要意义的例子。水击作用是由声波在封闭液体中反射和传播而产生的,例如阀门突然关闭时,由此产生的噪声类似于敲击管道。当液体流动中由于局部压力损失而产生气泡时,就会发生汽蚀现象。

2.1.2.3　基于流动速度(马赫数)

在研究火箭、航天器和高速流动系统时,通常用无量纲数来表示流动速度,即马赫数,

$$M=\frac{V}{c}=\frac{流动速度}{声速} \tag{2.1}$$

其中,c 为室温下海平面空气中的声速(约 346 m/s)。

2.1.2.3.1　亚声速流动

当马赫数小于 1($M<1$)时,出现亚声速状态。在低亚声速情况下,可压缩性对流体的影响可以忽略不计。当流场各处的马赫数都保持在 1 以下时,击波就不会形成。在工程标准中,马赫数小于 0.3 的亚声速流动常被认为是不可压缩的。

2.1.2.3.2　跨声速流动

当流体的马赫数随着流动速度的增加接近等于 1(0.8<M<1.2)时,认为该流动为跨

声速流动。此时压缩效应在跨声速流动中占主导地位。在控制体的某些地方,当流速超过声速时,可能会产生冲击波。由于局部亚声速和超声速混合区域的存在以及控制方程的非线性原因,跨声速流动的分析是相当复杂的。

2.1.2.3.3 超声速流动

当 $1.2 < M < 3$ 时为超声速流动。在这种情况下,由于控制体与来流相互作用,产生了扰动波。这些波不会传播到控制体的上游,因为来流速度比它们的速度快得多,所以没有关于控制体存在的信息能够传递到上游。这些波在控制体附近堆积起来,形成一个堆积的扰动区域。当流动接近这一扰动区域时,其会突然改变自身以适应控制体的存在。这种堆积起来的扰动称为激波。在激波的作用下,压力和温度会突然升降。

2.1.2.3.4 高超声速流动

当流速超过声速的 5 倍时,就被认为是高超声速流动。当马赫数在 3 以上($M > 3$)时,在非常高的流速以及摩擦力和激波的作用下,流体温度会大幅度升高并伴随着分子离解和化学反应的发生。

2.1.2.4 基于流动状态

流态是流体在不同条件下流动时所表现出的典型流动特征,按性质可分为层流、湍流或转捩流。这是一个非常重要的流动分类,由奥斯本·雷诺(Osborne Reynolds,1842—1912)形象地提出。雷诺认为,从层流到湍流的过渡通常是在一个固定的数值,由于他发现了该比值,因此这个比值用他的名字雷诺来命名。这个无量纲数是控制流动是层流还是湍流的主要参数,它描述了流体中惯性力与黏性力的比值。流体在圆管中流动的雷诺数可以计算如下:

$$Re = \frac{\rho VD}{\mu} \tag{2.2}$$

其中,Re 为雷诺数,V 是平均速度,ρ 是流体密度,D 是圆管直径,μ 是流体的动力黏度。

2.1.2.4.1 层流

由流体分层定义的高度有序的流体流动称为层流。雷诺数 $Re < 2\ 100$ 为层流流动。对于低雷诺数而言,流体流动是稳定的、平滑的、有黏的,或者说层流的,且流体的行为主要由其黏性决定。然而,层流不一定在所有情况下都是稳定的,也会出现不稳定的层流。

2.1.2.4.2 湍流

流体流动通常伴随着高速的流体运动且具有速度波动的特征,被称为"湍流"。对于与高雷诺数相关的湍流而言,流动是不稳定的、随机的、耗散的、扩散的,且具有三维涡度波动等特征。内部流的湍流雷诺数为 $Re > 4\ 000$,表面流的湍流雷诺数为 $Re > 10^5$。

2.1.2.4.3 转捩流

自由流的扰动使流动由层流变为湍流。层流与湍流之间的过渡区称为转捩流。对于转捩流,内部流的雷诺数一般在 $2\ 100 < Re < 4\ 000$ 之间,表面流的在 $5 \times 10^5 < Re < 10^7$ 之间。

2.1.2.5 基于相数

流体力学也可以区分单相流和多相流（流体由不止一种相或不止单一可分辨的物质组成）。最终的边界（就像所有流体力学中的边界一样）是不明显的,这是因为流体在流动过程中经历了相变（冷凝或蒸发）,并从单相流转变为多相流。此外,由两种或两种以上物质组成的流动也可被视为单相流（例如含灰尘颗粒的空气）。多相流的一种分类方法是根据流动的物质进行分类。例如,水和油在一根管道中的流动是多相流。经过设计的这种类型的流动旨在降低通过长管道系统将原油从一个工厂输送到另一个工厂的成本。

两相流的不同变体分为：

气-液两相流。包括沸腾、冷凝和绝热流。它们在电力和加工工业、空调、低温应用和制冷中很常见。

气-固两相流。粉末燃料燃烧、旋风分离器和气力输运中的流动属于这类流动。

液-固两相流。这种流动存在于泥浆输送、食品加工和各种生物技术过程中。

液-液两相流。这种流动的特征是存在可变形的界面（类似于气-液流动）,并具有与其他两相流动现象相似的几个特征。液-液流动在石油工业和化学反应器中很常见。

2.1.3 一维、二维、三维流动

如果流体速度分别在一个、两个或三个维度上波动,则称流体为一维、二维或三维（即1D,2D,3D）流动。经典的流体流动具有三维特性,流体速度可以在三维空间中波动。三维空间中流体的速度在直角坐标系下可表示为 $\overline{U}(x,y,z)$,在圆柱坐标系下可表示为 $\overline{U}(r,\theta,z)$。不过,在一个维度上的流速变化与其他维度上的变化相比可能很微小,因此,这种微小的误差可以忽略不计。在这种情况下,流体可以适当地建模为一维或二维,从而降低其复杂性。一个三维问题可能简化为二维问题,有时甚至为一维问题。

2.1.3.1 一维流动

一维流动中所有的流动参数都表示为时间的函数,且只有一个空间坐标。它通常是在流体流动的中心流线（不一定是直线）上测量的距离。例如,当压力和速度沿管道长度变化且忽略横截面上的变化时,管道中的流动就被认为是一维的。但实际上,任何流动都不可能是一维的,因为黏性会使得固体边界处的速度降为零。

2.1.3.2 二维和三维流动

在二维流动中,所有的流动参数都表示为时间和两个空间坐标（即 u 和 v）的函数,只是在 w 方向上没有变化。对于三维流动,流动参数是三个空间坐标和时间的函数。

2.1.4 表面流流动

未被任何表面所包围的流体流动称为表面流动（例如流体流过平板）,如果流体完全被表面所限制,则将其视为内部流动（例如流经管道/导管）。如果导管填充不完全,且只有一个自由表面,则称为明渠流。表面流动仅限于固体表面的尾部和边界层,而内部流动则受到黏性控制。

2.1.5 边界层

1905 年,路德维希·普朗特(Ludwig Prandtl)首先假定,对于低黏性流动,除了靠近壁面处边界需要满足零滑移条件以外,流体的黏性作用在其他地方都不显著。随着黏度接近于零,边界层厚度趋于零。在壁面附近的流动区域中,黏滞效应占主导地位,称为边界层。由于边界层较窄,边界层内的流体输运控制方程可以被简化,在大多数情况下都可以得到精确的结果。边界层现象定义了层流和湍流中不同形状的物体阻力和升力的计算方式。边界层理论假定边界层较薄,特别是与局部曲率半径或表面长度等尺度相比。沿这一薄层,由于黏滞效应十分显著,速度变化足够快,且只发生在高雷诺数流动情况下。图 2.1 显示了边界层厚度,为了便于表示,对边界层厚度进行了放大处理。

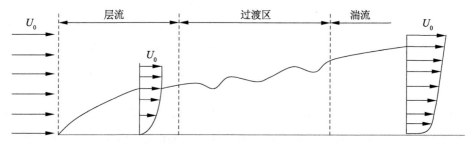

图 2.1　平板上的边界层从层流边界层向湍流边界层扩展的过渡区的变化

由于处于零滑移状态,流体以速度 U_0 从平板的左侧自由流入并在靠近平板表面的地方减速。因此,边界层从平板的前缘开始形成。随着流体继续向下游流动,边界层内开始产生较大的剪切应力和速度梯度。随着越来越多的流体沿流动方向减速,边界层随厚度(δ)的增加而增大,直到流体速度接近自由流速度的点为止。边界层厚度 δ 始终相对小于距前缘的距离 x(Çengel 和 Cimbala,2006)。

最初,边界层是从一个层流边界层开始的,在这个边界层中,流体颗粒在规则的层中流动,使得上游边界相对光滑。随着层流边界层厚度的增加,不稳定性开始显现,并转变为湍流边界层,流体颗粒无序运动。但即使是在湍流边界层中,边界层附近仍有一层非常薄的层流边界层,称为黏性子层。

2.1.5.1　从层流到湍流的过渡过程

边界层随雷诺数的增加由层流向湍流的发展称为过渡。在边界层理论中,层流边界层与湍流边界层在许多重要方面是不同的。与层流边界层相比,一个完整的湍流边界层产生的平均表面剪切应力要大得多。

2.2　计算流体力学（CFD）

CFD 是一门科学,它通过控制流体流动的三个基本守恒定律(质量守恒、动量守恒和能量守恒),对流体流动进行定量计算。这些计算通常根据几何域、流体流动特性、网格和应用于流动域的初始边界条件进行(Anderson,1995)。现代工程师采用 CFD 分析和试验结果相结合的方法,使两者相辅相成,从而得到精确的解。在试验中可以得到诸如升力、速度、压降、阻力或功率等全局特性,而应用 CFD 分析可以得到剪切应力、压力、速度剖面或流动流线/脉线等精确的流场特性(图 2.2)。

图 2.2　流经轴流式涡轮机的流线

在过去的 30 年中,考虑到流体流动的广泛应用,人们提出了各种模拟流体流动的数值方法。这些方法被命名为有限差分法(finite difference method,FDM)、有限元法(finite element method,FEM)和有限体积法(finite volume method,FVM)。控制偏微分方程(partial differential equations,PDE)被转换成更简单的代数方程,可以使用计算技术求解(Chung,2015)。在过去的 50 年中,计算能力的迅速提高导致了 CFD 的出现。已经开发出的复杂软件包,能够以很高的精度和速度来模拟跨声速流动或湍流。CFD 在汽车、航空航天、冶金、生物医学、海洋流、计算机和电子、建筑、气候预测、医学应用(心脏、血管)等工程领域得到了广泛应用。

CFD 目前的研究现状是可以有效地处理层流,但如果不考虑湍流模型,就很难解决湍流问题。本章后面将详细描述 CFD 中使用的不同湍流模型。纳维-斯托克斯方程是所有CFD 问题的应用基础。通过忽略流体的黏性作用对 N - S 方程进行简化,可以得到欧拉方程(Euler equations)。通过无旋假设忽略涡度项,进一步简化得到势方程。最后,将这些方程线性化,得到亚声速和超声速小扰动下的线性势方程。

2.2.1　CFD 及其在透平机械中的应用

CFD 在流体流动和传热问题的数值分析中起着重要作用。透平机械,如风机、压缩机、泵和涡轮机等,涉及复杂的内部流体流动问题,这些问题的解决可以提高机械使用效率。CFD是目前设计和分析各种涡轮机械的重要工具之一。

透平机械是指流体在转子和流经转子的流体之间交换能量的机械(如压缩机和涡轮机)。在涡轮机中,能量从流动的流体转移到转子,而压缩机则把能量从叶片转移到流动的流体。解决透平机械问题需要丰富的流体力学、热动力学和其他相关学科的知识,如可压缩和不可压缩气体动力学和传热学。在当今时代,没有CFD建模的帮助,几乎不可能有效地完成压缩机、泵或涡轮机的设计。CFD的优势是众所周知的,能够提高机械的性能和效率,并减轻透平机械的重量。

微观和宏观是分析流体流动的两种方法论,流体的压力、速度等流动特性在流体域中的每一点都可计算出。在微观方法中,特征长度远远大于分子平均自由程。在宏观方法中,流体被视为一个连续体,即一个截面上的流体占据了该截面上的每一个几何点。换言之,流体域中的流体微团体积极限为零。研究透平机械的流动特性是在非常低的压力下进行的,比如需要微观方法来研究透平分子泵。本书所关注的透平机械流动都是连续的,因此宏观方法是最合适的方法。

2.2.1.1 CFD的优势

· CFD分析是可靠的,并有能力预测任何流动过程中的相应变化。

· CFD模型能够模拟涡轮机或压缩机中的复杂流动。

· 在压缩机设计初期使用CFD能进行变形预测,可以节省大量的时间,并降低成本。

· 稳态和瞬态CFD仿真结果表明,使用商用CFD代码基本可以获得可靠的结果。

· CFD是一种广泛应用于燃气轮机和汽轮机设计的方法。随着促进高速流场模拟的计算资源的提升,CFD的计算速度迅速提高。

· 为了控制涡轮机和压缩机中的复杂流态,CFD能够较准确地计算出三维流动的特性。

· 现代涡轮机械设计完全受CFD对叶片截面三维建模的影响。利用周期边界条件对单叶片截面进行建模可以实现对整机的流动测量。

2.2.1.2 CFD在透平机械中的局限性

· 透平机械叶片的三维CFD分析还不足以精确地预测透平机械流动中所观察到的总损失。

· CFD必须从本质上制定严格的规则,以降低网格尺寸在透平机械模型中的重要性。

· 由于有限差分离散格式的使用,CFD计算中经常出现数值误差。

· 由于还没有建立一个真正的物理模型来预测湍流等复杂流动情况,所以只能在计算中采取近似的做法,导致结果存在一定的误差。

· 未知的边界条件,如叶顶间隙、翼型前缘/后缘、温度分布情况和进出口压力边界条件,仍然是一个主要的挑战。

· CFD中采用了几种近似方法和近似模型,因此,CFD结果的误差主要源于湍流模型中基本方程的离散和截断误差。

· CFD 模型和压缩机、涡轮机的实际几何形状存在差异，因为局部不重要的几何特征，如台阶和圆角，都没有包含在计算域内。在压缩机/燃烧室/涡轮机的组合模型中，二次空气系统被忽略，而将它们的影响通过定义源项来考虑(Denton 和 Dawes，1998)。

· CFD 中最敏感的任务之一是准确地定义边界条件，这在涡轮机械的应用中是至关重要的。

· 准确预测涡轮机的损耗和阐释其影响是一项具有挑战性的任务，需要较高的技能和专业知识。

· 为了准确地解释 CFD 的非定常流动结果，需要进一步改进后处理技术。

· 在可承受的计算成本内准确预测高度湍流流动仍然是一个有待解决的重大挑战。

2.2.2 CFD 分析的基本步骤

本节将解释建立 CFD 模型所需遵循的基本步骤。

2.2.2.1 问题陈述

透平机械问题的陈述通常是定义一个物理现象的问题，并确定该问题的数学表达与数值求解方法所必需的近似参数或数据。从问题陈述中给出的信息可以得到一个物理模型。

2.2.2.2 数学模型

数学模型是根据问题陈述中提到的物理现象来建立的。流体流动方程基本上是由微分方程建立起来的，这些微分方程显示了在空间和时间上流动变量和各自的流动坐标之间的关系。

2.2.3 控制方程

流体力学的控制方程是质量、动量和能量守恒方程。由动量方程可导出 N-S 方程。本节将简要解释这些方程。微分动量方程是由密度、压力、速度等流场变量决定的非线性偏微分方程。因此，当需要流场信息而不是积分量或平均量时，微分形式是最适用于完整分析的。在流体运动微分方程的推导过程中，在建立可解方程组时，将方程组的个数与未知相关域的个数进行比较。根据流体的动力学特性，推导出流体运动的基本方程，即以下守恒定律：

1) 质量守恒定律
2) 动量守恒定律
3) 能量守恒定律

2.2.3.1 质量守恒

对质量守恒的物理原理进行数学建模，得到一个积分方程或微分方程，称之为连续性方程。连续性方程表明在流动中质量是守恒的。单位时间单位体积所有内部和外部流动的流体质量的总和必须等于控制体积内的质量变化率。可压缩流动的连续性方程为

$$-\frac{\partial \rho}{\partial t} = \frac{\partial (\rho u)}{\partial x} + \frac{\partial (\rho v)}{\partial y} + \frac{\partial (\rho w)}{\partial z} \tag{2.3}$$

其中，u，v 和 w 分别是 x，y 和 z 方向上的速度分量，ρ 是流体密度。

连续性方程适用于所有流体，可压缩流动和不可压缩流动，牛顿流体或非牛顿流体。它代表了流体中每一点的质量守恒定律，因此必须满足流场中的每一点。对于不可压缩流动，密度是常数。流体密度在单位时间内的变化率为零。不可压缩流动的连续性方程可简化为

$$\frac{\partial u}{\partial x} + \frac{\partial v}{\partial y} + \frac{\partial w}{\partial z} = 0 \tag{2.4}$$

2.2.3.2 动量守恒

动量守恒方程是由牛顿第二定律推导而来的，是控制流体动量的基本原理。然而，推导过程并没有在这本书中说明，但可以在各种流体动力学书籍中找到。下面给出三维黏性可压缩流动的 N－S 方程：

x -动量方程：

$$\rho \underbrace{\left(\frac{\partial u}{\partial t} + u \frac{\partial u}{\partial x} + v \frac{\partial u}{\partial y} + w \frac{\partial u}{\partial z} \right)}_{\text{惯性项}} = \underbrace{-\frac{\partial p}{\partial x}}_{\text{压力梯度项}} + \underbrace{\mu \left(\frac{\partial^2 u}{\partial x^2} + \frac{\partial^2 u}{\partial y^2} + \frac{\partial^2 u}{\partial z^2} \right)}_{\text{黏性项}} + \underbrace{F_x}_{\text{体积力项}} \tag{2.5}$$

y -动量方程：

$$\rho \left(\frac{\partial v}{\partial t} + u \frac{\partial v}{\partial x} + v \frac{\partial v}{\partial y} + w \frac{\partial v}{\partial z} \right) = -\frac{\partial p}{\partial y} + \mu \left(\frac{\partial^2 v}{\partial x^2} + \frac{\partial^2 v}{\partial y^2} + \frac{\partial^2 v}{\partial z^2} \right) + F_y \tag{2.6}$$

z -动量方程：

$$\rho \left(\frac{\partial w}{\partial t} + u \frac{\partial w}{\partial x} + v \frac{\partial w}{\partial y} + w \frac{\partial w}{\partial z} \right) = -\frac{\partial p}{\partial z} + \mu \left(\frac{\partial^2 w}{\partial x^2} + \frac{\partial^2 w}{\partial y^2} + \frac{\partial^2 w}{\partial z^2} \right) + F_z \tag{2.7}$$

其中，t 是流体温度，p 是流体压强，μ 是流体的动力黏度。方程左边的项表示为平流项，由动量波动得到。这些平流项与压力梯度项 $\left(\frac{\partial p}{\partial x} \right)$ 相反，压力梯度项之后是黏性项，黏性力不断地迫使水流减速，F_x，F_y，F_z 是 x，y，z 坐标系下的体积力。

平流项给出了一种流体在空间中运动时速度的变化量。$\frac{\partial}{\partial t}$ 项，作为局部导数，给出了流场中一个定点的流体速度变化率。惯性项中给出的其余三个项被组合在一起，称为对流项。

2.2.3.3 能量守恒

在推导能量方程时应用的基本原理是热力学第一定律，它指出系统能量的增加等于系统吸收的热量加上对系统做的功。然而，本章只给出了最后一个方程。能量守恒方程与动量方程有一些相似之处，即

$$\rho C_p \left(\frac{\partial T}{\partial t} + u \frac{\partial T}{\partial x} + v \frac{\partial T}{\partial y} + w \frac{\partial T}{\partial z} \right) = \phi + \frac{\partial}{\partial x} \left[k \frac{\partial T}{\partial x} \right] + \frac{\partial}{\partial y} \left[k \frac{\partial T}{\partial y} \right] + \frac{\partial}{\partial z} \left[k \frac{\partial T}{\partial z} \right] +$$

$$\left(u\,\frac{\partial p}{\partial x} + v\,\frac{\partial p}{\partial y} + w\,\frac{\partial w}{\partial z} \right) \tag{2.8}$$

其中,

$$\phi = 2\mu \left[\left(\frac{\partial u}{\partial x}\right)^2 + \left(\frac{\partial v}{\partial y}\right)^2 + \left(\frac{\partial w}{\partial z}\right)^2 + 0.5\left(\frac{\partial u}{\partial y} + \frac{\partial v}{\partial x}\right)^2 + 0.5\left(\frac{\partial v}{\partial z} + \frac{\partial w}{\partial y}\right)^2 + \right.$$

$$\left. 0.5\left(\frac{\partial w}{\partial x} + \frac{\partial w}{\partial y}\right)^2 \right] - \frac{2}{3}\mu\left(\frac{\partial u}{\partial x} + \frac{\partial v}{\partial y} + \frac{\partial w}{\partial z}\right)^2 \tag{2.9}$$

其中,C_p 是恒定压力下的比热容,k 表示导热系数。方程(2.8)左边的项表示在控制体内的单位体积总能量的变化率以及通过控制体的单位体积的对流所消耗掉的总能量。方程右边的项表示外部源每单位体积产生的热量,其次是单位体积通过控制体传导的热量损失率。接下来的两项分别表示每单位体积上表面力和体积力对控制体所做的功。

2.2.4 湍流模型

湍流是现代流体动力学研究的一个重要课题,在 20 世纪,一些著名的物理学家就已经在这个领域开展研究。他们中有 G. I. Taylor, Kolmogorov, Reynolds, Prandtl, von Karman, Heisenberg, Landau, Millikan 和 Onsagar。第一项关于湍流的系统性工作是由奥斯本•雷诺(Osborne Reynolds)于 1883 年提出的。他对管道内流动的研究表明,当无量纲化雷诺数 $Re = \rho VD/\mu$ 超过一定的临界值时,水流的流动就会变成湍流。这个无量纲数由索末费尔德(Sommerfeld)用奥斯本•雷诺的名字命名,即雷诺数,该数后来进一步被证明是决定黏性流体流动特性的最重要的参数。

2.2.4.1 什么是湍流?

如前所述,当雷诺数增加时,可以观察到三维旋涡波动、耗散、扩散和随机流动特征。速度及其他的流动特征以混乱和随机的方式不断变化,这种流态叫作湍流。湍流是一种自然现象,发生在具有高速梯度的流体中,会在流场中引起扰动,这种扰动以时间和空间函数为表征。自然界中有很多这样的例子,如空气中的烟雾、海浪、墙上空气的凝结、行星的大气层和暴风雨天气。湍流也可在流经涡轮机、发动机、压缩机、燃烧室等的流动中观察到。

2.2.4.2 湍流建模的必要性

湍流建模是指建立和使用模型来预测湍流的影响。工程应用中的大多数流动都是湍流,所以湍流流态不仅仅只具有理论上的重要性。流体动力学工程师必须能够熟练应用实用工具处理各种湍流效应。

2.2.4.3 雷诺平均 N-S 方程

湍流可以通过对 N-S 方程组在空间和时间上求平均来表示。1895 年,雷诺提出了第一个预测湍流的数学方法。具体方法是将流动变量分解为两部分:平均部分和波动部分。然后用守恒方程[方程(2.5)～(2.7)]求解平均值。速度分量:

$$u_i = \bar{u}_i + u_i' \tag{2.10}$$

其中，$\bar{u}_i$ 和 u'_i 分别是平均和波动的速度分量（$i=1,2,3$）。同样，对于压力和其他标量：

$$\phi = \bar{\phi} + \phi' \tag{2.11}$$

其中，ϕ 表示一个标量，如压力、能量或组分浓度。平均值通过平均技术得到。平均流动变量有多种途径：时间平均、总体平均、空间平均和质量平均。不过，这里只阐述流动变量的时间平均。

我们假设变量 f 是平均数量 $\bar{f}$ 和波动部分 f' 的总和，则 f 就变成

$$f(x,t) = \bar{f}(x,t) + f'(x,t) \tag{2.12}$$

其中，$\bar{f}$ 就是 f 的时间平均，

$$\bar{f}(x,t) = \frac{1}{\Delta t} \int_t^{t+\Delta t} f(x,t) \mathrm{d}t \tag{2.13}$$

以及

$$\bar{f}' = \frac{1}{\Delta t} \int_t^{t+\Delta t} f' \mathrm{d}t = 0 \tag{2.14}$$

在方程（2.13）和方程（2.14）中，选择的时间间隔 Δt 与变量 f 以及物理域中其他变量的湍流波动的时间尺度相匹配（兼容）。对于不可压缩流动的时间平均，守恒方程可以写成

$$\frac{\partial \bar{u}_i}{\partial x_i} = 0 \tag{2.15}$$

在方程（2.15）中，张量 u_i 表示速度分量（$u_i = [u_1 + u_2 + u_3]^{\mathrm{T}}$），$x_i$ 表示坐标系方向。x-动量的动量守恒方程可以表述为

$$\rho \left(\frac{\partial \bar{u}_i}{\partial t} + \bar{u}_j \frac{\partial \bar{u}_i}{\partial x_j} \right) = -\frac{\partial \bar{p}}{\partial x_i} + \frac{\partial}{\partial x_j} (\bar{\tau}_{ij} - \rho \overline{u'_i u'_j}) \tag{2.16}$$

这个方程组叫作雷诺时均 N-S 方程（RANS）。这些湍流方程与 N-S 方程［方程（2.5）~（2.7）］相似且没有附加项。

$$\tau_{ij}^R = -\rho \overline{u'_i u'_j} = -\rho (\overline{u_i u_j} - \bar{u}_i \bar{u}_j) \tag{2.17}$$

所以，上式构成了雷诺应力张量 τ_{ij}，表征由于湍流波动而发生的动量转移。

层流黏性应力表达为

$$\bar{\tau}_{ij} = 2\mu \bar{S}_{ij} = \mu \left(\frac{\partial \bar{u}_i}{\partial x_j} + \frac{\partial \bar{u}_j}{\partial x_j} \right) \tag{2.18}$$

2.2.4.4 湍流闭合模型

为了用 RANS 方程来分析湍流流动，必须用湍流闭合模型来预测雷诺应力和标量输运项。一阶闭合是 RANS 方程中近似雷诺应力项的最简单模型。湍流模型必须具有广泛的适用性、合理的精度和简单性，才能在通用 CFD 代码中得到推广应用。从大量一阶闭合模型的选取出发，然后介绍当前最先进的通用模拟闭合模型。这三种模型均可用于结构化网格和非结构化网格。首先，将讨论 Spalart 和 Allmaras（1992）的单方程模型。其次，将介绍著名的 $k-\varepsilon$ 两方程模型。最后，将介绍 $k-\omega$ SST（剪切应力输运）两方程模型。

2.2.4.4.1 单方程模型:Spalart – Allmaras 模型

Spalart – Allmaras(SA)模型是单方程湍流模型的例子(Spalart 和 Allmaras,1992)。该模型求解了涡流黏度变量的流动方程。对于具有逆压梯度的湍流流动,可以得到实际准确的预测。此外,在用户指定的位置,可以实现从层流到湍流的平稳过渡。在 SA 模型中,一个位置的方程不依赖于另一个位置的结果。因此,该模型可以很容易地应用于结构化或非结构化网格。它可以快速收敛到稳定态,只需在近壁面有足够的网格密度。稳健性是该模型的另一个优点。单方程 SA 模型最初是用于包含壁面边界流的航空航天模型,该模型对处于逆压梯度下的边界层有较好的计算结果。同时,该模型在透平机械的应用中也得到了认可。

计算涡流黏度变量 $\tilde{v}$ 的输运方程如下:

$$\frac{\partial}{\partial t}(\rho\tilde{v})+\frac{\partial}{\partial x_i}(\rho\tilde{v}u_i)=G_v+\frac{1}{\sigma_{\tilde{v}}}\left[\frac{\partial}{\partial x_j}\left\{(\mu+\rho\tilde{v})\frac{\partial\tilde{v}}{\partial x_j}\right\}+C_{b2}\rho\left(\frac{\partial\tilde{v}}{\partial x_j}\right)^2\right]-Y_v+S_{\tilde{v}} \quad (2.19)$$

其中,G_v 是湍流黏度产生项,Y_v 是湍流黏度破坏项,$\sigma_{\tilde{v}}$ 和 C_{b2} 是常数,μ 是绝对黏度。

SA 方程左边的第一项是 $\tilde{v}$ 的变化率,第二项是 $\tilde{v}$ 的对流输运项。方程的右边,第一项是 $\tilde{v}$ 的产生率,下一项是通过湍流离散产生的 $\tilde{v}$ 的输运项,第五项是 $\tilde{v}$ 的耗散率,$S_{\tilde{v}}$ 是用户定义的源项。

湍流黏度(μ_t)可以由下面的公式计算:

$$\mu_t=\rho\tilde{v}\frac{X^3}{X^3+C_{v1}^3} \quad (2.20)$$

其中,$X\equiv\dfrac{\tilde{v}}{v}$,且生产项可以表达为

$$G_v=C_{b1}\rho\tilde{S}\tilde{v} \quad (2.21)$$

其中,$\tilde{S}\equiv S+\dfrac{\tilde{v}}{k^2 d^2}f_{v2}$,$f_{v2}=1-\dfrac{X}{1+Xf_{v1}}$,$S\equiv\sqrt{2\Omega_{ij}\Omega_{ij}}$,$C_{b1}$ 和 k 是常量,d 是到壁面的距离,S 是变形张量的标量测度,Ω_{ij} 是平均旋转速率张量,定义为

$$\Omega_{ij}=\frac{1}{2}\left(\frac{\partial u_i}{\partial x_j}-\frac{\partial u_j}{\partial x_i}\right) \quad (2.22)$$

湍流破坏项可以写成

$$Y_v=C_{w1}\rho f_w\left(\frac{\tilde{v}}{d}\right)^2 \quad (2.23)$$

其中,$f_w=g\left[\dfrac{1+C_{w3}^6}{g^6+C_{w3}^6}\right]^{1/6}$;$g=r+C_{w2}(r^6-r)$;$r\equiv\dfrac{\tilde{v}}{\tilde{S}\kappa^2 d^2}$。

模型常数为 $C_{b1}=0.135\,5$,$C_{b2}=0.622$,$\sigma_{\tilde{v}}=2/3$,$C_{v1}=7.1$,$C_{w2}=0.3$,$C_{w3}=2.0$,以及 $\kappa=0.418\,7$。于是可以给出 C_{w1}:

$$C_{w1}=\frac{C_{b1}}{\kappa^2}+\frac{1+C_{b2}}{\sigma_{\tilde{v}}} \quad (2.24)$$

2.2.4.4.2 两方程模型

两方程湍流模型通过求解两个输运方程来确定湍流长度和时间尺度。

k-ε **模型** k-$epsilon$ 或 k-ε 湍流模型是工业界和学术界广泛使用的两方程湍流模型之一。它建立在两个方程的解的基础上,即湍动能方程和湍流耗散率方程。它由 Launder 和 Spalding(1974)提出,自此成为工程湍流计算的支柱。标准的 k-ε 模型有两个模型方程,一个是 k(湍动能),另一个是 ε(湍流耗散率):

k 方程:

$$\frac{\partial}{\partial t}(\rho k)+\frac{\partial}{\partial x_i}(\rho k u_i)=\frac{\partial}{\partial x_j}\left[\left(\mu+\frac{\mu_t}{\sigma_k}\right)\frac{\partial k}{\partial x_j}\right]+G_k+G_b-\rho\varepsilon-Y_M+S_k \tag{2.25}$$

ε 方程:

$$\frac{\partial}{\partial t}(\rho\varepsilon)+\frac{\partial}{\partial x_i}(\rho\varepsilon u_i)=\frac{\partial}{\partial x_j}\left[\left(\mu+\frac{\mu_t}{\sigma_\varepsilon}\right)\frac{\partial\varepsilon}{\partial x_j}\right]+C_{1\varepsilon}\frac{\varepsilon}{k}(G_k+C_{3\varepsilon}G_b)-C_{2\varepsilon}\rho\frac{\varepsilon^2}{k}+S_\varepsilon \tag{2.26}$$

换言之,这些方程可以表示为

k 或 ε 的变化率+k 或 ε 的对流项=k 或 ε 的对流耗散项+k 或 ε 的产生率-k 或 ε 的毁灭率+用户设定的源项 $\tag{2.27}$

这里,G_k 是由平均速度梯度引起的湍动能的生成速率,G_b 是由浮力作用产生的湍动能的生成速率,Y_M 表示可压缩湍流脉动膨胀对总耗散率的影响,$C_{1\varepsilon}$,$C_{2\varepsilon}$ 和 $C_{3\varepsilon}$ 是模型常数,S_k 和 S_ε 是用户定义项,σ_k 和 σ_ε 分别是 k 和 ε 的湍流普朗特数。

湍流黏度项(μ_t)计算如下:

$$\mu_t=\rho C_\mu\frac{k^2}{\varepsilon} \tag{2.28}$$

其中,模型常量 $C_\mu=0.09$,$C_{1\varepsilon}=1.44$,$C_{2\varepsilon}=1.92$,$\sigma_k=1.0$,$\sigma_\varepsilon=1.3$。

k-ω **模型** 在 k-ε 模型中动涡流黏滞度 μ_t 可以描述为速度尺度 $\mu=\sqrt{k}$ 和长度尺度 $l=k^{3/2}/\varepsilon$ 的乘积。湍动能耗散的速率(ε)并不是定义变量的唯一潜在长度尺度。事实上,还有许多其他的两方程模型被提出。最著名的就是由 Wilcox(1988)提出的 k-ω 模型,其使用湍流频率 $\omega=\varepsilon/k$(量纲 s^{-1})作为第二变量。长度尺度变成 $l=\sqrt{k}/\omega$。湍动能和具体的耗散率由以下输运方程得到:

k 方程:

$$\frac{\partial}{\partial t}(\rho k)+\frac{\partial}{\partial x_i}(\rho k u_i)=\frac{\partial}{\partial x_j}\left[\Gamma_k\frac{\partial k}{\partial x_j}\right]+G_k-Y_k+S_k \tag{2.29}$$

ω 方程:

$$\frac{\partial}{\partial t}(\rho\omega)+\frac{\partial}{\partial x_i}(\rho\omega u_i)=\frac{\partial}{\partial x_j}\left[\Gamma_\omega\frac{\partial\omega}{\partial x_j}\right]+G_\omega-Y_\omega+S_\omega \tag{2.30}$$

换言之,方程表示为

k 或 ω 的变化率+由 k 或 ω 对流产生的输运项=由 k 或 ω 的湍流耗散的输运项+k 或 ω 的产生项-k 或 ω 的耗散率+用户定义的源项 $\tag{2.31}$

这里,G_ω 代表 ω 的产生率,Y_k 和 Y_ω 分别是由湍流导致的 k 和 ω 的耗散,Γ_k 和 Γ_ω 分别是 k 和 ω 的有效扩散系数,S_k 和 S_ω 是用户定义的源项。

有效扩散系数定义为

$$\Gamma_k = \mu + \frac{\mu_t}{\sigma_k}, \Gamma_\omega = \mu + \frac{\mu_t}{\sigma_\omega} \tag{2.32}$$

其中,σ_ω 和 σ_ω 分别是 k 和 ω 的湍流普朗特数,湍流黏度 μ_t 可以通过结合 k 和 ω,即公式 $\mu_t = \alpha^* \frac{\rho k}{\omega}$ 算得,其中 α^* 是湍流黏性引起的低雷诺数修正阻尼系数。

剪切应力输运(SST)模型 Menter(1994)建立了 SST 模型,有效地融合了在远场 $k-\varepsilon$ 模型的自由流客观性和在近壁面区域 $k-\omega$ 模型的准确预测。k 方程与 Wilcox 最初的 $k-\omega$ 模型是一样的,但 ε 方程被 $\varepsilon = k\omega$ 取代,转化为一个 ω 方程。SST 模型包含一个阻尼交叉扩散导数项在 ω 方程中。因此,$k-\omega$ SST 模型的输运方程可以写成

k 方程:

$$\frac{\partial}{\partial t}(\rho k) + \frac{\partial}{\partial x_i}(\rho k u_i) = \frac{\partial}{\partial x_j}\left[\Gamma_k \frac{\partial k}{\partial x_j}\right] + \tilde{G}_k - Y_k + S_k \tag{2.33}$$

ω 方程:

$$\frac{\partial}{\partial t}(\rho \omega) + \frac{\partial}{\partial x_i}(\rho \omega u_i) = \frac{\partial}{\partial x_j}\left[\Gamma_\omega \frac{\partial \omega}{\partial x_j}\right] + G_\omega - Y_\omega + D_\omega + S_\omega \tag{2.34}$$

其中,$\tilde{G}_k$ 是由平均速度梯度决定的湍动能的产生速率,由 G_k 算得,D_ω 代表交叉扩散项。

湍流黏度 μ_t 由 k 和 ω 定义如下:

$$\mu_t = \frac{\rho k}{\omega} \frac{1}{\max\left[\frac{1}{\alpha^*}, \frac{SF_2}{a_1 \omega}\right]} \tag{2.35}$$

2.2.4.5 大涡模拟(LES)

LES 是实现湍流计算更有效的另一种方法。在 LES 中要使用比 RANS 方程组更精细的网格。在性能和能力方面,LES 的精度在某种程度上是介于 RANS 和直接数值模拟(DNS)之间的,这一点将在 2.2.4.6 部分中讨论。

湍流是用不同长度和时间尺度的涡流来描述的。最大的涡流的大小通常与平均流量的特征长度相等。湍流动能的释放是由最小尺度决定的。LES 分析包括两个主要步骤:滤波和亚格子尺度(subgrid scale,SGS)建模。滤波用于求解所涉及的大涡流,而 SGS 模型则处理滤波方法中未求解的小涡流。

利用该方法大尺度非定常湍流涡旋可以直接求解,而小尺度耗散湍流涡旋要通过模型求解。其基本理论是,无论湍流流场如何,较小的湍流旋涡都不依赖于坐标系的方向,总是以一种统计上平行且可预期的方式起作用。

LES 的局限性主要是在壁面边界层,因为其需要高分辨率的网格。即使是大涡也会在近壁面转化成小涡,且需要依赖于雷诺数的分辨率。

2.2.4.6　直接数值模拟(DNS)

在 DNS 中,N-S 方程可以直接用能够解析所有湍流特征尺度的精细网格来求解。这些模拟计算了所有湍流速度波动的平均流动。DNS 具有模拟复杂湍流的潜力,求解三维连续性和 N-S 方程的算法已经建立。这些计算在计算资源方面需要很高的成本,因此这种方法通常不适用于工业流程计算。

在不久的将来,DNS 将在湍流研究中发挥越来越重要的作用。DNS 方法需要极度精确和完整的三维网格、超级计算机,以及海量的 CPU 时间。就目前的计算能力而言,DNS 结果尚未实现工程应用中强湍流的求解。

2.2.5　边界条件

没有采用适宜的边界条件,任何数值方案都是不完整的。适宜的边界条件是保证 CFD 求解精度的必要条件。二维 CFD 域中的每一条边和三维域中的每一个面都有边界条件。边界条件设置不正确会导致解不稳定、解不收敛和/或结果不精确。数值求解中存在多种边界条件,下面将就其中最重要的边界条件进行讨论。

2.2.5.1　进/出口边界条件

流体通过进口进入计算域,并通过几何模型上指定的出口离开计算域。这些边界条件通常可分为速度或压力边界条件。速度进口条件由沿进口边/面的来流速度决定。如果需求解能量方程,还要给出来流的温度特性。如果涉及湍流模拟,也应在进口给定湍流特性。如果指定了一个压力进口,则需要给定整个进口边/面上的总压(例如,从远场进入该区域的流体和已知的或从已知压力的增压罐得到的环境压力)。压力出口则定义在流体从计算域流出的地方。在压力进/出口同样也需要给定诸如温度和湍流强度等流动特性。

2.2.5.2　壁面边界条件

在边界条件中,壁面边界条件是最简单的。因为流体不能穿过固体壁面,所以对于定义为壁面边界条件的边或面,其速度法向分量设置为 0。此外,由于壁面的无滑移条件,固定壁面的速度切向分量也设置为 0。如果要激活能量方程,则还要在壁面给定热通量或壁面温度条件。可移动壁面和有明确剪切应力的壁面也可以在大多数可用的 CFD 模型中定义。

2.2.5.3　周期/循环边界条件

当物理几何结构和预期流动模式具有周期性重复性质时,就定义为周期性流动。这种流动可以在多种应用中看到,比如换热器通道内的流动和透平机叶片之间的流动。它发生在几何结构有重复的时候。定义在周期边界的一个面上的流动变量在数学上与同一个周期边界的第二个面相连接。因此,流出一个周期边界可以看作是进入另一个具有相同性质(温度、速度、压力等)的周期边界。周期边界条件的应用可减少计算域,从而节约计算机资源(图 2.3)。

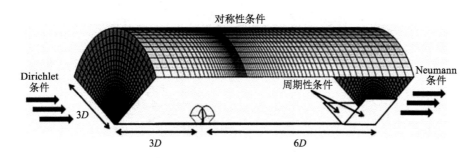

图 2.3　三维轴流问题中的网格和周期边界条件

［资料来源：转载自 Lee 等（2012）（原始资料中的图 2），经爱思唯尔许可］

2.2.5.4　对称边界条件

当物理几何结构和预期流动模式具有镜像对称性时，应用对称边界条件。它们用于将计算域的大小缩减到整个系统的对称部分。对称边界条件如图 2.4 所示。

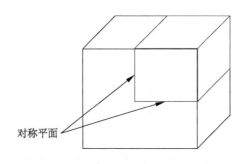

图 2.4　对称边界条件

2.2.6　移动参考系（MRF）

MRF 是一种相对简单、直接和高效的定常 CFD 模拟技术，通常用于模拟旋转机械。MRF 假设给定的体积具有恒定的旋转速度，非壁面边界为旋转曲面。严格地说，整个转子区域的旋转速度应该与转子的角速度相同。由于所有透平机械的流动本质上都是非定常的，MRF 模型简化了计算流体力学中的这些困难。该模型可以更简单地通过定义适当的边界条件来减少计算时间和资源，因此相对于其他模型而言是工程实践应用中的理想选择。MRF 模型有多种用途，如透平机、电动机、发电机、混合设备、旋转通道，以及空中和地面车辆运动。

当使用 MRF 时，附加的加速度项，如科里奥利（Coriolis）加速度和向心加速度（由于从静止变为 MRF 而产生）就被添加到运动方程中（图 2.5）。通过在稳态下求解这些方程，可以预测运动部件周围的流动。

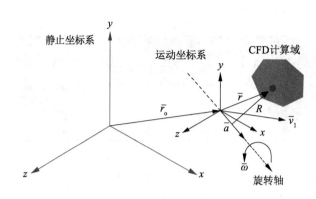

图 2.5　静止和运动参考系

［资料来源：转载自 Shi 等（2015）（原始资料中的图 4），经爱思唯尔许可］

2.2.7　验证和确认

验证计算决定了理论模型的编程和计算操作是否正确。它通过比较 CFD 结果和实际分析结果来检验模型的数学运算。它也检查由计算机程序设计引起的错误。

验证计算检验计算模型是否正确地实现了理论模型，以及得到的代码是否能够准确地用于进一步的研究。这是通过识别和量化模型开发和解决方案中的错误来实现的。验证分为计算验证和 CFD 代码验证两个阶段。验证代码的目的是发现并消除代码中的错误。验证计算的目的是确定计算的准确性。

确认评估决定了计算模型是否符合物理现象。它通过与试验数据的比较来检验模型的科学性。它是通过识别和量化误差与不确定度，并对模拟和试验结果进行评估来实现的。试验结果还可能包含偏差和随机误差，必须作为数据集的一部分进行适当的计算和确认。确认所需的准确性取决于工程应用，因此，确认需要容纳不同级别的精度。

2.2.8　商业 CFD 软件

CFD 分析工具目前已经进行商业化开发，并在大多数行业中得到广泛应用。有时，一个软件开发商可以提供整个套件，包括前、后处理器。这些商用 CFD 软件包中有几个是专门为透平机械应用而设计的，其中一些不仅能够处理叶栅，还能够解决包括喷头和喷嘴在内的其他相关配置。

近些年，ANSYS Fluent、ANSYS CFX 和 Star-CCM＋一直以其最新开发的工具主导着 CFD 行业。ANSYS Fluent 在电子和工业产品市场占据主导地位，Star-CCM＋在航空航天、汽车、能源等行业得到广泛认可。ANSYS Fluent 还提供了精确的透平机械后处理功能，有助于准确的结果分析。

ANSYS CFX 是另一种快速的 CFD 软件工具，它的稳健性和快速性为 CFD 在透平机械中广泛应用提供准确可靠的结果。ANSYS CFX 因其在模拟旋转设备如压缩机、风机、泵和燃气轮机方面表现出的稳健性、准确性和速度而闻名。CFX-Pre 中的涡轮模式是一个专业模式,使用户能够轻松地进行透平机械如压缩机或涡轮机的模拟。通过选择一些基本参数和合适的网格文件,可以简单地构造出旋转设备的各个截面,然后自动生成与各截面相关的不同边界条件和各部件之间的界面(ANSYS CFX 求解器造型指南 2013)。

另一个流行的透平机械 CFD 软件是由 NUMECA 开发的 FINE™/Design3D 代码。FINE/Design3D 是一个用于透平机械流道和叶片优化设计的集成软件。一个优化系统需要一个参数化建模器来定义一个大的设计空间、一个自动快速的网格生成器、一个精确可靠的 CFD 求解器和一个高效的优化内核(ANSYS Fluent 12.0 2009)。

近年来 CFD 模拟在透平机械设计领域的高速发展促进了对部件更高性能的设计追求,以及对 CFD 模拟能力的不断提升。影响 CFD 模拟应用于透平机械部件设计的首要因素是安装 CFD 软件的工作站的计算能力。随着并行处理技术的提高和工作站处理器速度的加快,涡轮部件设计过程中可以采用更先进的 CFD 分析工具(Pinto 等,2016)。然而,如何选择必须在考虑综合因素的基础上进行决策,而不是仅仅注重 CFD 软件包对复杂透平机械相关流动的分析能力。在采用 CFD 方法之前,必须考虑和分析购买或租赁商业软件相关的成本。

2.2.9 开源代码

开源 CFD 代码又叫 OFF(Open source Finite volume Fluid dynamics code),即开源有限体积流体动力学代码。它们的目标是利用 FVM 方法数值求解流体输运方程的定常和非定常可压缩 N-S 方程(Zaghi,2014)。由于 CFD 的使用越来越多,出现了许多可用的 OFF 代码。这些代码在 GNU 通用公共许可证下可用,所以任何人都可以不受限制地使用和修改它们,从而保证了科学知识在研究人员之间的共享。此外,与商业软件相比,自由软件通常具有更高的质量,特别是在科学应用方面。开源代码的局限性在于它们需要编程技巧和对流体物理知识的全面理解。

表 2.1 列出了使用最广泛的开源 CFD 代码。

表 2.1 开源 CFD 代码

代码名称	注释
OpenFOAM	这是使用最广泛的开源软件。它用途广泛,可用于各种工程和科学应用。它是用 C++库开发的面向对象的程序,用于 CFD 数值建模,具有二阶精确的 FVM 离散化,二阶时间离散化,可用于并行计算,是有效的线性系统求解器。它包括 80 多个求解器应用程序,可以模拟工程中的特定问题。
REEF3D	REEF3D 专注于水动力、海上、沿海和海洋 CFD 计算。采用水平集方法可以轻松地计算复杂的自由表面流动。该模型在高度模块化的 C++代码中使用,并且在 GPL 许可下可以自由访问源代码。得益于用于并行化的 MPI 库,REEF3D 是进行高性能 CFD 建模的最佳工具。该模型目前正在开发中,并且很快会附加更多新功能。它们的目标是从完全过渡的研究工具转变为功能强大的工程软件。

代码名称	注释
Code Saturne	Code Saturne 由法国电力公司(EDF)研发,旨在进行科学研究和工业应用。它可以解决二维和三维 Navier - Stokes 方程,二维轴对称流动,层流或湍流,不可压缩或可压缩,等温或绝热,定常或非定常的标量运输(如果需要)。它也可以支持滑移网格。可以使用从 RANS 到 LES 的多种湍流模型。其代码的结构在各个版本中都保持不变,从 1.0×到 2.0×的主要变化是从 FORTRAN 77 升级到 FORTRAN 90。
Gerris	Gerris 由 Stéphane Popinet 创建,并得到了 NIWA(国家水和大气研究所)和 Jean le Rond D'Alembert 研究所的支持。它解决了时变不可压缩变密度 Navier - Stokes 方程,界面流动的流体对流方案,线性和非线性浅水方程,在空间和时间上具有二阶精度。它还支持自适应网格细化。但是它不能用于可压缩流。
SU2	SU2 是用 C＋＋语言创建的,用于求解 PDE 和 PDE 约束的优化仿真。SU2 工具最初是在考虑 CFD 和空气动力学形状优化的基础上构建的,但最近已被开发用于解决新的控制方程,例如化学反应流、电动力学等。SU2 在斯坦福大学航空设计实验室不断扩展。

2.2.9.1　OpenFOAM

OpenFOAM 由于其求解范围广,能够模拟 CFD 中的大量问题。OpenFOAM 由 blockMesh 和 snappy HexMesh 等网格工具组成。blockMesh 支持简单几何结构的网格划分,snappy HexMesh 可以支持复杂的几何结构(Jasak 和 Beaudoin,2011)。有从 GAMBIT,Star-CD 和 ANSYS 导入网格文件的选项。有各种网格转换工具可以将网格文件从其他格式转换为 OpenFOAM 可读取的格式。

透平机械的模拟与一般的模拟如管道内流动、外部空气动力学 CFD、传热问题或壁面边界湍流等相比有显著不同。流动的非定常特性以及复杂尾流与叶片的相互作用,使得透平机械的 CFD 研究极具挑战性。为了使 OpenFOAM 适用于透平机械的模拟,其旋转特性以及固定部件与旋转部件之间的界面是必须解决的难点(Page 和 Beaudoin,2007)。

参考文献

［1］ Anderson, J. D. (1995). *Computational Fluid Dynamics：The Basics with Applications*. New York：McGraw-Hill.

［2］ ANSYS CFX (2013). *Solver Modelling Guide*. Canonsburg：ANSYS, Inc.

［3］ ANSYS Fluent 12.0 (2009). *Theory Guide*. Lebanon, NH, USA：ANSYS Inc.

［4］ Çengel, Y. A. and Cimbala, J. M. (2006). *Fluid Mechanics：Fundamentals and Applications*. New York, NY：McGraw-Hill Education.

［5］ Chung, T. J. (2015). *Computational Fluid Dynamics*. Cambridge：Cambridge University Press.

［6］ Denton, J. D. and Dawes, W. N. (1998). Computational fluid dynamics for turbomachinery design. *Proceedings of the Institution of Mechanical Engineers, Part C：Journal of Mechanical Engineering Science* 213 (2)：107 - 124.

［7］ Jasak，H.，and Beaudoin，M.（2011）. OpenFOAM Turbo Tools：From General Purpose CFD to Turbomachinery Simulations. ASME-JSME-KSME 2011 Joint Fluids Engineering Conference：Volume 1，Symposia – Parts A，B，C，and D.

［8］ Launder，B. E. and Spalding，D. B.（1974）. The numerical computation of turbulent flows. *Computer Methods in Applied Mechanics and Engineering* 3（2）：269 – 289.

［9］ Lee,J. H.，Park，S.，Kim，D. H. et al.（2012）. Computational methods for performance analysis of horizontal axis tidal stream turbines. *Applied Energy* 98：512 – 523. https：//doi. org/10. 1016/j. apenergy. 2012. 04. 018.

［10］ Menter，F. R.（1994）. Two-equation eddy viscosity turbulence models for engineering applications. *AIAA Journal* 32：1598 – 1605.

［11］ Page，M.，and Beaudoin，M.（2007）. Adapting OpenFOAM for turbomachinery applications. Second OpenFOAM Workshop in Zagreb，Croatia.

［12］ Pinto，R. N.，Afzal，A.，D'Souza，L. V. et al.（2016）. Computational fluid dynamics in turbomachinery：a review of state of the art. *Archives of Computational Methods in Engineering* 24（3）：467 – 479.

［13］ Shi，S.，Zhang，M.，Fan，X.，and Chen，D.（2015）. Experimental and computational analysis of the impeller angle in a flotation cell by PIV and CFD. *International Journal of Mineral Processing* 142：2 – 9. https：//doi. org/10. 1016/j. minpro. 2015. 04. 029.

［14］ Spalart，P. R.，and Allmaras，S. R.（1992）. A One-Equation Turbulence Model for Aerodynamic Flows，AIAA Paper 92 – 0439.

［15］ White，F. M.（2017）. *Fluid Mechanics*. New Delhi，India：McGraw-Hill Education.

［16］ Wilcox，D. C.（1988）. Reassessment of the scale-determining equation for advanced turbulence models. *AIAA Journal* 26（11）：1299 – 1310.

［17］ Zaghi，S.（2014）. OFF, opensource finite volume fluid dynamics code：a free, high-order solver based on parallel，modular，object-oriented Fortran API. *Computer Physics Communications* 185（7）：2151 – 2194.

③ 优化方法

3.1 介绍

在剑桥词典(Vale 等,1996)中"优化"一词的意思是"使事物尽可能好的行为"。在日常生活中,我们会在不知道事物背后任何复杂数学原理的情况下进行优化。我们会在去商店买牛奶之前找到最短和最简易的到达商店的路线,或者在准备买车或公寓之前优化预算。工程系统时而简单,时而复杂,需对其进行优化,以找到建造桥梁、飞机或化学过程系统的最佳可能方法。一个系统可以有数百个参数或变量,可以修改这些参数或变量来实现目标。随着变量和/或目标数量的增加,问题会变得更加复杂。经验丰富的工程师可以推测出最优的设计,但是随着系统复杂度的变化,这个"推测"可能会失败。在过去的几十年里,计算机的性能已经提高了数倍,复杂的设计现在可初步通过诸如计算流体力学(CFD)、有限元法(FEM)或其他技术等来计算。因此,一些数学优化技术通过将优化和数值计算技术相结合,开始发挥作用。优化设计正逐渐成为现代工程实践的一个中心主题。改变几个参数或变量或者将其置于约束之下,从而达到最终的目标。目标可以是最大化、最小化或受约束型目标。目标可以是单个的,也可以是多个的。如果一个问题只有一个目标,就称为单目标问题,其他的则称为多目标问题。

工程系统通过模拟进行设计和优化可能需要几秒到几天的时间。因此,需要有数学方法将设计公式和优化算法联系起来。采用基于代理模型的优化方法,构建一种低逼真度模型或代理模型,可减少总计算时间。

还有一些直接基于梯度的优化方法,如有限差分灵敏度分析法、自动微分法、伴随变量法等。局部和全局灵敏度分析提供了变量对目标影响的相关信息。在自动微分法中,问题被转化为一个函数,该函数与原问题具有同样的精度和效率。约束优化算法中的伴随法具有更快的收敛速度,该方法将在 3.10 节中介绍。

本章主要对基于代理模型的不同优化方法进行讨论。本书的目标涉及流体机械优化,但不包括化工或管理过程中使用的技术。

图 3.1 给出了工程优化中常用的术语。

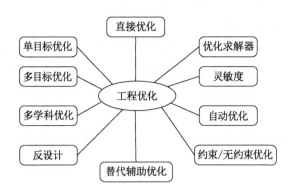

图 3.1 工程优化中常用的术语

3.1.1 工程优化的定义

工程中的决策过程依赖于影响系统性能的单个或多个参数。该过程中使用的优化方法是在一组设计中选择一个最优方案。通常,优化过程可以表示为

$$\text{Minimize } f(x) \tag{3.1}$$

待定参数,$x \in \Omega$(Ω 是实数空间 $\mathbf{R}^n$ 的一个子集)。

基于代理模型的优化过程如图 3.2 所示。首先,定义一个设计空间,并通过试验设计(Design of Experiments,DOEs)给出几个样本(Myers 等,2016)。然后,运用优化算法进行设计,并采用试验或数值方法进行验证。在许多其他情况下,可以不定义设计空间,而是每次只考虑一个参数来优化系统。这种方法非常耗时。

3.1.2 设计空间

当在系统中选择一些变量进行修改以产生最优形状时,计算是在有限的设计空间范围内完成的。例如,对称翼型剖面可以在 NACA0010 和 NACA0020 翼型之间确定。如果一个设计超越了限制,那么这个设计可能在结构上并不牢固或不可行。所以,设计空间由所选变量的上、下限来定义。设计空间在数学上可以表达为

$$x_i^l \leqslant x_i \leqslant x_i^u \tag{3.2}$$

寻找合适的设计空间是工程设计中的一个关键问题。变量的上限和下限是通过设计人员的经验,或

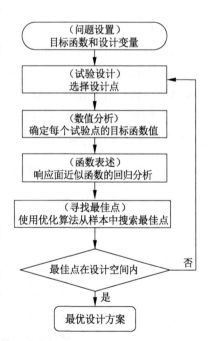

图 3.2 基于代理模型的优化过程

[资料来源:经施普林格科学＋商业媒体善意许可:Samad 和 Kim 2008(原始资料中的图 3),©2008]

通过一些随机计算,或通过设计检查来选择的。任何具有最小值的变量都应该产生一个可行的设计,并达到一定的设计目标。

现在,以两个在可行范围内的变量(V_1 和 V_2)为例。两个变量的可行范围的组合可能无法产生一个可行的设计空间。V_1 的下限和 V_2 的上限可能会创造出一个完全荒谬的设计空间。

设计人员在选择设计空间的时候,有必要检查单个变量的极限和组合极限。建议首先检查变量的组合极限,以确定它们是否有效。然后,设计人员可以从设计空间中选择设计点。

3.1.3 设计变量和目标

一个透平机械系统可能有数百个设计参数,这些参数可以改变目标函数值。设计人员的主要责任是选择最重要的变量。设计变量数量的增加会相应增加设计评估的数量。为了减少变量的数量,有必要对设计变量进行严格的评估。设计分析应基于可行性、流动物理规律、约束条件等。如果改变设计变量的值不影响目标函数,则可以忽略这些变量,进而选择影响较大的变量。对变量进行灵敏度分析可以为变量选择提供一些依据。

例如,以透平机械叶片为例(图 3.3)。轴流式压缩机可以有"n"个叶片,叶片的形状会影响压缩机的性能。叶片的性能随一些参数的变化而改变。轴流式压缩机的设计参数如表 3.1 所示,压缩机及其优化的细节将在另一章讨论。

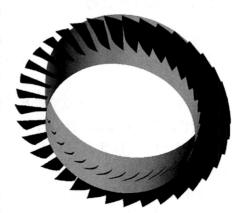

图 3.3 轴流式压缩机

表 3.1 轴流式压缩机的设计参数

参数	数值
质量流量/(kg/s)	20.19
转速/(r/min)	17 190
转子叶片数	36
进口轮毂比	0.7
进口叶尖马赫数	1.4
进口轮毂马赫数	1.13
叶栅稠度	1.29
压比	2.106
转子展弦比	1.19

这里只取两个参数(叶片倾斜和叶片扫掠)。叶片形状可以根据叶片倾斜和叶片扫掠来定义。倾斜会改变叶片,使叶顶轮廓沿垂直于弦线方向移动,并决定叶片向压力或吸力面弯曲;扫掠可通过修改沿着叶片弦线的叶尖来改变叶片的形状(图3.4)。因此,设计人员只需修改一个或两个参数或变量,以获得更高的压力比效率。设计空间如表3.2所示。这些变量是使用抽样技术选择的。

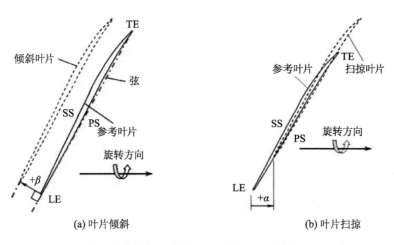

图 3.4 设计变量分类(LE:前缘;TE:后缘;SS:吸力面;PS:压力面)

[资料来源:经 Samad 等(2008a)许可转载(原始资料中的图 3 和图 4),版权所有©2008 美国航空航天股份有限公司]

表 3.2 设计空间

变量	下限	上限
扫掠,α	0.0	0.25
倾斜,β	-0.036	0.000

样本如表3.3所示。最后两列保持空白,以便填充 CFD 计算结果。一旦得到 CFD 结果,该表格就被用来构造代理函数或近似函数,再用一个搜索算法从代理函数中找到最优点。由 CFD 模拟得到计算结果(图3.5)。参考值和优化后的结果如下所示。

目标定义如下:

效率

$$\eta_{ad} = \frac{(P_{total,exit}/P_{total,inlet})^{(k-1)/k} - 1}{T_{total,exit}/T_{total,inlet} - 1} \tag{3.3}$$

压比

$$F_P = P_{total,exit}/P_{total,inlet} \tag{3.4}$$

表 3.3　设计列表或样本

样本数	V_1	V_2	效率	压比
1	0.00	-0.036		
2	0.00	-0.018		
3	0.00	0.000		
4	0.13	-0.036		
5	0.13	-0.018		
6	0.13	0.000		
7	0.25	-0.036		
8	0.25	-0.018		
9	0.25	0.000		

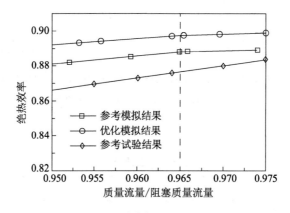

图 3.5　绝热效率与质量流量的比较

［资料来源：经 Samad 等（2008a）许可转载（原始资料中的图 5），版权所有©2008 美国航空航天股份有限公司］

3.1.4　优化过程

将单目标优化方法和多目标优化方法应用于数值或试验数据。在基于代理模型的优化算法中，代理模型对数据进行近似并预测近似结果。在多目标优化中，将代理模型与遗传算法（GA）相结合，并进行优化设计预测。单目标和多目标代理模型优化过程分别如图 3.2 和图 3.6 所示。

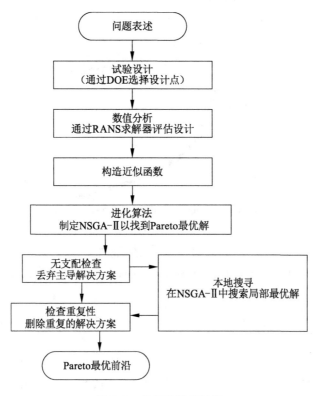

图3.6 多目标优化过程

〔资料来源:经施普林格科学＋商业媒体善意许可:Samad等(2008b)(原始资料中的图2),©2008〕

3.1.5 搜索算法

寻找最优解的搜索算法的一个例子是在 MATLAB(Mathworks Inc.2016)中采用二次序列规划算法(Sequential Quadratic Programming,SQP) fmincon 函数,该函数基于牛顿约束优化方法。这是一个三步过程法,即更新 Hessian 矩阵,求解二次规划问题,形成搜索方向。其他搜索算法包括遗传算法、粒子群优化算法等。

3.2 多目标优化 (MOO)

MOO 用于处理多个目标函数。目标函数在本质上可能是相互矛盾的,可能必须同时最大化或最小化。我们在日常生活中经常碰到 MOO 的优化处理。我们会最大限度地降低成本,并最大限度地提高舒适度。例如,在规划旅游时,我们寻求以最少的花费和时间游览最多的旅游景点。因此,目标是矛盾的。在实践中,可以有更多的目标来控制我们的日常生活。

对于 MOO,一个解集中存在多个解。结果可由 Pareto 最优前沿(Pareto-optimal

Front，PoF)（图 3.7）表示。相互冲突的目标产生了几个 Pareto 最优解。在 MOO 过程中，可以使用目标的简单加权求和或基于 Pareto 前沿的方法。下面将解释这些方法。

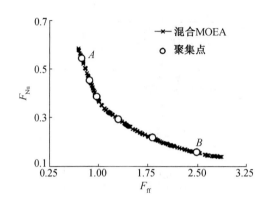

图 3.7　Pareto 最优前沿

［资料来源：经施普林格科学＋商业媒体善意许可：Samad 等（2008b）（原始资料中的图 4），©2008］

3.2.1　加权求和方法

目标函数加权求和法（Collete 和 Siarry，2003）是一种将 MOO 问题转化为单目标问题的方法。两个目标 F_1 和 F_2 通过一个权重因子 w_f 线性组合形成单目标 F_c，表达式可以写成

$$F_c = F_1 + w_f F_2 \tag{3.5}$$

权重因子（w_f）根据设计者自己的选择而定。

3.2.2　Pareto 最优前沿

MOO 方法给出了一组最优解，使得在所有目标方面没有其他结果是优越的。该求解方案呈现于 PoF（Li 和 Padula，2004）中。MOO 问题使用遗传算法或其他算法得到一个 PoF（Li 和 Padula，2004；Queipo 等，2005；Hwang 和 Masud，1979）。MOO 方法可以用图 3.6 表示：

$$\text{Minimize } \bar{f}(\bar{x})$$
$$\text{Subject to } \bar{g}(\bar{x}) \leqslant 0 \tag{3.6}$$
$$\bar{h}(\bar{x}) = 0$$

生成全局 PoF 的流程图如图 3.6 所示。约束条件和目标函数用数学形式表示，然后根据试验采集的数据计算。意大利工程师兼经济学家 Vilfredo Pareto（1848—1923）在他的经济学研究中使用了这一优化的概念，因此它被命名为 Pareto 优化。

使用不同的方法可以获得最有利的解决方案。MOO 方法可以分为不同的类别，如由因及果、由果及因、相互配合等。所有这些分类都包含不同方法中的侧重点信息。在由因及果的方法中,要求预先给出侧重点信息,然后找到满足这些侧重点的合适的解决方案(Hwang 和 Masud,1979;Deb,2001)。在相互配合的方法中,最理想的解决方案是由决策者反复探索而得。Pareto 最优解是在每一次交换的过程中产生的,设计方法(design method,DM)定义了如何强化解决方案。然后,DM 提供数据,从而生成新的 Pareto 最优解。

在 NSGA－Ⅱ(non-dominated sorting of genetic algorithm－Ⅱ,遗传算法的非支配排序－Ⅱ)(Deb,2001)中,诸如突变、交叉、种群大小和世代等参数都会被调整以适应问题的本质。通过 NSGA－Ⅱ算法得到一组不精确的 Pareto 最优解,然后利用局部搜索方法的加权求和方案进一步处理,以提高 Pareto 最优解的质量。在这个方案中,目标是一致的,这样更容易实现。每个目标的权重计算如下:

$$\overline{w} = \frac{\left[F_j^{\max} - F_j(X)\right]/(F_j^{\max} - F_j^{\min})}{\sum_{k=1}^{M}\left[F_k^{\max} - F_k(X)\right]/(F_k^{\max} - F_k^{\min})} \tag{3.7}$$

合并的目标函数变成

$$F_c = \sum_{k=1}^{M} F_k w_k \tag{3.8}$$

其中,$\overline{w}$ 和 M 分别为第 j 个目标的权重和目标个数。$F_j^{\min}$,$F_j^{\max}$,$F_j(X)$分别是第 j 个目标的缩放最小值、缩放最大值和初值。采用搜索算法对 F_c 进行优化。将解与 NSGA－Ⅱ结果进行融合,得到 Pareto 最优解。

3.3 约束、无约束和离散优化

3.3.1 约束优化

正如在开头的例子中所给出的,我们可以用我们的收入购买物品,但是在购买昂贵的房子或钻石戒指时就有一些限制。我们也可能受到时间的约束。在工程实践中,我们可以有更高效的压缩机,但该系统会把较高的应力集中在叶片上。设计人员应通过选择合适的材料和适当的设计方案以尽可能低的成本来限制应力集中的程度。

在约束优化中,一个目标函数可以在变量有约束的情况下对任何变量进行优化。约束可以是硬约束,也可以是软约束。变量需要满足的条件是硬约束。在目标函数中对变量进行判定,如果变量的条件不满足,则在目标函数中对变量进行软约束。方程(3.6)为约束优化的定义。

3.3.2 无约束优化

无约束优化问题是根据实际变量对目标函数进行最大化或最小化,而不受其值的限制[无约束优化(n.d.)]。因此,方程(3.6)中的约束是无效的。有时,为了使无约束问题更容易求解,会对约束变量或目标进行判定,使其不受约束。例如,在 3.1.3 小节所述的问题(压缩机问题)中,如果将压比约束为 2.2,并对效率进行优化,那么这个问题就受到约束。

3.3.3 离散优化

在离散优化中,离散数学程序中使用的部分或全部变量都被限制为离散变量。Mosevich(1986)采用离散组合优化方法设计了水轮机转轮。

3.4 代理建模

3.4.1 概述

"代理"指的是借用的概念或是"替代或使用代替物"(Vale 等,1996)。代理程序模拟了实际的系统,并在工程应用中产生近似结果。CFD 或 FEM 模型是高保真度模型,因为在试验中具有较强的逼真性,所以被称为"高保真度"模型。代理模型结果与 CFD 或 FEM 结果近似,但逼真度较低,称为低保真度模型。

代理模型基本上是采用设计变量值和目标函数值来创建近似函数。有许多代理,如响应面近似(response surface approximation,RSA)、克里格法(Kriging,KRG)、人工神经网络(artificial neural network,ANN)和支持向量机(support vector machine,SVM)。近似函数会产生不同的拟合效果,而通过代理获得的最终的设计结果可能不是最优的。数据点的性质赋予了适合度。对于问题 A,代理可能执行得很好。但是对于问题 B,代理可能执行得不好。同样,数据点的数量和抽样策略也控制着代理的准确性或适合度。

3.4.2 优化程序

在单目标优化方法中,代理近似模型是可实现的。接下来将介绍三种基本代理模型(RSA,KRG 和 RBN)和加权平均代理模型(WAS)。还有其他的 WAS 建模技术(Viana 等,2014),这些在本书中不做讨论。

在 MOO 中,将代理模型与遗传算法相结合进行优化设计预测。

3.4.3 代理建模方法

几乎所有的工程设计问题都需要模拟和试验来评估以设计变量为自变量的目标和约束函数。在现实世界的问题中,单次模拟在时间和成本上可能会比较昂贵。为了减少这种开销,可以使用能够近似数据点的代理模型。这样的模型使用有限数量的数据点来获得。代理建模的挑战在于使用有限数量的采样点生成更高精度的代理模型。代理构建过程包括三个步骤:

· 选择样本

·构建代理模型,优化模型参数

·优化设计误差分析

代理模型的准确性取决于设计空间中样本的数量和位置。不同的试验技术设计会由于数据中的噪声而产生错误,或因代理项不正确而产生错误的代理模型。最常用的代理模型是多项式 RSA(Myers 等,2016)、KRG(Martin 和 Simpson,2005;Sacks 等,1989)、SVM(Cristianini 和 Shawe-Taylor,2000)和 ANN(Orr,1996)。下面将详细描述这些模型。

3.4.3.1　响应面近似(RSA)模型

在 RSA 中,数值计算得到的离散响应产生一个多项式响应函数,从而建立设计变量和响应函数之间的关系。线性响应函数可表示为

$$F_i = \sum_{j=1}^{n} c_j \boldsymbol{x}_{ij} + \varepsilon_i \qquad (3.9)$$

其中,n 是设计变量的数量,$\boldsymbol{x}_{ij}$ 是变量向量,ε_i 代表误差。

$$E(\varepsilon_i) = 0, V(\varepsilon_i) = \sigma^2 \qquad (3.10)$$

σ^2:方差。

方程(3.9)可以表示为矩阵形式:

$$F = \boldsymbol{X}\beta + \varepsilon \qquad (3.11)$$

$\boldsymbol{X}$ 是一个 $M \times n$ 的设计变量值的矩阵。

最小二乘估计值 β 是

$$\hat{c} = (\boldsymbol{X}^{\mathrm{T}}\boldsymbol{X})^{-1}\boldsymbol{X}^{\mathrm{T}}F \qquad (3.12)$$

构造的二阶多项式响应可表示为

$$F(x) = c_0 + \sum_{j=1}^{n} c_j x_j + \sum_{j=1}^{n} c_{jj} x_j^2 + \sum \sum_{i \neq j}^{n} c_{ij} x_i x_j \qquad (3.13)$$

二阶多项式模型的回归系数个数由 $\dfrac{(n+1)(n+2)}{2!}$ 计算得到。残差的平方和给出了数据拟合曲线,公式为

$$R_{\mathrm{adj}}^2 = 1 - \left[\frac{n-1}{n-p}(1-R^2) \right] \qquad (3.14)$$

$$R^2 = 1 - \frac{\mathrm{SS_E}}{S_{\mathrm{yy}}} \qquad (3.15)$$

其中,$\mathrm{SS_E} = \sum_{i=1}^{n}(F_i - \hat{F}_i)^2$,$S_{\mathrm{yy}} = F'F - \dfrac{\left(\sum_{i=1}^{n} F_i\right)^2}{n}$,$p$ 是模型参数的数量。这是由回归系数的个数确定的。

3.4.3.2　人工神经网络(ANN)模型

数学系统中的 ANN 系统的工作方式与人体中的神经系统相似(图 3.8)。我们由经验知道,一旦有新的信息被位于身体不同部位的感触吸收,我们就会做出反应。例如,在

鼻腔里高度敏感的鼻腔感触或受体会引发打喷嚏,而低敏感的神经即使是在被昆虫叮咬的时候可能也不会做出很好的反应。因此,我们的感觉神经在一定范围内工作良好。在我们的大脑中神经被训练,数据被储存和分析。类似地,ANN 模型最初获取数据(样本),训练它们,并决定它们的权重和偏差。当给定一段新的数据作为输入时,通过训练后的网络(ANN)将其与现有数据进行比较,给出目标函数的输出或预测值。ANN 具有大量并行计算系统(简单处理器),通过可调互联来连接。ANN 的概念是模仿人类的功能,如根据早期数据进行预测、从经验中学习等。

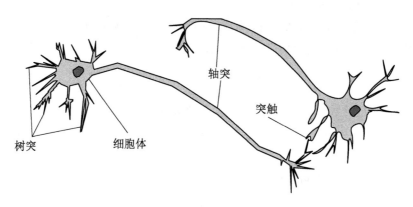

图 3.8 人体的一个神经元

径向基神经网络(radial basis neural network,RBNN)(Orr,1996)分为两层:径向基隐藏层和线性输出的传递函数(图 3.9)。径向基隐藏层由一组作为激活函数的径向基函数组成,其反应随中心与输入之间的距离而变化。

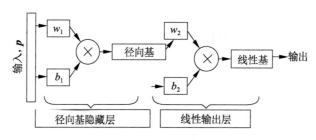

图 3.9 径向基网络(单神经元)

[资料来源:经 Samad 和 Kim(2009)许可转载(原始资料中的图 2),©2009 日本涡轮机械学会、韩国流体机械协会、中国工程热物理学会、IAHR]

当输入＝0 时径向基函数(图 3.10)的输出值为 1。输出随着 w(权重)和 p(输入向量)之间距离的减小而增大。b(偏差)允许调节 radbas 神经元的灵敏度。设计参数为扩展常数(SC)和用户定义的误差目标(Error Goal,EG)。SC 值的选择要非常谨慎,这样它就不会产生对所有输入不敏感的网络,或对输入过于敏感的网络。均方根 EG 的选择也很重要。一个很小的 EG 会导致网络被过度训练,而一个较大的 EG 会影响模型的准确性。

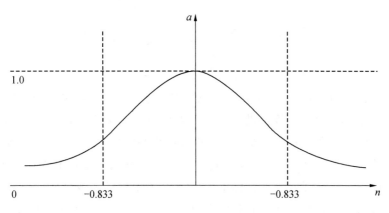

图 3.10　径向基函数

3.4.3.3　克里格(KRG)模型

KRG 模型最初由南非工程师 D. G. 克里格(D. G. Krige)于 1960 年开发,并用于他的采矿工程。后来,该模型被用于优化设计。在该模型中,基本公式来自输入响应,并基于回归分析对曲线进行拟合。响应函数包括系统偏离和全局模型。数学上,我们可以把它表示为

$$F(x) = f(x) + Z(x) \tag{3.16}$$

其中,已知函数 $f(x)$ 表示设计空间的趋势,未知函数 $F(x)$ 需要被估计。函数 $Z(x)$ 产生一个局部偏差并采用具有零均值和非零协方差的高斯函数来插值拟合采样数据点。$Z(x)$ 的协方差矩阵表示为

$$\mathrm{COV}[Z(x^i), Z(x^j)] = \sigma^2 \boldsymbol{R}[R(x^i, x^j)], \; i, j = 1, 2, \cdots, n_s \tag{3.17}$$

其中,$\boldsymbol{R}$ 是一种以空间相关函数 $R(x^i, x^j)$ 为元素的相关矩阵。过程方差 σ^2 代表两个样本数据点集 x^i 和 x^j 的空间相关函数标量。高斯函数是梯度中心优化算法的首选函数。

3.4.3.4　PRESS-Based-Averaging(PBA,基于预测误差平方和的平均)模型

如前所述,WAS 模型通过对代理项分配权重以求其平均值,并生成一个全局模型(Goel 等,2007；Viana 等,2014)。有几种加权平均模型试图统一代理项。由 Goel 等(2007)开发的 WTA3 模型被 Samad 等(2008a,b)重命名为 PBA 模型。PBA 模型的预测响应为

$$F_{\mathrm{PBA}}(x) = \sum_i^{N_{\mathrm{SM}}} w_i(x) F_i(x) \tag{3.18}$$

其中,N_{SM} 是用于构建 PBA 的代理模型的数量。在设计点 x 的第 i 个代理模型[$F_i(x)$]产生的权重为 $w_i(x)$。

产生最大误差的代理模型获得最小的权重。均方误差(MSE)或预测误差平方和(PRESS)给出全局权重。加权方案可表示为

$$w_i^* = \left(\frac{E_i}{E_{\text{avg}}} + \xi\right)^\kappa , \quad w_i = \frac{w_i^*}{\sum_i w_i^*} \tag{3.19}$$

$$E_{\text{avg}} = \sum_{i=1}^{N_{\text{SM}}} \frac{E_i}{N_{\text{SM}}} ; \kappa < 0, \xi < 1$$

$$E_i = \sqrt{\text{MSE}_i} , \quad i = 1, 2, \cdots, N_{\text{SM}}$$

其中,$\xi = 0.05, \kappa = -1$(Goel 等,2007)。常数 ξ 和 κ 通过解析函数测试和迭代得到。

对于 WAS 方法,MSE 计算提供了权重。然后采用交叉验证技术对 MSE 进行计算。通过 CFD 或其他方法产生的数据被分成大小近似相等的"k"个子集。代理程序经过 k 次训练,每次省略一个子集,$k-1$ 个数据点构成代理。省略的子集被输入代理项中,以获得其响应或目标函数值。因此,现有目标函数的值与预测目标函数值之间的差值就是省略数据的误差。现在,这些数据点产生 k 个代理项和 k 个误差。k 个误差通过均方根差进行估算。MSE 的计算公式为

$$\text{MSE} = \frac{1}{k} \sum_{i=1}^{k} (F_i - F_i^{i-1})^2 \tag{3.20}$$

其中,F_i^{i-1} 是 $x^{(i)}$ 使用除代理项($x^{(i)}, F_i$)计算结果以外的采样点计算的值。

3.4.3.5　简单平均(SA)模型

当所有的基础代理对 PBA 模型计算的权值的灵敏度贡献相等时,则建立 SA 代理模型。因此,代理的权重计算公式为

$$w_i = \frac{1}{N_{\text{SM}}} \tag{3.21}$$

用方程(3.18)表示这个代理项。还有许多其他代理模型,包括代理项的变体(Samad 等,2008a,b;Forrester 和 Keane,2009)。如需进一步研究,读者可以查阅参考文献(Forrester 和 Keane,2009)。

3.5　误差估计

3.5.1　模拟和优化透平机械系统时的一般误差

代理拟合结果包括来自数据的误差,可能具有不确定性或近似性。提高计算能力有助于减少计算中的误差,因为我们可以计算的泰勒级数项更多或包含更复杂的方程。这也允许在系统分析中包含不确定信息。为了得到一个好的结果,应使得在 CFD、FEM 建模或试验数据中的误差最小。

设计误差。如果设计本身就有固有误差,则会出现设计误差。显然,这将在初始问题设置和最终的优化设计验证期间产生问题。例如,如果设计人员选择了一个可能给出明显结果的不可行设计方案,那么它就不可能产生可靠的结果。

由经验不足的设计人员设计。误差的其他来源可能是网格划分、离散化、边界条件设

置、湍流模型选择、域的选择不适当等。如果设计人员有 CFD 或 FEM 建模经验,则这种误差可以忽略不计。一个明显的问题可能来自域的选择。设计人员可以将风力机叶片的边界条件定义在叶片直径两倍远的地方。在相同的域内,如果增大风轮直径,则域的尺寸可能不够。此外,一个扭曲的风轮叶片在每个评估设计中都需要合适的网格。

后处理中的误差。设计人员可以从模拟中获得可靠的结果,但是定义输出函数可能是错误的。因此,需要仔细检查后处理过程中是否存在错误。

需要正确定义变量和目标函数。如果一个变量对目标函数的影响较小,或者由于不确定性而波动较大,那么结果可能看起来不正确,或者实际上可能产生错误的结果。

需要适当的下限(LB)和上限(UB)。变量的下限或上限定义了设计空间。如果选择的设计空间太大,则包含的错误可能更多。例如,最优点可能远离任何极限,也可能非常接近极限。非常接近边界的最优点可能没有足够的样本点提供梯度信息。或者,在一个大的设计空间中,相同数量的样本可能会在最优区域附近提供较差的梯度信息。

应该提取足够且分布良好的数据。对于特定的设计空间,如果增加数据的数量,则未采样的地方就会减少。图 3.11 显示了设计空间中设计点的密度。左边的图表示密度低,右边的图表示密度高。因此,最优点也是不同的。

应该选择合适的代理模型并对其进行正确的建模。例如,在人工神经网络(ANN)模型中,必须正确选择 EG 和 SC,否则就会得到一个高度敏感的网络或不敏感的网络。过低或过高的值都可能会创建一个非连续网络。对于新输入,网络可能表现不正确。采样位置、采样类型和设计空间大小也很重要。

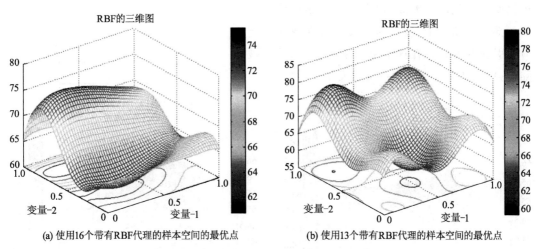

(a) 使用16个带有RBF代理的样本空间的最优点　　(b) 使用13个带有RBF代理的样本空间的最优点

图 3.11　未采样位置会改变最优点(z 轴表示泵的效率)

从图 3.12 可以看出,在一定的 SC 和 EG 值下,最优点是变化的。右边的最优点显示了更好的结果。

同样,$R_{2\text{adj}}$ 参数在回归分析中也很重要。设计人员应该考虑这些值。一般情况下,

R_{2adj} 接近 1(小于 1)是可以接受的。在优化设计的时候,太小的值可能会导致更大的近似误差。为了获得高 R_{2adj},应该有低噪声的响应数据。在这个阶段,设计人员应该能够识别出有噪声的数据,并在必要时进行消除。

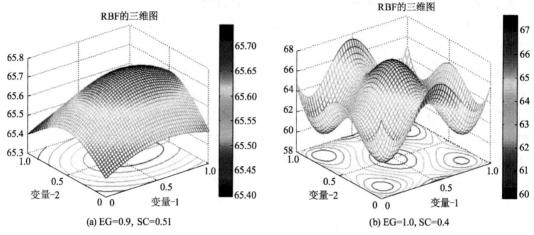

(a) EG=0.9, SC=0.51　　　　(b) EG=1.0, SC=0.4

图 3.12　SC 和 EG 会改变最优参数(z 轴表示泵的效率)

由表 3.4 可知,初始 16 个数据点的 R_{2adj}＝0.492,去除部分噪声数据后,R_{2adj}＝0.995。在这里,去除太多的数据也可能去除一些非噪声数据。数据去除基于的是 PRESS 误差估计,去除数据可以使表面光滑。因此,识别和去除是优化过程的一部分。图 3.13 显示的是去除噪声数据在响应面引起的变化。在这个例子中,太多的数据被陆续去除,从而最优点的位置也发生了改变。

表 3.4　去除噪声数据对 R_{2adj} 的影响

样本数	R_{2adj}
16	0.492
15	0.761
14	0.823
13	0.870
12	0.903
11	0.954
10	0.986
9	0.995

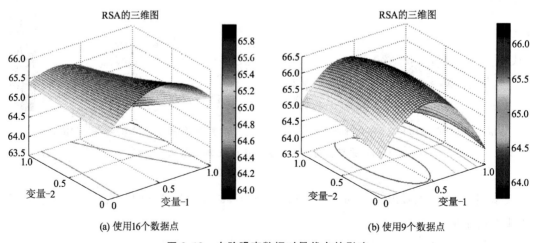

(a) 使用16个数据点　　　　(b) 使用9个数据点

图 3.13　去除噪声数据对最优点的影响

3.5.2 代理建模中的误差估计

代理模型是一种输出响应依赖于对代理项的训练的近似模型。如前面 3.3 节所述，代理项的精度可以通过检测其全局误差产生能力获得。交叉验证(cross-validation,CV)误差给出了误差产生的概念。在 CV 误差中，采集的一组数据分成 k 个子集。$k-1$ 个子集数据每次用于训练代理项，剩下的子集用于验证。表 3.5 给出了例子。

表 3.5 设计表格

设计方案编号	变量1	变量2	目标函数值
1	10	50	70
2	10	60	72
3	10	70	73
4	0	50	78
5	0	60	80
6	0	70	75
7	−10	50	74
8	−10	60	77
9	−10	70	72

假设有两个变量和三个层次的全因子设计用于生成样本点。设计空间由下面的范围定义：

变量 1，$V_1 = [-10\ 10]$

变量 2，$V_2 = [50\ 70]$

目标函数的最后一列值是经过 CFD 模拟得到的。

步骤 1：

在 CV 中，从表中去除第一个设计(设计方案编号 1)，取一个包含 8 个样本点的表(表 3.6)。

表 3.6 设计表格:去除第一个设计之后

设计方案编号	变量1	变量2	目标函数值
2	10	60	72
3	10	70	73
4	0	50	78
5	0	60	80
6	0	70	75
7	−10	50	74
8	−10	60	77
9	−10	70	72

代理模型构建如下：

目标函数

$$Y = b_0 + b_1 x_1 + b_2 x_2 + b_{12} x_1 x_2 + b_{11} x_1^2 + b_{22} x_2^2 \quad\quad (3.22)$$

然后，从设计 1 中提取出设计变量组[10 50]，把数值输入方程(3.22)中，得到数值 $Y_1 = f_1'$，设计方案编号 1 中目标函数值 $f_1 = 72$，误差 $e_1 = f_1 - f_1'$。

步骤 2：

接着，如表 3.7 所示去除第二个设计。

因此，随着第二个设计被去除，获得了 8 种设计方案。重复步骤 1 计算出误差：$e_2 = f_2 - f_3'$。

表 3.7　设计表格：去除第二个设计之后

设计方案编号	变量 1	变量 2	目标函数值
1	10	50	70
3	10	70	73
4	0	50	78
5	0	60	80
6	0	70	75
7	−10	50	74
8	−10	60	77
9	−10	70	72

步骤 3 到步骤 9：

按照步骤 1 和步骤 2 中给出的相同过程，计算出误差 $e_3, e_4, \cdots, e_9$。

通过这种方法，可以得到所有设计点的误差：$\text{rmse\_sur1} = \sqrt{\left(\sum e_i\right)}$ 。通过对其他代理项采用同样的步骤，可以得到 rmse_sur2，rmse_sur3 等。比较代理项，可以得出代理项的适用性。

对于权重分配，可使用 3.4.4.4 小节给出的公式。权重是基于此概念获得的。

3.5.3　灵敏度分析

所研究的因素或参数决定了设计和优化的准确性和有效性。有些设计需要大幅的修改。例如，任何源于某一发明或概念的设计都需要初步的评估来优化。这些设计在最初阶段并不需要复杂的数学，而只需要一个简单的分析公式或设计人员的经验。严重影响系统性能的参数有很多，在初始阶段之后，需对设计进行改进。在这个阶段，复杂优化方法可能并不适用，因为初始结果会决定优化方式。一旦第一阶段结束，就要在此基础上研究多个参数之间的相互作用对性能的影响。例如，用于海洋能源收集的透平的初始设计完成后，下一步要考虑多个参数之间的相互作用。一个参数的任何更改都会影响另外的参数。设计优化只依靠经验丰富的研究人员而不使用任何优化技术的时代早已成为历史。因此,想要提高性能但不进行任何系统的优化,是非常困难的。

另一方面,几十年前发展起来的透平机械系统已经经历了优化。在燃气轮机系统中,提高1%的效率或降低燃料的消耗都是当今的一大成就。因此,研究人员不仅要努力降低能耗,还需考虑其他参数,如结构稳定性、运行或振动相关的参数,以及在极端天气等恶劣条件下的应用。

许多工程设计都要经过几个设计步骤:初步设计、详细设计和优化设计。这项任务是十分复杂的,特别是复杂的系统,如燃气轮机系统,需要数百名工程师和技术人员共同完成。要进行设计优化,就应该了解要优化的系统的各方面知识。

3.5.3.1 变量数量和性能改进

代理模型的有效性是由候选设计的本质决定的。设计点的数量由候选设计变量的数量决定。如果使用RSA,那么 n 个变量所需的设计点的个数是 $[(n+1)(n+2)/2]+1$。因此,设计点的数量随着设计变量的增加而增加。

现在的问题是,如何消去这些变量? 一个透平可以有诸如此类的变量:

- 叶片积叠
- 曲面轮廓
- 前缘(LE)和后缘(TE)形状
- 弦长、叶片数、轮毂盖、动静叶干涉
- 级数
- 流速、流体性质、温度、涡轮转速等
- 叶片高度
- 叶片扫掠、叶片倾斜等

目标函数:整个透平系统的权重、效率、温度比、压比、熵产、应力、成本、运行范围、制造可行性等。任何一个或多个目标都可以被选择和进行优化。单目标优化更容易实现,但是多目标优化可以提供更好的设计。因此,设计人员应该选择合适的目标函数来满足其需求。

3.5.3.2 灵敏度分析案例

在压缩机问题(3.1.3小节)中,存在叶片倾斜、扫掠和扭曲等变量。现在,设计人员可以通过对变量进行小的修改来发现给性能带来显著影响的变量。图3.14显示了叶片扫掠比叶片倾斜或扭曲更重要。因此,设计人员可能会忽略叶片倾斜带来的影响。

该图是从代理模型计算中获得的。效率最大化的设计考虑了基础设计和其他设计变量从+10%到-10%的变化。y 轴表示效率的变化,即效率的瞬时值减去最优效率除以最优效率的比值。

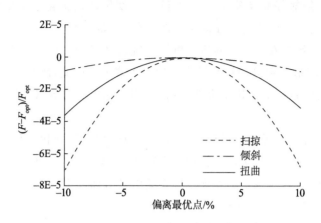

图 3.14　代理模型对最佳形状的灵敏度分析

3.6　抽样技术

3.6.1　抽样

抽样是一种用于创建定义整个总体的代表性数据集的技术。为了得到正确的结果，有必要使用定义明确的技术进行随机抽样。不恰当的抽样会导致结果偏向某一类选择。一个常见的例子是，电视记者依据州内不同地区、不同年龄、不同职业的人的观点收集正在进行选举的州的政治意见。

3.6.2　样本大小

得出客观的结论所需的样本总数也很重要。例如，为了使人们对互联网的平均使用情况有一个了解，就需要把各个年龄段和社会的各个阶层都包括进来。因此，需要足够的样本量才能得出正确的结论。否则，样本不能代表整个群体，有可能会导致不准确的结论。

3.6.3　设计空间

在上述例子中，如果记者只从城市中抽取样本，而忽略了始终无法正常接入互联网的农村地区，那么这些样本仍然不足以得出结论。这个样本空间称为设计空间。

3.6.4　维数灾难

在一些 CFD 问题中，基于雷诺时均的纳维-斯托克斯（RANS）求解器对透平机械系统进行模拟需要数小时。一个压缩机的模拟需要在带有 4 GHz 主频处理器的普通台式机上花费 8 小时。如果对两个设计变量使用三层全因子优化，则设计总数为 9 个，数值模拟总时间为 72 小时。如果变量的数量增加，模拟时间也相应增加。对于一个三变量问题，预计需要 $3^3 \times 8$ 小时。因此，对于一个十变量问题，将需要几个月的时间。因此，减少设计变量的数量是创建样本的一个重要部分。

3.6.5　试验设计(DOE)

DOE 是用来确定影响过程及其输出因素之间关联的一种有组织的和结构化的方法。它通过实施和评价一个可控试验来评估控制某个参数值的因素。DOE 包含自定义设计、混合设计、响应面、筛选设计、正交试验设计、全因子设计、增强设计等(Forrester 和 Keane,2009)。

3.6.6　全因子设计

全因子设计包含多种因素，这些因素分为不同水平，包含了所有可能的组合。通常，代理模型分析有两个水平。如果考虑两个因素各有两个水平，通常称为 2×2 阶因子设计。对于更多的水平，可以使用部分因子设计，其中省略了一些组合。全因子设计(Myers 等,2016)包含了各水平的因素的所有可能组合。图 3.15 给出了一个三层的全因子设计。

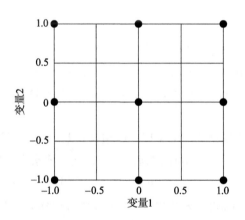

图 3.15　三层全因子设计

3.6.7　拉丁超立方体抽样(LHS)

LHS 从多维分布中采集样本用于计算机试验(McKay 等,2000)。假设有一个含有 N 个变量的样本函数，所有变量的范围均等地分布在 M 个可能的区间内。随机样本是单独采集的，记住目前保留了哪些样本很重要。LHS 变量组合的最大数由式(3.23)计算得到：

$$\left[\prod_{n=0}^{M-1}(M-n)\right]^{N-1}=(M!)^{N-1} \tag{3.23}$$

例如，我们取一个具有 $N=2$ 个变量的 $M=4$ 的拉丁超立方体，它将有 $(M!)^{N-1}=24$ 个组合。一个具有 $N=3$ 个变量的 $M=4$ 的拉丁超立方体就有 576 个组合。

LHS 产生随机采样点,以保证设计空间内点的良好分布。两个变量的 LHS 如图 3.16 所示。图 3.15 和图 3.16 显示了三层全因子设计和 LHS 设计之间的差异。

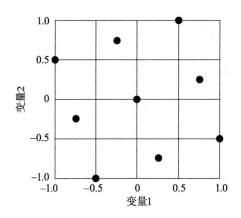

图 3.16   拉丁超立方体样本

3.7 优化求解器

典型的优化问题包含约束、设计参数、变量和目标函数。为了解决这类问题,需要找到一个优化求解器来求出满足约束条件的函数的最小值。基于设计人员选择的优化程序其实具有更广泛的选项。许多优化求解器是全局点查找器,而其他优化器是局部点查找器。

可供设计人员选择的选项(文档 2017a,b)包括:线性、二次、最小二乘、光滑非线性、非光滑等。局部搜索方法包括 SQP 和模拟退火方法,全局搜索方法则包括遗传算法(GA)。

SQP 方法适用于约束和目标函数可微分的数学问题。这些是非线性优化的迭代方法。在 SQP 方法中,如果问题是无约束的,则该方法可简化为牛顿法。当问题只有一阶最优性条件的等式约束时,该方法等价于牛顿法。

3.8 多学科设计优化

3.8.1 什么是多学科设计优化?

传统的工程方法需要来自多个学科的团队设计复杂的系统。例如,为开发一个燃气轮机系统,结构工程师需要检查结构的稳定性和振动,空气动力学专家将分析与涡轮叶片形状有关的流体流动问题,燃烧工程师将研究燃烧室的性能等。这些工程师的目标是设计一个高效的系统,这个系统应该具有较低的噪声、更高的稳定性、更高的功率输出、更大的运行范围、更低的材料成本、更轻的质量等。

随着高性能计算机的出现,情况发生了变化。CFD 和 FEM 优化技术在飞机工业中得到了广泛的应用。20 世纪 90 年代,超级计算机和并行计算机的出现取代了用于研究目的的传统计算机。尽管也有使用开源代码,但商业软件让生活更加便利。此外,基于群体的算法也得到了显著发展。

多学科设计优化(MDO)属于工程范畴,其中各种优化方法将用于解决集成各学科的设计问题。设计人员可以将所有相关学科同时集成到 MDO 中。多学科问题优化可以利用学科之间的相互关联来探索,比按顺序优化各学科得到的设计结果要好得多。然而,随着许多学科的加入,问题的复杂性也随之上升。接下来简要地介绍这些方法。

3.8.2 梯度法

将梯度法与科学编程方法相结合,建立了结构优化理论。最优性准则使用 Karush - Kuhn - Tucker(KKT)环境进行优化设计。这些条件用于结构问题,如重量最小化的约束等。数学程序采用梯度法,将最优性准则与数学编程相结合,导出了 MDO 的梯度法。最优性准则适用于位移和应力约束,其方法有助于解决拉格朗日乘子的对偶问题。

3.8.3 非梯度法

非梯度的 MDO 基本采用了遗传算法、模拟退火算法、蚁群算法等。即使是几个模型都可用的时候,研究人员仍在努力为所有应用找到最佳模型。代码 NSGA - II(Deb,2001)有助于通过 MDO 方法获得 Pareto 最优解。

3.8.4 近期 MDO 方法

在 MDO 中,最新的工作是考虑分解方法、进化算法、近似方法、响应面方法和基于可靠性的优化。

3.9 反设计

3.9.1 反设计与直接设计

形状优化可以通过两种方法进行:反设计方法和直接设计方法。在反设计中,需要指定目标参数,如速度或压力[形状设计优化(n. d.)]。设计成功的关键在很大程度上取决于设计人员的专业知识。直接设计方法可以分为全局搜索方法和梯度法。全局搜索方法接近全局最佳优化,而梯度法接近局部最佳优化。然而,全局搜索方法的成本较高,设计变量较多。本章讨论的代理模型方法是一种直接设计方法。

3.9.2 CFD 直接优化设计

直接设计方法需要较多的计算时间。一些商业代码和开源代码可以为系统自动生成网格。其中一个是 ANSYS Workbench 软件中的 Design Xplorer 模块,它可以自动调用函数并对系统进行优化,但仍然需要人工干预来检查其准确性和监测其收敛性以获得准确的结果。

由于透平机械内部流动的复杂性,对其内部流动的探索和透平机械的设计是一项艰巨的任务。叶片几何形状的任何微小变化都可能导致水头、效率、空化、流动分离和涡量方面发生巨大的变化。在工业上,透平设计通常结合了设计人员的经验和 CFD 对机械内流的直观分析(Westra,2008)。

3.9.3　CFD 反优化设计

在直接方法中,如本章所述的代理模型方法,输入参数是几何形状,而输出参数是流场及其性能。然而,透平机械叶片载荷分布、流场和叶片曲率分布等方面的性能都是通过反设计方法得到的。其中,附加边界条件是为了在反设计方法中给出叶片载荷函数。该函数可以包含流道内的平均涡流分布信息或叶片表面的速度差信息。图 3.17 给出了反设计方法的一个简单描述(Kruyt 和 Westra,2014)。迭代法包含拉普拉斯方程的解。不可压缩质量守恒定律表示为

$$\nabla^2 \boldsymbol{\phi} = 0 \tag{3.24}$$

利用从叶片表面相对速度(无论是在吸力侧还是在压力侧)得到的结果,可以相应地改变叶片的几何形状。这个过程一直进行到收敛为止。

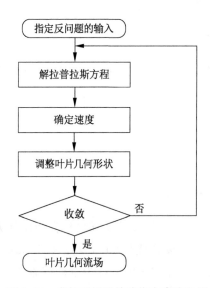

图 3.17　求解反问题的迭代方案流程图

[资料来源:经 Kruyt 和 Westra(2014)许可转载(原始资料中的图 3),©2014 IOP 出版有限公司]

3.10 自动优化

自动优化(AO)可定义为集计算机辅助设计(CAD)模型、数值分析(流体力学和/或结构力学)和框架优化技术为一体的方法。为了解决 CFD 的形状优化问题,设计人员必须能够自动更改 CAD 模型中几个元素的形状。然后为 CFD 模拟生成一个质量令人满意的网格。接下来就是选择一种准确、高效的 CFD 模型来计算所研究系统的水动力性能。在选择自动化 CFD 优化模块时的主要参数是能够以自动化的方式将这些模块连接在一起,即不需要任何用户参与。AO 方法还应确保流体分析对所建模型的模拟是准确和高效的。

AO 的基本流程如图 3.18 所示。为了启动优化过程,首先选择设计变量。设计变量的选择是整个过程中的一项重要任务,必须在正确理解问题的基础上进行,应该只选择对系统性能影响最大的设计变量。AO 的效率主要取决于模型所使用的设计变量的数量,因此选择不必要的设计变量可能会降低系统的效率。一旦建立好 CAD 模型,就进行网格生成并进行 CFD 模拟。通过数值模拟,创建约束条件和目标函数,并将其发送到优化求解器中。优化求解器可以使用不同的优化算法来找出最优值。文献中使用的优化算法稍后会在不同的案例研究中提到。一旦优化求解器生成最优结果,流程就会终止,否则就会选择不同的设计变量值,重新运行整个循环,直到获得最优结果。

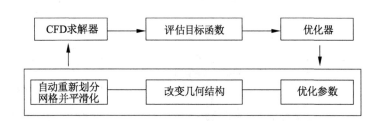

图 3.18　AO 流程图

[资料来源:转载自 Javid Mahmoudzadeh Akherat 等(2017)(原始资料中的图 4),经爱思唯尔许可]

AO 的主要难点在于将 CAD 软件、CFD 分析软件和优化程序进行集成。顾名思义,AO 需要将 CAD、CFD 和优化集成在单个分析循环中,且无须人为干涉。这种不同软件的集成可以使用编程语言来完成,比如 C++或 Python 脚本。

3.10.1　伴随 CFD 的耦合方法

AO 是一个非常新的研究领域,有很多研究致力于开发一种新的方法来耦合不同的模块。设计过程中的参数化建模可以有效地实现几何形状的变化。对于任何从简单到复杂的几何形状,整个工程流程会涉及 20~50 个参数。这意味着如果我们考虑直接集成一个复杂几何形状的 CFD 与优化,那么在每个循环将会有大约 50 个函数需要估算(即 CFD 计算),计算量是相当大的。因此,在处理复杂几何问题时,CAD 与 CFD 的直接耦合是不可实现的。

伴随方法不是直接计算由参数值的变化导致的目标函数的变化,而是计算目标函数中期望变化的参数值的变化。因此,伴随方法以相反的方式工作。在单次计算中,伴随方法将得到目标函数的全部阶数,而不考虑参数的个数。全面分析需要传统的(原始的)CFD计算,然后对每个考虑的目标进行伴随计算(AO 使用伴随流求解器 2017)。以透平叶片和翼型形状优化为例进行伴随 CFD 分析,与直接 AO 相比,它在计算时间上有较大的提高。使用伴随流求解器的 AO 流程图如图 3.19 所示。

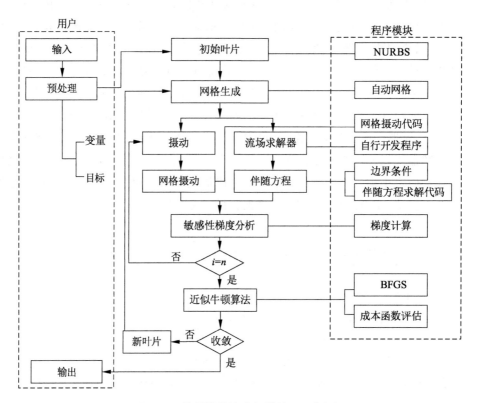

图 3.19 使用伴随流求解器的 AO 流程图

[资料来源:转载自 Zhang 等(2017)(原始资料中的图 2),经爱思唯尔许可]

3.10.2 案例研究

3.10.2.1 基于 CFD 设计的水轮机自动设计优化

Wu 等(2007)结合不同的叶片设计方法、自动网格生成器和高效的优化算法开发了一种基于 CFD 的设计系统,将该设计系统应用于改造工程项目,效率提高了 3%,功率提高了 13%。这些作者开发的基于 CFD 的设计系统如图 3.20 所示。

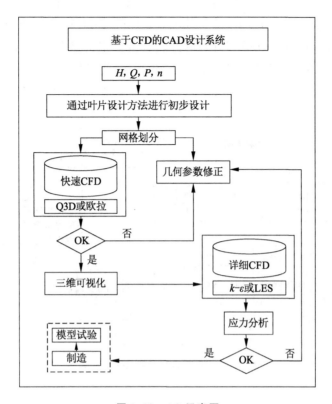

图 3.20 AO 示意图

[资料来源:经 Wu 等(2007)许可转载(原始资料中的图 1),版权所有©2007 美国机械工程师协会]

针对这一问题所选择的目标函数为水头、质量流量、额定功率和峰值效率。在叶片剖面上选择一些设计变量的点,用传统方法对叶片进行了初步设计。在网格生成之后,使用Q3D CFD 代码进行 CFD 分析,该代码与任何可用的商业 CFD 代码相似。但 Q3D 只用于初步 CFD 分析,因为它只用较少的计算时间。一旦进行了优化,并获得了最优几何形状,就可以使用商用 3D N-S 代码如 ANSYS-FLUENT 进行 CFD 分析。优化结果表明,透平的性能特性得到了提升。

3.10.2.2 AO 结合 OPAL++

OPAL++(OPtimization Algorithm Library ++,优化算法库++)(Daróczy 和Janiga,2016)是德国马格德堡奥托·冯·格里克大学的内部 CFD 代码。该代码与优化算法相结合,是一个用 C++创建的面向对象的 MOO 和参数化框架,同时支持 Windows 和Linux 操作系统。

为了生成优化设置,OPAL++需要两个脚本文件:主脚本和模拟脚本。主脚本包含优化的定义、必要的输入和输出文件列表及进化算法的设置。第二个文件模拟脚本包含用于评估单个设计变量的工作流。OPAL++提供了许多不同的命令来简化不同软件的耦合。这两个脚本文件都依赖于"OPAL++脚本语言"(LOS),这是为当前应用程序开发的特定脚本语言。由于它非常简单的语法,LOS 具有非常陡峭的学习曲线,不需要用不同的语言设置许多不同的脚本(Daróczy 和 Janiga,2016)。OPAL＋＋依赖于使用消息传递接口(Message Passing Interface,MPI)的并行计算。主节点控制选择进化算法的操作。主节点启动 CFD 求解器,可以使用多核 CPU 并行运行。Mohamed(2011)使用 OPAL 代码对 Wells 和 Savonius 涡轮机进行了 AO 测试。该过程的示意图如图 3.21 所示。

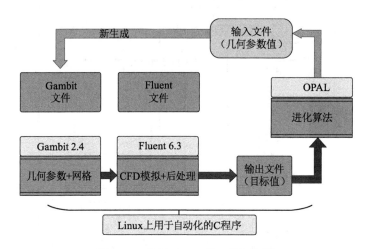

图 3.21　使用 OPAL 的 AO 示意图

［资料来源:转载自 Mohamed 等(2011)(原始资料中的图 5),经爱思唯尔许可］

在这项工作中,几何形状的确定及相应网格的生成都是基于商业软件 GAMBIT 完成的,然后采用 ANSYS - FLUENT 模拟流过透平机械的流场信息。目标函数是基于 CFD 结果计算出来的,整个设计过程是通过 GAMBIT 和 ANSYS - FLUENT 的脚本文件自动完成的。主程序是用 C 语言创建的,随后调用整个程序,如图 3.20 所示。OPAL 代码本身依据 CFD 结果决定使用哪个优化代码。整个优化过程可以采用单个和 MOO 的方式来处理,应用程序的结果可以在相关的文献中找到。

3.10.2.3　PADRAM(参数化设计和快速网格划分)

AO 的主要难点是根据几何形状的变化自动创建高质量的网格。为了找到一种可靠的工具来解决这一问题,研究机构做了大量的工作。PADRAM 具备优化多通道三维叶片的能力,在单个系统中同时执行圆周模式(Shahpar 和 Lapworth,2003),这是专门为应用于透平机械而设计的,且透平机的几何结构被定义了大量的径向流段。在开始点,PADRAM 系统生成几何模型,并把它发送给网格生成器。PADRAM 网格划分首先要将计算域划分为块和子块,目的是生成代数网格和相关的控制函数。在周期边界附近采用 H 型网格,叶片采用 O 型网格。通过采用 PADRAM 求解椭圆偏微分方程组(PDEs),对用代数方法在每个块中生成的网格进行光滑处理(Shahpar 和 Lapworth,2003)。

PADRAM 需要一个参考几何模型来启动优化程序。该系统已经配备了不同的设计参数,如用于构建新的优化叶片设计的叶片扫掠或叶片倾斜,见图 3.22。

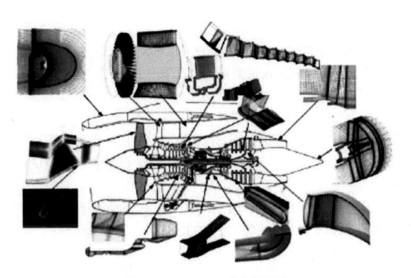

图 3.22　PADRAM 的应用领域

PADRAM 系统具有远程工作的能力，以提高计算能力。用户可以查看网格生成，而其他进程可以在后台运行。该系统运行速度快，在定性和定量上都给出了令人满意的结果。虽然 PADRAM 最初是为透平机械应用而创建的，但经过多年的发展它已经足够成熟。图 3.21 显示了一系列可以使用基于 PADRAM 的设计的燃气轮机组件。实际上，该代码可以将最新的燃气轮机的所有部件网格化。

劳斯莱斯采用的是 SOPHY(SOft-Padram-HYdra)系统，这是一个基于 PADRAM 设计的完全集成的柔性气动力学设计系统。SOPHY 利用高保真度的 CFD 代码，对透平机械进行建模和优化。这些模块以批处理模式进行设计。因此，脚本编写和链接这些模块是直接的，这允许高效地利用 CFD 实现完全自动化和更快的模拟。在 SOPHY 中发生的优化过程如图 3.23 所示。

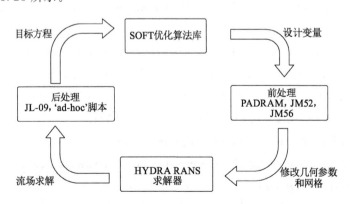

图 3.23　使用 SOPHY 系统的 AO

3.10.2.4 AO 存在的问题

Daróczy 和 Janiga(2016)总结了基于 CFD 的优化会面临的困难：

· 目标函数值不明确，必须根据数值模拟计算。因此，梯度变化曲线通常是不可用的。

· 函数评估非常耗时，需要的计算时间从几分钟到几天不等。

· 由于数值噪声和模型的不确定性，目标函数通常是有噪声的。

· 在优化过程中，制造公差以下的变量差异无关紧要（如以纳米精度优化汽车几何模型）。

· 必须以自动化和稳定的方式为每个设计变量创建/变换几何形状和网格。

· 不同的软件（包括专有的商业软件）在优化过程中必须耦合使用。

所以，速度和效率是 AO 的关键。

3.11 结论

本章讨论了用于优化过程的优化方法。由于方法众多，所以只讨论了有限数量的方法。讨论还包括 AO 方法以及一些案例研究。

参考文献

[1] Automated Optimization using Adjoint Flow Solvers. CAESES. (2017). Retrieved June 02, 2017, from https://www.caeses.com/blog/2017/automated-optimization-using-adjoint-flow-solvers.

[2] Collette, Y. and Siarry, P. (2003). *Multiobjective Optimization: Principles and Case Studies*. New York: Springer.

[3] Cristianini, N. and Shawe-Taylor, J. (2000). *An Introduction to Support Vector Machines and Other Kernel-based Learning Methods*. Cambridge: Cambridge University Press.

[4] Daróczy, L. and Janiga, G. (2016). *Practical Issues in the Optimization of CFD Based Engineering Problems*. Magdeburg: University Library.

[5] Deb, K. (2001). *Multi-Objective Optimization Using Evolutionary Algorithms*. Wiley https://doi.org/10.1109/TEVC.2002.804322.

[6] Documentation. (2017a). Retrieved June 02, 2017, from http://kr.mathworks.com/help/optim/ug/optimization-decision-table.html? requestedDomain = kr.mathworks.com & num; brhkghv-21.

[7] Documentation. (2017b). Retrieved June 02, 2017, from http://kr.mathworks.com/help/optim/ug/choosing-a-solver.html#brhkghv-19, accessed on June 2, 2017.

［8］ Forrester，A. I. J. and Keane，A. J. （2009）. Recent advances in surrogate-based optimization. *Progress in Aerospace Sciences* https：//doi. org/10. 1016/j. paerosci. 2008. 11. 001.

［9］ Goel，T.，Haftka，R. T.，Shyy，W.，and Queipo，N. V. （2007）. Ensemble of surrogates. *Structural and Multidisciplinary Optimization* 33 （3）：199 – 216. https：//doi. org/10. 1007/s00158-006-0051-9.

［10］ Hwang，C.-L. and Masud，A. S. M. （1979）. Methods for multiple objective decision making. In：*Multiple Objective Decision Making-Methods and Applications：A State-of-the-Art Survey*，Lecture Notes in Economics and Mathematical Systems，vol. 164，21 – 283. Springer Science + Business Media https：//doi. org/10. 1007/978-3-642-45511-7.

［11］ Javid Mahmoudzadeh Akherat，S.，Cassel，K.，Boghosian，M. et al. （2017）. A predictive framework to elucidate venous stenosis：CFD & shape optimization. *Computer Methods in Applied Mechan*ics *and Engineering* 321：46 – 69. https：// doi. org/10. 1016/j. cma. 2017. 03. 036.

［12］ Kruyt，N. P. and Westra，R. W. （2014）. On the inverse problem of blade design for centrifugal pumps and fans. *Inverse Problems* 30 （6）：https：//doi. org/10. 1088/0266-5611/30/6/065003.

［13］ Li，W.，and Padula，S. （2004）. Approximation methods for conceptual design of complex systems. In *Eleventh International Conference on Approximation Theory* （eds. Chui，C.，Neaumtu，M.，and Schumaker，L.）. Gatlinburg，TN，May 2004.

［14］ Martin，J. D. and Simpson，T. W. （2005）. Use of Kriging models to approximate deterministic computer models. *AIAA Journal* 43 （4）：853 – 863. https：//doi. org/10. 2514/1. 8650.

［15］ McKay，M. D.，Beckman，R. J.，and Conover，W. J. （2000）. A comparison of three methods for selecting values of input variables in the analysis of output from a computer code. *Technometrics* 42 （1）：55 – 61. https：//doi. org/10. 1080/ 00401706. 2000. 10485979.

［16］ Mohamed，M. H. A. （2011）. *Design Optimization of Savonius and Wells Turbines*. Ottovon-Guericke University Magdeburg.

［17］ Mohamed，M.，Janiga，G.，Pap，E.，and Thévenin，D. （2011）. Optimal blade shape of a modified Savonius turbine using an obstacle shielding the returning blade. *Energy Conversion and Management* 52 （1）：236 – 242.

［18］ Mosevich，J. （1986）. Balancing hydraulic turbine runners-A discrete combinatorial optimization problem. *European Journal of Operational Research* 26 （2）：202 – 204. https：//doi. org/10. 1016/0377-2217(86)90181-5.

[19] Myers, R. H., Montgomery, D. C., and Anderson-Cook, C. M. (2016). *Response Surface Methodology: Process and Product Optimization Using Designed Experiments*. Wiley Series in Probability and Statistics Established. https://doi. org/10. 1017/CBO9781107415324. 004.

[20] Orr, M. (1996). Introduction to radial basis function networks. *University of Edinburg*, 1 – 7. Retrieved from http://dns2. icar. cnr. it/manco/Teaching/2005/datamining/articoli/RBFNetworks. pdf.

[21] Queipo, N. V., Haftka, R. T., Shyy, W. et al. (2005). Surrogate-based analysis and optimization. *Progress in Aerospace Sciences* 41 (1): 1 – 28. https://doi. org/10. 1016/j. paerosci. 2005. 02. 001.

[22] Sacks, J., Schiller, S. B., and Welch, W. J. (1989). Designs for computer experiments. *Technometrics* 31 (1): 41 – 47.

[23] Samad, A. and Kim, K. (2008). Multi-objective optimization of an axial compressor blade. *Journal of Mechanical Science and Technology* 22 (5): 999 – 1007. https://doi. org/10. 1007/s12206-008-0122-5.

[24] Samad, A. and Kim, K. Y. (2009). Surrogate based optimization techniques for aerodynamic design of turbomachinery. *International Journal of Fluid Machinery and Systems* 2 (2): 179 – 188.

[25] Samad, A., Kim, K.-Y., Goel, T. et al. (2008a). Multiple surrogate modeling for axial compressor blade shape optimization. *Journal of Propulsion and Power* 24 (2): 301 – 310. https://doi. org/10. 2514/1. 28999.

[26] Samad, A., Lee, K., and Kim, K. (2008b). Multi-objective optimization of a dimpled channel for heat transfer augmentation. *Heat and Mass Transfer* 45 (2): 207 – 217. https://doi. org/10. 1007/s00231-008-0420-6.

[27] Shahpar, S. and Caloni, S. (2013). Aerodynamic optimization of high-pressure turbines for lean-burn combustion system. *Journal of Engineering for Gas Turbines and Power* 135 (5): 055001.

[28] Shahpar, S., and Lapworth, L. (2003). PADRAM: Parametric Design and Rapid Meshing System for Turbomachinery Optimisation. *ASME Conference Proceedings*, 2003(36894), 579 – 590. https://doi. org/10. 1115/GT2003-38698.

[29] Shape Design Optimization (n. d.). Retrieved June 02, 2017, from http://www. cfd-online . com/Wiki/Shape_Design_Optimization.

[30] The Mathworks Inc. (2016). MATLAB – MathWorks. https://doi. org/2016-11-26.

[31] Unconstrained Optimization (n. d.). Retrieved June 02, 2017, from http://www. neos-guide. org/content/unconstrained-optimization.

[32] Vale, D., Mullaney, S., and Hartas, L. (1996). *The Cambridge Dictionary*. Cambridge: Cambridge University Press.

[33] Viana, F. A. C., Simpson, T. W., Balabanov, V., and Toropov, V. (2014). Special section on multidisciplinary design optimization: metamodeling in multidisciplinary design optimization: how far have we really come? *AIAA Journal* 52 (4): 670 – 690. https://doi.org/10.2514/1.J052375.

[34] Westra, R. W. (2008). Inverse-Design and Optimization Methods for Centrifugal Pump Impellers Enschede: Engineering Fluid Dynamics. Ph. D. thesis. https://doi.org/10.3990/1.9789036527026. University of Twente.

[35] Wu, J., Shimmei, K., Tani, K. et al. (2007). CFD-based design optimization for hydro turbines. *Journal of Fluids Engineering* 129 (2): 159. https://doi.org/10.1115/1.2409363.

[36] Zhang, P., Lu, J., Song, L., and Feng, Z. (2017). Study on continuous adjoint optimization with turbulence models for aerodynamic performance and heat transfer in turbomachinery cascades. *International Journal of Heat and Mass Transfer* 104: 1069 – 1082. https://doi.org/10.1016/j.ijheatmasstransfer.2016.08.103.

4

工业流体机械的优化

本章描述了实现工业流体机械性能最大化的优化技术,同时详细介绍了能够处理单点和/或多点问题的单目标和多目标方法。

最常见和最相关的问题类型涉及机械固定和旋转部件的形状优化。不管是哪种类型的问题,流体机械形状的优化通常是使用计算机执行一个迭代循环,该循环始终至少涉及三种类型的块:(i)优化引擎(或工具),如第 3 章所述;(ii)流动求解器;(iii)机械形状的参数模型。无论哪种类型,优化引擎都将搜索引向最优解,并操纵参数模型中定义的决策变量。在传统的优化循环中,参数模型生成的每个候选形状都通过流动求解器进行评估,流动求解器将目标函数值的定量信息返回给优化引擎。这样的过程不断迭代,直到找到一组最优解。

在下文中,我们将这个循环结构比喻为"基线循环结构"。近年来,更复杂的循环结构得到了广泛应用,必要时将进行详细描述。

本章首先介绍泵的优化。基于几何复杂性,离心泵的优化是最常见的,其次是轴流泵和混流泵的优化。在此基础上,对压缩机和涡轮机进行优化设计。然后讨论风机、水轮机和其他类型机械的优化。

4.1 泵

4.1.1 离心泵、混流泵和轴流泵

4.1.1.1 离心(或径向)泵

无论是单级还是多级离心泵,都已被广泛应用于几乎所有涉及液体循环的工厂中,其要求是在相对较低的流速下提供一个较高的压头。典型的用途包括泵送水、石油和石油化工产品。其他更特殊的用途是应用于水溶性能源储存或火箭推进系统中,在这些系统中,泵被用来给处于液态的气体加压。

目前,离心泵在某些大型闭式叶轮(图 4.1)的特殊应用场合中,在其泵图谱中的最佳效率点(BEP)处可以达到 92% 的水力效率。然而,在家用泵的小型机组中水力效率低于

50％的并不少见。这表明在几个泵系统中存在有效的性能优化空间,这将导致世界范围内泵消耗功率的大幅降低。此外,泵的优化配置实际是在多个目标之间进行权衡,这些目标往往相互冲突,包括可靠性、低制造成本和水力效率。

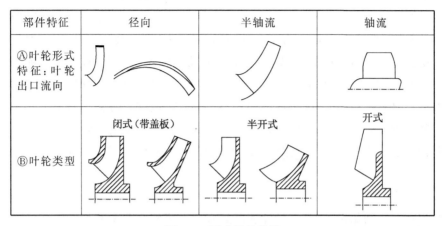

图 4.1　泵叶轮的类型

虽然离心泵的设计主要是为了使其运行接近其 BEP,但实际其运行往往偏离此工况。在这种情况下,泵的工作效率降低,且与 BEP 相比,在大流量工况下容易发生空化,在小流量工况下则容易发生失速和压力脉动。泵性能的优化实际上可能包括几个工作点,包括非设计点的情况。

4.1.1.2　混流泵和轴流泵

随着泵比转速的增加,当扬程与流量之比低于给定转速下的离心泵时,应采用混流泵(或图 4.1 中的半轴流泵)和轴流泵。这些泵通常用于灌溉和排水,以及一些市政和工业泵送应用,如供水网络、工业过程、热电厂冷凝和其他循环系统。中大型船舶的高速喷水推进是一项非常特殊的应用。虽然混流泵和轴流泵是专为单级结构设计的,但在扬程大于 60 m 的情况下,也有一些多级泵的例子。在实际中,级数被限制为两级或三级。相较于轴流泵叶轮几乎总是全开的(即无遮盖的,图 4.1),半轴流叶轮通常采用半开式结构。

经验表明,一般来说,混流泵和轴流泵的水力效率都比离心泵略低。虽然大型多兆瓦混流泵的 BEP 记录的最大数值约为 91％,但轴流泵在其 BEP 处很少能达到最大值 90％。同样在这类泵中,较小规格泵的实际数值要低得多,而且在低功率安装中常常降回 40％。非设计工况下的运行也很重要,应在优化过程中仔细考虑整个运行范围。

以下是对当今工业界和学术界关于泵设计优化的一个相对完整的综述。组织和协调如此丰富的信息来源并非易事。基于此,我们决定在上述循环块类型的基础上给出最相关的优化方法:首先参数化模型将和与其相适宜的流动求解器类型一起处理,然后给出优化引擎的特写。

4.1.2　泵优化的参数化形状模型和流动求解器

到目前为止,已经使用了几种类型的模型来描述和参数化优化离心泵的几何形状,包括旋转和静止部件。粗略地讲,这涉及模型必须处理的几何维度数量的选择;也就是说,从简单的一维到更复杂的三维。在此基础上,要相应地应用相关的流动求解器类型;此外,由于需要进行非定常研究,还有一个选项(时间维度)可以被认为是额外的维度。正如在前几章中已经广泛讨论过的,在如今可用的流动求解器类型中,有几种可能的选择,因此,对于一个给定的几何形状,通常可以得出多个流动解。例如,根据目标函数和可用的计算资源分析泵二维径向叶片时,可以使用 N‐S 方程或欧拉方程进行分析。类似地,泵叶轮的空间模型需要完全的三维流动分析,其可以是 RANS 类型,也可以是 DNS 类型。

下面根据设计人员要求的复杂程度,我们将参考一维、二维、三维几何模型和流动模型。

4.1.2.1　一维模型

一维模型对于初始设计、多点设计和产品族设计仍然是非常有用的。实际上,在这些例子中,用 CFD 技术处理来探索广阔的设计空间依然过于昂贵,特别是当需要对多参数、非设计工况等进行评估时。过去开发的一维、平均线泵流动设计/非设计点建模法,现在仍然用于初步设计和性能分析。此外,这些模型极易应用,可为候选泵设计过程的快速评估提供性能计算。

泵平均线模型设计的例子在公开文献中几乎是不计其数的,读者可以参考 Japikse 等(2006)的研究以获得完整的了解。基本上,它们根据不断提高的复杂性和准确性分为三个层次。

设计/分析技术的第一步称为"相似换算法",它通过相似理论对现有设计进行换算,从而产生新的候选设计。Dixon 和 Hall(2014)、Whitfield 和 Baines(2002)、Japikse 和 Baines(1997)描述了将相似定律应用于离心机缩放的方法。第二步分析紧跟着第一步分析,并结合相关性能的修正,如转子效率,从而提供机器性能的预测。Rodgers(1980)给出了一个使用组件相关性进行第二步分析的详细例子。第二步设计比第一步具有更大的灵活性,但它在某种程度上受到模型中使用的组件性能相关性的范围和精度以及模型校准的需要的限制。第三步分析是基于一套全面的流体动力学模型来预测设备性能。由于在第三步实现了流体动力学模型的分析,因此可以在理论上开发偏离以往经验范畴的新机器。Pelton(2007)最近描述了此类模型的相关例子,其中描述了基于大型数据集的泵和压缩机叶轮的试验结果来预测泵模型系数的经验模型,这些数据集包含一个无叶扩压器和一个蜗壳。Bitter(2007)也概述了叶片扩压器的类似程序。在两项研究中,增强的 TEIS(双元件串联)和双区流动模型(见 Japikse,1996,2001)被用于泵的性能预测,并利用权重因子建立回归模型,使预测数据与试验数据较原工作(Japikse,2001)具有更好的匹配性,在原工作中得到的模型并没有产生可以在实践中放心使用的结果。尽管 Pelton(2007)取得了显著的改进,但仍需要继续努力向可用的数据集中添加更多的案例,并进一步地验证。事实上,这三个层次的模型包含了通过回归或其他统计程序确定的很多未知的参数,除非通过大量高质量的试验数据来证实,否则都是不可用的,这种情况实际上阻碍了这些方法用于优化问题。

在作者看来,所谓的第二步分析在准确性和简单性之间达成了令人满意的平衡。这些特性使得使用有限的试验数据合理校准平均线模型成为可能。用优化技术代替参数统计方法,可以有效地进行校准。

下面提出一种适用于涡轮增压泵性能预测的二级平均线预测方法。该方法能够在设计点考虑扩压系统损失的情况下,预测泵的设计工况性能和非设计工况性能。模型中引入了有限数量的自由参数,最终使得利用优化技术对实际泵性能结果进行校准成为可能。在这些模型中,典型的决策变量包括前缘和后缘的转子流道半径、宽度和叶片角(图 4.2)。扩压系统变量包括无叶段进出口半径、蜗壳或扩压器喉部面积、蜗壳隔舌或叶片扩压器前缘角(如果存在)、流道宽度和级/段出口面积。进口流动条件在设计点受到流体流速、泵设计转速、压力、温度和进口涡旋(如果存在)的限制。在多级泵中,由上一级的出口条件计算出下一级的进口条件并将其提供给模型。

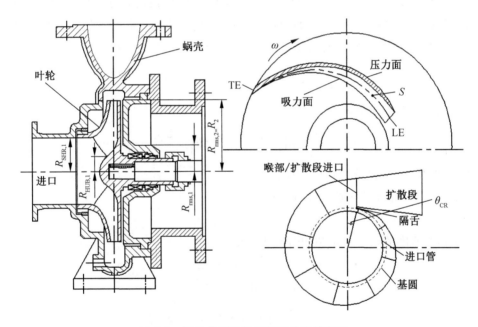

图 4.2　平均线泵叶轮和蜗壳的决策变量

4.1.2.1.1　平均线涡轮泵模型

Veres(1994)提出了一种平均线泵流量建模方法,该方法通过提供在设计工况下扩压系统的损失来预测泵在设计/非设计工况下的性能[扬程、扭矩、功率、效率和净正吸压头(NPSH)]。设计点处的叶轮效率和流动滑移系数由 Veres(1994)提供的经验关系式给出,其与转子比转速和几何形状相关;然而,这些相关性在此被加以修改以解释尺寸效应和我们所掌握的最佳近似试验数据。值得一提的是，Veres(1994)概述的程序主要涉及航空航天应用中使用的涡轮泵，因此，下文得出的结果应严格适用于这一特殊情况。然而，已经证明适当的模型校准可以将模型的有效性扩展到工业应用(Benini 和 Cenzon，2009)。

该模型基于欧拉方程来确定泵叶轮中间半径处的功交换(见图 4.2)，并结合水力效率与滑移系数的经验修正。建立了设计点性能后，基于相关损失就可以得到非设计工况特征的映射关系。给出了扩压系统在设计点处的损失，并利用经验公式对非设计点处的损失进行了修正。泵叶轮与扩压系统匹配的结果决定了泵的性能图，影响了失速和空化发生的初始位置。

参照术语和图 4.2，下面的小节介绍模型中使用的方程。

4.1.2.1.2　设计工况下—转子进口

转子进口流动面积：

$$A_1 = \pi(R_{\mathrm{SHR},1}^2 - R_{\mathrm{HUB},1}^2) - B_{\mathrm{k},1} \tag{4.1}$$

其中，

$$B_{\mathrm{k},1} = \mathrm{Th}_1 \cdot B_1 \cdot Z_1 / \sin \beta_{\mathrm{B},1} \tag{4.2}$$

Th_1 为叶片前缘厚度，Z_1 为主叶片的数量，B_1 为叶片在前缘处的安放角。对于扭曲叶片，该模型考虑了叶片角沿前缘的抛物线变化，并将均方根叶片角归因于叶片进口。

叶轮前缘平均直径处的经向、切向流速分量及绝对流速大小分别为

$$C_{\mathrm{M},1} = \frac{\dot{m}}{\rho \cdot A_1}, \quad C_{\mathrm{U},1} = \frac{C_{\mathrm{M},1}}{\tan \alpha_1}, \quad C_1 = \sqrt{C_{\mathrm{M},1}^2 + C_{\mathrm{U},1}^2} \tag{4.3}$$

转子进口相对流动角为

$$\beta_{\mathrm{F},1} = \arctan\left(\frac{C_{\mathrm{M},1}}{W_{\mathrm{U},1}}\right) = \arctan\left(\frac{C_{\mathrm{M},1}}{U_1 - C_{\mathrm{U},1}}\right) \tag{4.4}$$

其中，$U_1 = 2\pi R_{\mathrm{rms},1} N$ 是叶片切向速度。

攻角(即叶片角与相对流动角的差值)：

$$i_1 = \beta_{\mathrm{B},1} - \beta_{\mathrm{F},1} \tag{4.5}$$

流动相对速度的切向分量和相对流速大小：

$$W_{\mathrm{U},1} = U_1 - C_{\mathrm{U},1} = C_{\mathrm{M},1} \cdot \tan(\pi/2 - \beta_{\mathrm{F},1}) \tag{4.6}$$

$$W_1 = \sqrt{W_{\mathrm{M},1}^2 + W_{\mathrm{U},1}^2} \tag{4.7}$$

$$C_{\mathrm{U},2} = U_2 + W_{\mathrm{U},2}, \quad W_{\mathrm{M},1} = C_{\mathrm{M},1}$$

4.1.2.1.3　设计工况下—转子出口

转子后缘流动面积：

$$A_2 = 2\pi B_2 \cdot R_{\mathrm{rms},2} - B_{\mathrm{k},2} \tag{4.8}$$

$$B_{\mathrm{k},2} = \frac{\mathrm{Th}_2 \cdot B_2 \cdot Z_2}{\sin \beta_{\mathrm{B},2}}$$

其中，当使用分流叶片时 Z_2 可能与 Z_1 不同。

转子后缘绝对速度的经向和切向分量(图 4.3)：

$$C_{M,2} = \frac{\dot{m}}{\rho_2 \cdot A_2} \qquad (4.9)$$

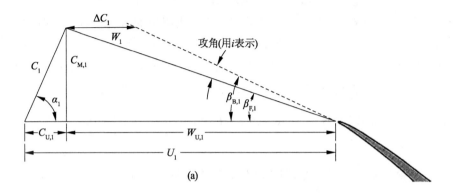

(a)

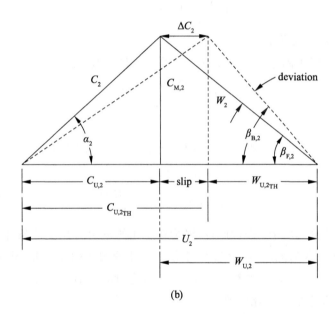

(b)

图 4.3　转子进口(a)和出口(b)速度图(不按比例)

［资料来源：经 Veres(1994)许可转载］

相对速度切向分量：

$$W_{U,2} = C_{M,2} \cdot \tan \beta_{B,2} + \text{slip} \qquad (4.10)$$

$$U_2 = 2\pi R_{\text{rms},2} \cdot N$$

$$\text{slip} = C_{U,2_{\text{TH}}} - C_{U,2} = U_2 \cdot (1-\sigma)$$

其中，

$$\sigma = 1 - \frac{\text{slip}}{U_2}$$

$\sigma = \sigma_{\text{ratio}} \cdot \sigma_{\text{design}}$ 定义为滑移系数，在设计条件下 $\sigma_{\text{ratio}} = 1$，$\sigma_{\text{design}}$ 使用 Pfleiderer 修正

(Pfleiderer,1952)来预测，根据转子几何形状使用以下公式计算出：

$$\frac{1}{\sigma_{\text{design}}} = 1 + \frac{1 + 0.6 \cdot \sin \beta_{\text{B},2}}{[Z_2 \cdot (1+\delta) \cdot X^2 + 0.25 \cdot (1-\delta)^2]^{0.5}} \tag{4.11}$$

其中，$X = S/R_{\text{rms}}$，$\delta = R_{\text{rms},1}/R_{\text{rms},2}$，$S$ 是沿着叶片中线测量的从进口到出口跨中的叶片长度（图 4.2），$R_{\text{rms},1}$ 和 $R_{\text{rms},2}$ 是分别计算的轮毂与叶尖之间的均方根半径值。在非设计工况下，采用附加修正系数以说明滑移量相对于设计值的变化。这个附加修正系数可以用下面的多项式来计算，它是由 Veres(1994)用简单的三次回归得到的：

$$\sigma_{\text{ratio}} = \frac{\sigma}{\sigma_{\text{design}}} = 1.534\ 988 - 0.668\ 166\ 8 \cdot F + 0.077\ 472 \cdot F^2 + 0.057\ 150\ 8 \cdot F^3 \tag{4.12}$$

转子出口相对流动角和偏差，即流动相对转角与转子出口处的叶片角之差：

$$\beta_{\text{F},2} = \arctan\left(\frac{C_{\text{M},2}}{W_{\text{U},2}}\right),\ \text{deviation} = \beta_{\text{B},2} - \beta_{\text{F},2} \tag{4.13}$$

4.1.2.1.4　叶轮非设计工况

非设计流速比用于确定非设计工况下的等效流量系数：

$$F = \frac{(Q/N)_{\text{off-design}}}{(Q/N)_{\text{design}}} \tag{4.14}$$

4.1.2.1.5　吸入性能

在该模型中，基于叶片对叶片载荷参数 BB 的假设，并使用泵前缘处的局部静压值来估计空化的发生：

$$P_{\text{S,shroat}} = P_{\text{T},1} - \frac{(C_1 \cdot \text{BB})^2}{2}\rho \tag{4.15}$$

将此值与局部蒸汽压 P_{v} 进行比较，以检查空化的发生。在设计条件下，载荷参数 BB 的值可以在 $1.0 \sim 1.3$ 的范围内，该参数考虑了泵叶轮的切向偏离量（即叶轮内部的压降有多大）。泵空化发生在 10% 的精度范围内，被认为对应于 BB$=1.25$。

泵的 NPSH 和泵的吸入比转速：

$$\text{NPSH} = \frac{P_{\text{T},1} - P_{\text{v}}}{\rho \cdot g},\ \text{Nss} = \frac{N \cdot Q^{0.5}}{\text{NPSH}^{0.75}} \tag{4.16}$$

利用图 4.4 所示的吸入比转速曲线估计非设计工况下的吸入性能，该曲线是标准化曲线，并参考了设计点吸入能力。

为了避免空化和泵失速，必须满足以下条件：

$$\text{Nss} < \frac{\text{Nss}_{\text{req}}}{\text{Nss}_{\text{req,design}}} \cdot \text{Nss}_{\text{req,design}},\ P_{\text{S,throat}} > P_{\text{v}} \tag{4.17}$$

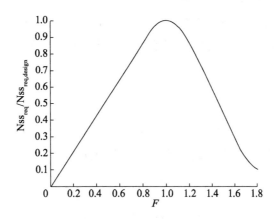

图 4.4　在非设计流速参数下的吸入性能

［资料来源:经 Veres(1994)许可转载］

4.1.2.1.6　叶轮的性能

欧拉扬程在通过叶轮后得到增加,其计算如下:

$$gH_{2,t}=U_2 \cdot C_{U,2}-U_1 \cdot C_{U,1} \tag{4.18}$$

叶轮水力效率由实际扬程 H_2 与欧拉扬程 $H_{2,t}$ 的比值算得,

$$H_2=H_{2,t} \cdot \eta_{hyd} \tag{4.19}$$

正如 Veres(1994)建议的那样,叶轮效率值是根据相关经验推导出来的(见后面)。

泵的比转速:

$$k=\frac{2\pi N \cdot Q^{0.5}}{(g \cdot H_2)^{0.75}} \tag{4.20}$$

就总体条件而言,叶轮水力效率的 BEP 可以从下列关系式中推导出来:

$$\begin{cases} \eta_{hyd,design}=-0.689\,8 \cdot k^2+0.983\,7 \cdot k+0.578\,5 & k\leqslant 0.8 \\ \eta_{hyd,design}=1.02-0.12 \cdot k & k>0.8 \end{cases} \tag{4.21}$$

对叶轮效率的非设计变化进行了经验推导(Stepanoff,1948),F 值在 0.7～1.2 之间,而曲线的极限是由 Veres(1994)推断的:

$$\eta_{hyd,ratio}=\frac{\eta_{hyd}}{\eta_{hyd,design}}=0.863\,87+0.309\,6 \cdot F-0.140\,86 \cdot F^2-0.029\,265 \cdot F^3 \tag{4.22}$$

因此 $\eta_{hyd}=\eta_{hyd,design} \cdot \eta_{hyd,ratio}$。

把方程(4.18)、方程(4.19)、方程(4.21)和方程(4.22)代入方程(4.20),得到依赖于 k 的隐式方程:

$$f(k)=\frac{2\pi N \cdot Q^{0.5}}{(U_2 \cdot C_{U,2}-U_1 \cdot C_{U,1})^{0.75} \cdot [\eta_{hyd,ratio} \cdot \eta_{hyd,design}(k)]^{0.75}}-k=0 \tag{4.23}$$

方程(4.23)的解给出了泵的无量纲比转速 k,然后利用方程(4.21)和方程(4.22)计算出泵的理想水力效率,最终得到叶轮扬程。

值得强调的是,效率相关性的有效性是建立在泵组结构的初步选择基础上的,但这种相关性的泛化可能并不正确。为此,使用了以下方法(Stepanoff,1948)。泵的损失可分为集中的 h_c 和分散的 h_d:

$$H_2 = H_{2,t} - (h_c + h_d) \tag{2.24}$$

其中,$h_c = h_{c,in} + h_{c,out}$,$h_d = k_{d,rel} \cdot \dfrac{W_1^2}{2} + k_{d,fix} \cdot \dfrac{C_{M,1}^2}{2}$。

集中在叶轮进、出口突然出现流动偏离而引起的损失为

$$h_{c,in} = k_{c,in} \cdot \frac{\Delta C_1^2}{2}, h_{c,out} = k_{c,out} \cdot \frac{\Delta C_2^2}{2} \tag{4.25}$$

$$\Delta C_2 = \frac{(U_2 + W_{U,2}) \cdot \tan \alpha_3 - C_{M,2}}{\tan \alpha_3}$$

系数 $k_{c,in}$ 和 $k_{c,out}$ 确实需要校准,暂定其范围分别为 $0.01 \sim 0.05$ 和 $0.04 \sim 0.05$。同样,系数 $k_{d,rel}$,$k_{d,fix}$ 必须经过仔细验证,其中一些猜测值分别位于 $0.03 \sim 0.08$ 和 $0.02 \sim 0.05$ 范围内。

事实上,集中在叶轮出口的流动偏离所导致的损失可以由与切线方向成 α_3 安装角的导叶或蜗壳隔舌区域附近的损失来估算。

因此,可以确定实际的水力效率。

$$\eta_{hyd} = \frac{H_{2,t} - (h_c + h_d)}{H_{2,t}} \tag{4.26}$$

4.1.2.1.7 扩压系统压力恢复和损失

有叶扩压器蜗壳喉部的流速为

$$C_{throat} = \frac{\dot{m}}{\rho \cdot A_{throat}} \tag{4.27}$$

无叶扩压器出口的速度:

$C_3 = \sqrt{C_{U,3}^2 + \left(\dfrac{\dot{m}}{\rho \cdot A_3}\right)^2}$,其中,角动量方程为 $C_{U,3} = C_{U,2} R_2 / R_3$。

4.1.2.1.8 扩压载荷参数

$$L = \frac{C_{throat}}{C_3} \tag{4.28}$$

扩压系统设计点的总压损失系数 $\omega_{2-4,design}$ 假设已知:

$$\omega_{2-4,design} = \frac{P_{T,2} - P_{T,4}}{P_{T,2} - P_{S,2}} \tag{4.29}$$

如果泵叶轮与蜗壳充分匹配,那么对于配有无叶扩压器和蜗壳的泵,扩压系统的损失系数的最小值(即设计值)可在 $0.15 \sim 0.25$ 范围内。

总压损失系数随载荷的变化由以下多项式给出,该多项式由 Veres(1994)提供的经验数据进行插值得到:

$$\omega_{2-4,\text{ratio}} = \frac{\omega_{2-4}}{\omega_{2-4,\text{design}}} = 1.815\,1 - 1.835\,27 \cdot L + 0.879\,8 \cdot L^2 + 0.187\,65 \cdot L^3 \tag{4.30}$$

$$\omega_{2-4} = \omega_{2-4,\text{ratio}} \cdot \omega_{2-4,\text{design}} \tag{4.31}$$

4.1.2.1.9 单级扬程和功率

通过每级泵后增加的扬程：

$$H_4 = \frac{P_{\text{T},4} - P_{\text{T},1}}{\rho \cdot g} \tag{4.32}$$

容积效率基于内部（正向和反向）泄漏，表示为泄漏量与进口流量的比值：

$$\eta_{\text{vol}} = \frac{Q}{Q + Q_{\text{f}}} \tag{4.33}$$

其中，$Q_{\text{f}} = Q_{\text{f,for}} + Q_{\text{f,back}}$，

$$Q_{\text{f,for}} = 0.22\pi(2R_{\text{f,for}})S_{\text{f,for}}\sqrt{\frac{4gH_2}{1.5 + K_{\text{f}}\dfrac{B_{\text{f,for}}}{2S_{\text{f,for}}}}} \tag{4.34}$$

$$Q_{\text{f,back}} = 0.22\pi(2R_{\text{f,back}})S_{\text{f,back}}\sqrt{\frac{4gH_2}{1.5 + K_{\text{f}}\dfrac{B_{\text{f,back}}}{2S_{\text{f,back}}}}} \tag{4.35}$$

其中，K_{f} 是摩擦系数，级数约为 0.1。

机械效率（修正系数取自 Stepanoff，1948）：

$$\eta_{\text{mech}} = \frac{\text{Pow}_{\text{fluid}}}{\text{Pow}_{\text{fluid}} + \text{Pow}_{\text{mech}}}，\text{其中 } \text{Pow}_{\text{fluid}} = \frac{\dot{m} \cdot H_2 \cdot g}{\eta_{\text{hyd}}} \tag{4.36}$$

使用基于试验的损失系数 K（Stepanoff，1948）计算圆盘摩擦损失，其计算公式如下：

$$\text{Pow}_{\text{d}} = K \cdot N^3 \cdot R_{\text{HUB},2}^5，\text{其中 } K = 3.953 \cdot 10^{-6} \tag{4.37}$$

驱动泵所需的级功率：

$$\text{Pow}_{\text{stage}} = \frac{\dot{m} \cdot H_2 \cdot g}{\eta_{\text{hyd}} \cdot \eta_{\text{mech}} \cdot \eta_{\text{vol}}} + \text{Pow}_{\text{d}} \tag{4.38}$$

校准后的泵模型可以显著提高预测泵性能的精度。然而，为了获得最佳的模型可靠性和准确性，可能需要开发一套通用的校准参数。一个简单的方法是取校准参数的平均值。

对校准后的模型精度进行校核，对径向泵样品的分析结果如图 4.5 所示。显然，使用全局泵模型所得到的结果对初步设计是很好的。

使用更多的实际泵数据（更广泛的样本），应该能够直接根据泵的规格，而不是计算每个参数的平均值，找到校准参数与一个或多个指标之间更准确的相关性。

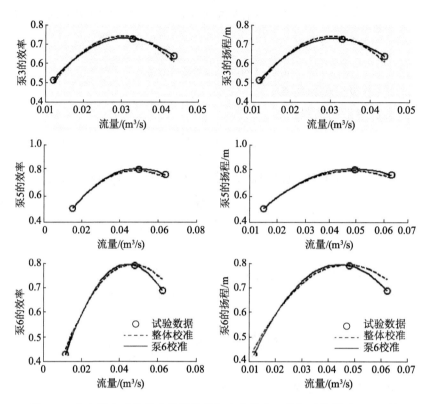

图 4.5 由实线表示的校准的泵趋势与由虚线表示的通过涡轮泵 3-5-6 的
所有校准参数的平均值获得的相同趋势的比较

〔资料来源：经 Benini 和 Cenzon(2009)许可转载(原始资料中的图 6),版权所有©2009 机械工程师
协会〕

4.1.2.1.10　关于一维模型的考虑

一个简单的平均线模型不能通过匹配真实泵的特性来模拟真实的泵。然而,为了尽
可能减少性能预测误差,可以使用真实的泵测试数据对该模型进行校准。测试数据应与
应用于相同泵上的模型结果匹配。校准程序可以用几种方法进行。Benini 和 Cenzon
(2009)提出了一种方法,该方法包含一个优化程序,该程序使用遗传算法(GA)搜索可用
的数值和试验数据之间的最佳匹配。

在模型校准中,决策变量集实际上是在设计/非设计条件下通过平均线模型使用的损
失修正系数,可以作为形成基因组的参数。对不同的泵,不同的基因组(基因型)产生不同
的水泵性能图(表现型)。最佳表现型是最接近真实试验数据的表现型,因此我们的目标
是寻找性能图中与试验数据差距最小的最佳参数集。这是一个典型的优化问题,可以使
用前面描述的遗传算法来解决,其中基因组是未知的校准系数,每个校准系数都定义在规
定的范围内。读者可以参考 Benini 和 Cenzon(2009)对该方法的详细描述。

4.1.2.2 二维模型

二维模型用于离心泵设计的中间设计阶段,此时需要更详细的标准来评估泵的性能。在轴流泵中,二维模型是非常必要的,因为与离心泵相比,其设计/非设计性能与翼型水动力特性的关系更为密切。此外,当考虑到多级机器特别是轴向机器时,2D 方法仍然优于纯 3D 方法,因为后者运行成本非常高。最后,当设计重点放在叶栅角上时,二维模型在多点优化问题中仍然非常有用。

二维分析的出发点是根据 Wu(1952)的准三维基本理论,将实际流场表面分解为相对流场表面(1952)。这样的流面以 S_1 和 S_2 曲面的名称广为人知(图 4.6)。

众所周知,要得到曲面的实际形状和相关流场绝非易事,因为这需要一个迭代过程,主要由计算机支持。这是由于这两个曲面上都需要一个偏微分方程组的数值解,以及一个曲面族上的流动与另一个曲面族上的流动相关。

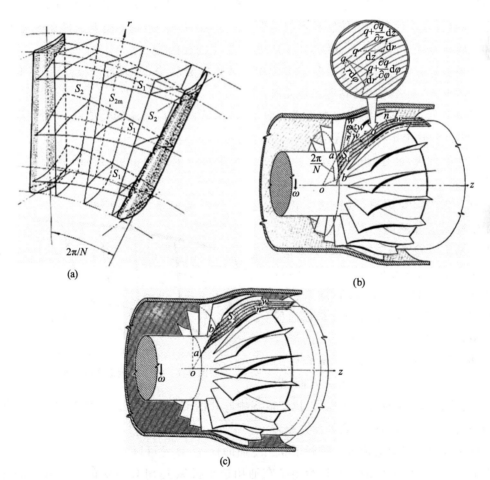

图 4.6 (a)根据 Wu 的定义 S_1 和 S_2 流面在(b)轴流式和(c)混流式透平机械中

[资料来源:经 Wu(1952)许可转载]

在准三维优化框架中,需要搜索 S_1 或 S_2 上的流动解。现在随着大型快速计算机的日益普及,准三维解决方案对所有类型的透平机械不再具有吸引力。实际上,在大多数离心机械的实际应用中,目前获得流场准确的三维解的成本相对较低,许多工程师认为准三维方法不值得考虑,因为它与纯三维计算相比不划算。这同样适用于可压缩流体机械。

另一方面,准三维方法在轴流式流体机械中的应用受到了广泛的关注,尤其是在多级的情况下。这种方法通常分为两类:(i)通流方法;(ii)叶片对叶片的方法。这种方法可用于不可压缩和可压缩透平机械。

4.1.2.2.1 通流方法

通流计算利用应用于平均轴对称流面的欧拉运动方程(即连续性、能量、无黏动量方程,以及处理可压缩流体时的状态方程),它实际上对应于图 4.6 中的 S_{2m} 表面。S_{2m} 表面位于两个连续叶片之间,将通道内的质量流大致分成相等的两部分(Novak 和 Hearsey,1977)。对于带径向间隙的泵叶片,只要表面的扭曲度不太大,就可以考虑由最初位于叶片上游的径向 ab 线上的流体颗粒形成的平均流表面(图 4.6),否则就要选择在流道中间,流体颗粒从叶片上游的一条曲线出发的中间位置上的径向线。

在通流计算中,通常通过对状态方程中气体熵的经验修正(通常以损失、偏差和堵塞相关性的形式)来考虑流动黏度和相关损失的影响。

可以采用三种方法对上述方程进行数值求解,从而得到通流的数值解:(i) 流线曲率(SLC)法;(ii)基于矩阵的通流法;(iii)时间推进法。在这些方法中,SLC 方法是第一个被开发出来的方法,也是目前使用最多的方法,至少对于低速和不可压缩的涡轮发动机是这样。

SLC 方法需要网格,其中透平机械的子午线通道是离散的(图 4.7)。这种网格是基于两族曲线之间的交点(节点)的:(i)周向平均流量的子午流线;(ii)近似正交于流线的先验定义站(通常称为准正交)。类型(i)的流线型形状在迭代过程中是动态的(轮毂和盖板上的流线型除外),因为一旦找到最终的聚合解决方案,它们就会发生变化。另一方面,类

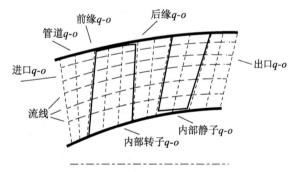

图 4.7　透平机械级通流计算网格

型(ii)的计算站以某种方式定向,以模拟流场中叶片的前缘和后缘。在每个节点上迭代求解径向平衡方程的数值解,得到了计算结果。

Denton(1978)对通流方法进行了相当全面的描述,读者可以参考,因为这些方法超出了本书的范围。Schobeiri(2005)给出了在通用透平机械上 SLC 方法的一个有用的逐步步骤。

通过使用通流方法可以管理多个决策变量,包括:轮毂和盖板轮廓(包括它们在各准正交点处的半径)、流动角及跨径速度(根据偏差相关性可以从中获得叶片角)。如果采用

适当的损失关联式,这些方法可以给出沿翼展方向的绝对或相对参考系下的效率和总焓的分布。因此,通流方法非常适合于优化目标,因为它们可以恰当地处理影响机器性能的形状变量,包括特征映射。

4.1.2.2.2　叶片对叶片的方法

叶片对叶片的方法可以采用简单的近似方法,也可以采用更精确的求解叶片对叶片流动方程的方法。当 S_1 表面的确切位置已知时,可采用精确的方法。由于这涉及获得一个收敛耦合的 S_1+S_2 流动解,因此精确的方法在现在的研究中是有限的,因为实现一个完全收敛耦合的 S_1+S_2 模拟所需要的工作量相当于 CFD 三维求解所需要的工作量,而 CFD 三维求解通常能提供更准确的结果。

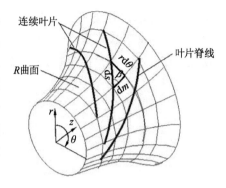

图 4.8　保角映射

准三维叶片对叶片的方法定义了叶栅几何的反轴对称曲面(图 4.8 中绕 z 轴旋转的 R 曲面)。

传统的圆柱坐标参考系 (r,θ,z) 和保角坐标系 (m',θ,z) 之间的联系可由以下方程组给出:

$$\begin{cases} m' = \int \dfrac{\mathrm{d}m}{r} = \int \dfrac{\sqrt{\mathrm{d}r^2 + \mathrm{d}z^2}}{r} \\ \theta = \theta \\ z = \int \dfrac{\mathrm{d}z}{\mathrm{d}m'}\mathrm{d}m' = \int \pm\sqrt{r^2 - \left(\dfrac{\mathrm{d}r}{\mathrm{d}m'}\right)^2}\,\mathrm{d}m' \end{cases} \tag{4.39}$$

由它可以计算局部叶片角度:$\tan\beta = (r\mathrm{d}\theta)/m = \mathrm{d}\theta/m'$ 以及基于 R 曲面的曲线长度增量 $\mathrm{d}s$,$\mathrm{d}s = \sqrt{\mathrm{d}r^2 + \mathrm{d}z^2 + (r\mathrm{d}\theta)^2} = \sqrt{\mathrm{d}m^2 + (r\mathrm{d}\theta)^2} = r\sqrt{\mathrm{d}m'^2 + \mathrm{d}\theta^2}$,$R$ 曲面上任意曲线的总长度 S(例如,空间弯曲的弧面曲线的总长度,见图 4.8):

$$S = \int \mathrm{d}s = \int r\sqrt{\mathrm{d}m'^2 + \mathrm{d}\theta^2} \tag{4.40}$$

最后,在必要时可以方便地实现从圆柱坐标系到笛卡儿坐标系的映射:

$$x = \pm\frac{r}{\sqrt{1+\tan^2\theta}}$$
$$y = x\tan\theta$$
$$\theta = \theta \tag{4.41}$$

另一方面,简单的二维叶片对叶片的方法通常使用一种强近似理论(但对大多数轴流透平机械来说是一致的)来考虑叶片排挤的 RE 方程,即流动速度的径向分量可以忽略不计。这样的假设可以得到简化的 RE 方程:

$$\frac{1}{\rho}\frac{\mathrm{d}h^0}{\mathrm{d}r} = c_x\frac{\mathrm{d}c_x}{\mathrm{d}r} + \frac{c_\theta}{r}\frac{\mathrm{d}(rc_\theta)}{\mathrm{d}r} \tag{4.42}$$

在此基础上,当给定适当的(或暂定的)沿半径分布的旋流速度时,可得到速度三角形的展向分布。这种近似使得优化方法严格来说在本质上是二维的。利用计算流体力学(CFD)程序,可以实现单排或多排叶片对叶片平面的流动计算。

Benini 和 Toffolo(2001)给出了这种方法在轴流泵叶栅叶片对叶片设计中的应用实例。这种方法需要定义一个二维流域(图 4.9)来确定优化的决策变量。这些变量可能基本上包括所有叶栅参数,即翼型形状、弦长、间距(或坚实度)和交错角。叶片间距通常由预先确定的叶片数量决定,而弦长则需考虑叶片强度的实际影响。

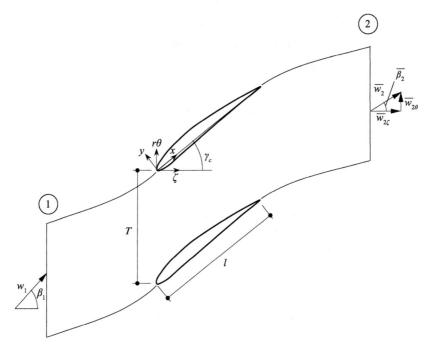

图 4.9　轴流泵叶栅的二维叶片对叶片模型

叶片形状绝不是用显式曲线或参数曲线参数化的。显式函数类型如下(NACA 4 位翼型):

$$y_c = \frac{m}{p^2}(2px - x^2) \qquad\qquad 从\ x = 0\ 到\ x = p$$

$$y_c = \frac{m}{(1-p)^2}[(1-2p) + 2px - x^2] \quad 从\ x = p\ 到\ x = c \tag{4.43}$$

其中,最大弯度(m)以弦长的百分比表示(自变量x从0到c),最大曲线(p)以平均弯度弦长的十分之一表示,t为定义上(+)和下(−)厚度分布的最大厚度:

$$\pm y_t = \frac{t}{0.2}(0.296\,9\sqrt{x} - 0.126\,0x - 0.351\,6x^2 + 0.284\,3x^3 - 0.101\,5x^4) \tag{4.44}$$

这些表达式可以推广使用定义几乎任意的吸力侧和压力侧多项式,例如:

$$\pm y_t = a_0\sqrt{x} + a_1 x + a_2 x^2 + a_3 x^3 \qquad \text{在 } t_{max} \text{ 之前} \qquad (4.45)$$

$$\pm y_t = d_0 + d_1(1-x) + d_2(1-x)^2 + d_3(1-x)^3 \qquad \text{在 } t_{max} \text{ 之后}$$

其中,多项式系数 a_i 和 d_i 可以成为优化的决策变量。

参数曲线在翼型参数化中得到了广泛的应用。最常见的方法可能是使用 n 阶贝塞尔曲线:

$$\begin{cases} x(t) = \sum_{i=0}^{n} C_n^i t^i (1-t)^{n-i} x_i \\[2mm] y(t) = \sum_{i=0}^{n} C_n^i t^i (1-t)^{n-i} y_i \end{cases} \qquad (4.46)$$

其中,t 表示在[0,1]区间内变化的曲线参数,x_i 和 y_i 为控制点的归一化坐标,$C_n^i = n!/[i!(n-i)!]$。一条曲线用于吸力侧,另一条曲线用于压力侧。正如 Benini 和 Toffolo (2001)所述的,控制点的横坐标 x_i 通常均匀地分布在[0,1]区间内,纵坐标 y_i 在指定的可能值范围内选择。选取一组 10 个参数对翼型进行完全参数化;如果有必要,可以用另外两个参数来定义弦长(坐标是归一化的)和交错角。

4.1.2.3 三维模型

泵设计的最后阶段通常使用三维流体动力学模型,因为在大搜索空间上运行迭代三维分析所需的计算量与工业水平上的开发持续时间不兼容。优化几乎完全局限于 BEP 条件,同时通常避免多点优化,并将非设计工况的评估作为后续检查。

在三维模型中,通常从基线解决方案开始,该解决方案的几何形状已经使用 CAD 软件建模(图 4.10)。叶轮几何通常用参数 S_1 和 S_2 曲面的组合来描述:参数曲线在近似的 S_1 和 S_2 曲面上几乎是独立使用的,以利用前面各段已经给出的曲线来计算所需叶片截面(层)的数目。然后,利用 CAD 软件中的放样(或混合)操作重建叶片的三维几何形状,该操作沿着定义为放样路径的展向方向插入轮廓坐标。

(a) 叶轮几何造型(Checcucci等, 2011)

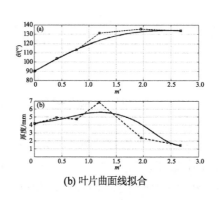

(b) 叶片曲面线拟合

(c) 贝塞尔曲线拟合叶轮流道

图 4.10 叶轮子午剖面参数化实例

使用将径向坐标 r_A 定义为 ε 角的函数(图 4.11)的代数方程,以及简单的方程 $b=f(r)$,很容易对蜗壳等静止部件进行参数化。r_A 的典型规律如下:

$$r_A = A\,\mathrm{e}^{B\varepsilon} \tag{4.47}$$

其中,系数 A 和 B 作为决策变量。其他的决策变量 r_z、b 的值和角 α_{3B} 如图 4.11 所示。在特定的情况下(图 4.11),进一步的设计变量 ε 有助于确定蜗壳截面的形状。

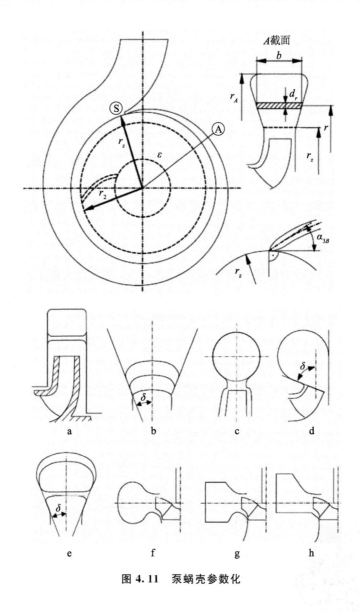

图 4.11 泵蜗壳参数化

在此基础上,建立了包括静止域和旋转域(或动态域)在内的所有相关边界条件的 CFD 模型。所要模拟的叶片流道数目取决于转子-定子交互界面的类型。为此,可用的 CFD 代码中通常有三种方法:(i)混合平面;(ii)MRF(Multiple Reference Frame,多重参考系)或冻结转子;(iii)滑移网格(Vande Voorde 等,2004)。前两者本质上是定常的,而第三者是非定常的计算。图 4.12 给出了应用于单通道叶轮或完整叶轮-蜗壳结构的典型边界条件的示例。

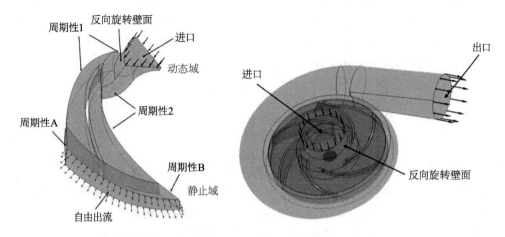

图 4.12 蜗壳离心泵计算域的示例

在优化问题中,由于混合平面法和 MRF 法的计算量要小得多,因此两者均优于非定常滑移网格法。在 MRF 法中,转子系统的位置是固定的,因此在考虑离心力和科氏力的旋转参考系中求解转子的流动方程。对于定子,可在绝对参考系中求解控制方程。

网格敏感性研究一直是在模型精度和 CPU 时间之间建立最佳平衡的基础。结构化、非结构化和混合网格都可以有效地使用,尽管混合类型(即靠近壁面处的六面体单元和核心流动区域中的四面体单元)在迭代循环中提供了更大的灵活性,同时保持了非常好的精度水平。

对于 CFD 代码,常用的是 RANS 求解器,而大涡模拟(LES)或更复杂的方法,需要通过使用替代过滤技术来求解 N-S 方程,目前在工业水平上解决优化问题是不切实际的。就湍流模型而言,一般使用标准 $k-\varepsilon$ 或 $k-\omega$ 模型进行计算,尽管 $k-\omega$ 剪切应力输运(SST)湍流模型通常比标准或 RNG 模型提供了更好的结果。原则上,空化模型也可以被激活,其中可以使用齐次两相 RANS 方程。再者,据作者所知,这些方法虽然现在可用,但在复杂的优化循环中没有实际应用。

由于计算量大,通常采用代理辅助算法进行三维优化。常见的设计过程包括:

· 使用直接试验设计(DOE)方法初步探索研究空间(全局搜索);
· 代理或元模型构造;
· 敏感性或显著性分析;
· 在代理上搜索近似最优值(局部搜索);
· (可选)使用填充准则对代理模型进行局部细化,使其接近最优;
· (可选)代理的高保真度优化。

DOE 是一种基于统计概念的探索性技术,用以确定不同因素的变化对最终结果的影响(Anderson,1997)。在优化的背景下,DOE的目的是用最少的模拟样本数,确定最有效的数值试验,从而在适应度函数知识方面获得最佳结果。因此,抽样是确定 DOE 有效性的关键。目前主要使用两种抽样技术:蒙特卡罗抽样(Monte Carlo Sampling)(Robert 和 Casella,2005)和拉丁超立方体抽样(Latin Hypercube Sampling,LHS)(McKay 等,1979)。第二种方法是对第一种方法的改进,这种改进需要大量的样本才能有效地近似变量的实际分布情况。这两种技术都基于累积分布函数 $P(x)$:

$$P(x) = \int_{-\infty}^{x} p(x)\mathrm{d}x \qquad (4.48)$$

$$p(x) = \frac{1}{\sigma\sqrt{2\pi}}\exp\left[-\frac{(x-\mu)^2}{2\sigma^2}\right]$$

对于平均值 μ 的高斯分布,σ 是分布的标准差,x 是任意测量值。

在蒙特卡罗方法中,抽样是从概率分布中随机抽取的,这确实可能导致样本在变量的均值附近聚集(例如,在图 4.13 中,由于累积概率分布的斜率最大,抽样会导致对 $x=0$ 邻域值的偏倚)。这被认为是非最优的,因为它丢弃了累积概率较低的区域。

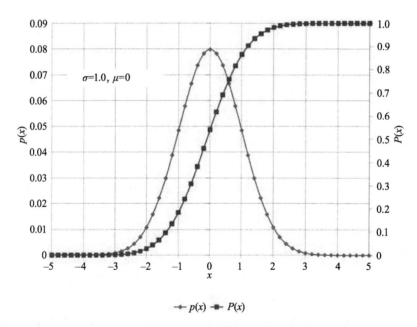

图 4.13 高斯分布(均值为 0,标准差为一元)的概率分布函数[$p(x)$]和累积概率分布函数[$P(x)$]

在 LHS 方法中,通过将累积概率范围[0,1]细分为具有相等分区幅值的区间进行抽样(图 4.14),这通常被称为"分层抽样"。LHS 降低了样本的聚集性,因为这些样本更均匀地分布在单个变量的搜索空间中。

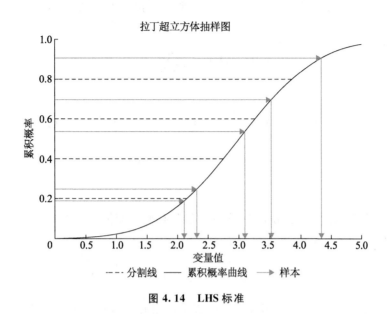

图 4.14 LHS 标准

将蒙特卡罗方法和 LHS 方法推广到多变量问题是很简单的。LHS 的变体[例如最优空间填充设计(Optimal Space Filling Design)]涉及决策变量空间中样本间距离的最大化,这保证了 DOE 更显著的有效性(图 4.15)。

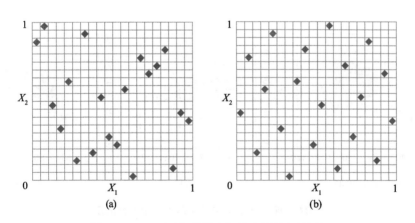

图 4.15 LHS(a)与最优空间填充设计(b)比较

4.1.2.3.1 敏感性分析

敏感性分析对于理解决策变量对目标函数的重要性非常关键。这样的分析可以根据影响的程度对参数进行排序,且可以在元模型构建之前或之后进行。为此,通常使用全局敏感性技术(Saltelli 等,2008)来达到目的,例如相关分析。

4.1.2.3.2 单变量分析

相关分析计算相关系数 $R \in [-1,1]$,这是模型参数值 x_i 与相关目标函数输出 y_i 相关关系的量化指标,其中 $i-1,\cdots,n$。一个常用的指标是皮尔逊相关系数(Pearson's correlation coefficient):

$$R(X,Y)=\frac{\sigma_{XY}}{\sigma(X)\sigma(Y)} \tag{4.49}$$

其中,

$$\sigma_{XY}=\mathrm{COV}(X,Y)=\frac{1}{n-1}\sum_{i=1}^{n}[x_i-\mathbb{E}(X)][y_i-\mathbb{E}(Y)]$$

$$=\frac{1}{n-1}\sum_{i=1}^{n}[x_i-\mu(X)][y_i-\mu(Y)] \tag{4.50}$$

以及

- "COV"是协方差函数,$\mathbb{E}$是期望值,或者正态分布概率变量情况下的平均值 μ。
- $\sigma(X)$ 和 $\sigma(Y)$ 分别是 X 和 Y 的标准偏差:

$$\sigma(X)=\sqrt{\frac{1}{n-1}\sum_{i=1}^{n}[x_i-\mu(X)]^2},\sigma(Y)=\sqrt{\frac{1}{n-1}\sum_{i=1}^{n}[y_i-\mu(Y)]^2}$$

R 的负值表示负相关(或逆相关),正值表示正相关。当 R 为 0 或者非常接近 0 时,变量和目标函数是不相关的。R 的绝对值越大,相关性越强。

图 4.16 给出了相关分析结果的示例。左侧的图显示的是几乎不相关的数据对(X 是决策变量,Y 是相关的适应度函数),中间的图显示的是弱逆相关性,右侧的图显示的是非常明显的正相关关系。

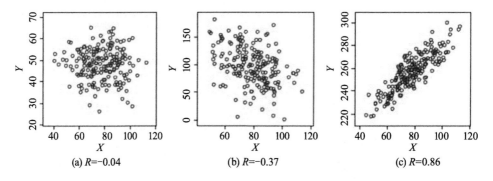

图 4.16　两个变量 X 和 Y 之间不同相关性的示例

4.1.2.3.3 多变量分析

相关分析也有助于发现决策变量之间的相互关系。如果 $\boldsymbol{X}$ 是与适应度函数给定值相关的决策变量的向量,那么我们可以计算模拟 m 次的第 i 个决策变量的期望值:

$$\mu_i=\mathbb{E}(X_i)=\frac{1}{m}\sum_{k=1}^{m}x_{ik} \tag{4.51}$$

方差-协方差矩阵 $\boldsymbol{\Sigma}$ 的元素 Σ_{ij} 就变成:

$$\Sigma_{ij}=\mathrm{COV}(X_i,X_j)=\mathbb{E}[(X_i-\mu_i)(X_j-\mu_j)] \tag{4.52}$$

换句话说,

$$\boldsymbol{\Sigma} = \begin{bmatrix} \mathbb{E}\left[(X_1-\mu_1)(X_1-\mu_1)\right] & \mathbb{E}\left[(X_1-\mu_1)(X_2-\mu_2)\right] & \cdots & \mathbb{E}\left[(X_1-\mu_1)(X_n-\mu_n)\right] \\ \mathbb{E}\left[(X_2-\mu_2)(X_1-\mu_1)\right] & \mathbb{E}\left[(X_2-\mu_2)(X_2-\mu_2)\right] & \cdots & \mathbb{E}\left[(X_2-\mu_2)(X_n-\mu_n)\right] \\ \vdots & \vdots & & \vdots \\ \mathbb{E}\left[(X_n-\mu_n)(X_1-\mu_1)\right] & \mathbb{E}\left[(X_n-\mu_n)(X_2-\mu_2)\right] & \cdots & \mathbb{E}\left[(X_n-\mu_n)(X_n-\mu_n)\right] \end{bmatrix}$$

$$(4.53)$$

由此可得到相关矩阵:

$$\boldsymbol{C} = \mathrm{corr}(\boldsymbol{X}) = \left[\mathrm{diag}(\boldsymbol{\Sigma})\right]^{-\frac{1}{2}} \boldsymbol{\Sigma} \left[\mathrm{diag}(\boldsymbol{\Sigma})\right]^{-\frac{1}{2}} \tag{4.54}$$

其中,$\mathrm{diag}(\boldsymbol{\Sigma})$ 是 $\boldsymbol{\Sigma}$ 的对角线元素组成的矩阵。$\boldsymbol{\Sigma}$ 主对角线上的每个元素给出了决策变量与其自身的相关系数,根据定义,其值等于 1。$\boldsymbol{\Sigma}$ 的每个非对角元素给出了决策变量与不同决策变量的相关系数,最终量化变量之间的相互依赖关系,取值范围为 $[-1,1]$。该值的含义类似于标量决策变量。图 4.17 给出了一个相关矩阵的例子,其中矩阵的每个元素都根据 34 个决策变量的相关系数进行了阴影处理。

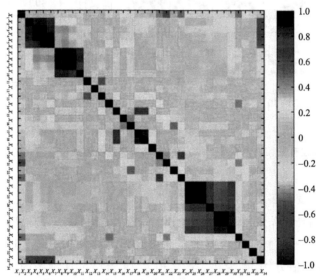

图 4.17　34 个决策变量问题的相关矩阵示例

(在不同的阴影区域中,决策变量的相关性是明显的)

另一种可视化相关矩阵的方法是使用混合图形定量图,如图 4.18 所示,用于示例六决策变量问题。由于相关矩阵是对称的,所以在矩阵的右上角,一般元素 S_{ij} 包含变量 X_i 和 X_j 之间的相关系数值。在矩阵相应的 S_{ij} 元素中,给出了 X_i 和 X_j 之间相关性的图形表示。

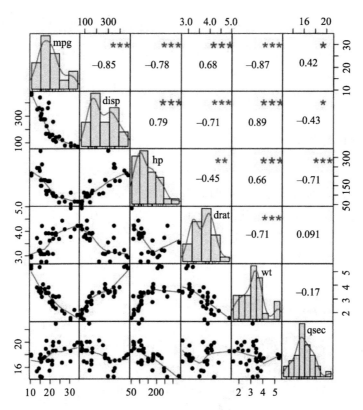

图 4.18　六决策变量问题相关矩阵的图形表示示例

(在有三颗灰色星星的单元格内,决策变量的相关性是明显的)

4.1.2.3.4　多变量多目标问题

统计工具,特别是相关矩阵,在多变量和多目标问题中对于评估变量和决策变量之间的相关性非常有用。通过将相关矩阵的概念扩展到统计分析中包含适应度函数,建立了一种强大的相关性评估方法,称为相关图。图 4.19 给出了这种图的一个例子,其中有一个三变量(VAR1,VAR2 和 α)和一个三目标(CL,CD 和 CM)问题要处理。为了清晰起见,这样的例子涉及气动优化的流线型模型的升力、阻力和力矩系数,其形状是使用两个几何变量(VAR1 和 VAR2)加上一个操作变量攻角 α 来描述的。首先可以看出,描述形状的两个自变量 VAR1 和 VAR2 是相关的,它们之间的关系大致是线性的。然而,这并不意味着 VAR1 和 VAR2 不重要,而是它们是相关的。这在处理复杂几何的参数化时很典型。相反,VAR1 和 VAR2 与攻角完全不相关,因为相关的散点图很稀疏,且饼图是空的。

此外,相关图有助于评估决策变量对目标函数的影响。至于自变量对气动力系数的影响,升力和俯仰力矩都高度依赖于入射角,如图 4.19 右侧对应饼图的填充部分所示。此外,这种关系是线性的,如图 4.19 左侧的散点图所示,这些散点非常接近对角线。有明显的证据表明,阻力系数 CD 与 α 有明显的相关性,尽管没有升力和力矩那么明显:虽然点云中存在一定程度的稀疏性,但是 CD 对 α 的抛物线型相关性在散点图上是可辨认的。最后,关于几何变量的影响,几何形状对阻力系数的影响显著。事实上,CD 值随 VAR1 和 VAR2 的变化趋势可以在相关的散点图中观察到(随着 VAR1 和 VAR2 的增加阻力减小)。另一方面,VAR1 和 VAR2 对升力系数的影响不大,对力矩的影响可以忽略不计。

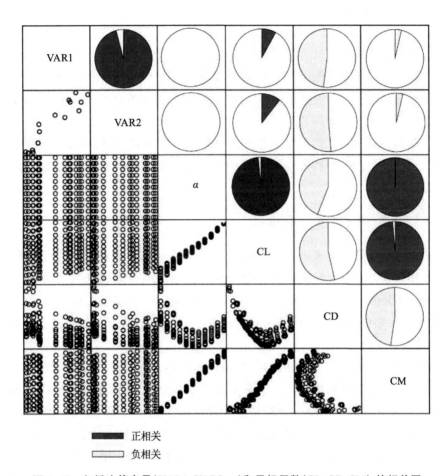

图 4.19　包括决策变量(VAR1,VAR2,α)和目标函数(CL,CD,CM) 的相关图

　　总之,相关分析有助于理解以下几点:

　　• 决策变量与适应度函数的相关程度,即检验两个变量之间因果关系的假设。与此相关的是,一个决策变量的值可以预测与适应度函数相关的一些性质,例如,基于相关系数的高绝对值,可获得局部最优性。需要注意的是,因为相关系数容易受到样本选择偏差的影响,所以可能导致错误的预测。最后,要注意的是,较小的相关系数值并不一定意味着决策变量和适应度函数之间相关性较差。为了获得完整的信息,散点图应该与相关系数一起检查。

　　• 成对决策变量之间的相关程度不一定能推断出因果关系。这一性质在优化问题中具有特殊的相关性,因为这里提出的相关方法应该只能对独立的决策变量使用。在这方面,值得一提的是,变量之间的高度相关性可能并不表明它们相互影响,而只表明它们可能受到一个或多个额外变量的影响。因此,相关分析总是有用的,例如,事先进行适当的优化,以突出决策变量之间可能的相关性。

4.2 压缩机和涡轮机

压缩机和涡轮机的空气动力学优化技术已经逐渐改变了当今这些机器的构思和设计方式。虽然传统的一维和二维方法已经在初步设计计算中建立了很好的基础,并且不断改进以获得更好的可靠性和更快的搜索空间探索,但三维研究已经发展起来,并在工业界和学术界以更详细的设计而闻名。

压缩机和涡轮机的设计仍然是非常复杂和涉及多学科的任务,其中气动热力学驱动越来越多地与机械、技术、结构和噪声相关的问题相结合。这种复杂性需要组织良好的、多标准的设计方法。

4.2.1 轴流、径向、多级压缩机

轴流式压缩机本质上是多级涡轮机械,广泛应用于压缩大质量流量的可压缩流体,每级压力跃变相对较低。由于它们的多排结构相比其他压缩机类型成本更高,其应用几乎普遍局限于:(i)工业厂房的大容量空气分离和处理装置;(ii)固定式和车载式燃气轮机。事实上,轴流式压缩机是当今大型燃气轮机(如喷气发动机、高速船舶推进器和大中型电站)的独特选择。

离心式压缩机通常被称为“径向”或“涡轮”压缩机,是工业厂房中用于提高可压缩流体工作压力的最常用的涡轮机械之一。常见的应用包括管道中的自然压缩、气动回路中的空气压缩、汽车发动机中的空气涡轮增压以及中小型燃气轮机中的空气压缩。类似于处理不可压缩流体的对照物,即离心泵,离心式压缩机用来处理相对于流量需要高升压的可压缩流体。多级结构也是众所周知的,在需要高压比时使用,比如在炼油厂、天然气加工、石化和化工厂中使用。由于这种设备涉及的功率很大,所以在各级之间通常采用中间冷却来控制空气温度,减少总功的吸收。

4.2.2 轴流式压缩机参数化优化模型和流动求解器

4.2.2.1 一维模型

初步的一维设计通常是在单个“设计块”上进行的(图4.20),在平均压缩机直径下,每个阶段都应用基本的热力学和流体动力学方程,其中使用半经验关联式进行性能预测。接下来,将压缩机的各级串联起来,建立忽略级间相互作用的压缩机整体性能。除平均直径处的一维流道定义外,设计者可以建立沿转子和定子半径的级参数分布。读者可参考Benini(2013)对压缩机设计的一维方法的详细描述。

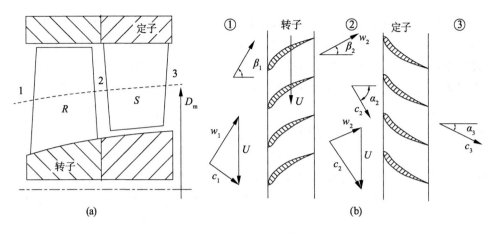

图 4.20　压缩机级(a)和跨中叶栅几何示意图(b)

图 4.21 给出了使用一维平均线压缩机模型进行预测的例子,其中作者计算了劳斯莱斯 HP9 压缩机级段(Ginder 和 Harris,1989)的图,并与已发布的试验数据进行了比较。

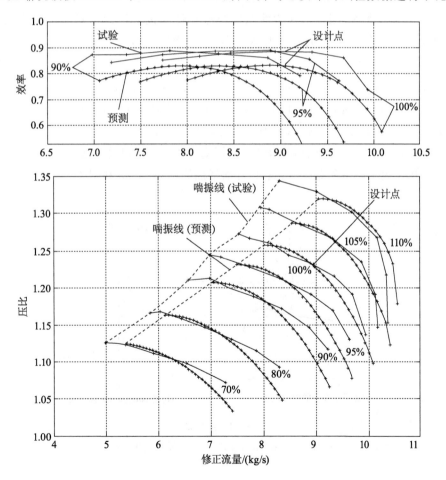

图 4.21　劳斯莱斯 HP9 压缩机的试验和预测图

　　尽管相对简单,但是基于级段叠加技术的平均线一维方法在压缩机级段的设计中仍然发挥着重要作用,Sun 和 Elder(1998)也证明了这一点。在他们的工作中,采用数值方法对多级轴流式压缩机(七级飞机压缩机)环境下的定子交错设置进行了优化,该优化采用逐级模型和动态喘振预测模型相叠加的方法。然后采用直接搜索的方法,结合序贯加权因子技术(SWIFT)优化交错设置,并在外部对目标函数进行偏置化,使其收敛速度加快。

　　Chen 等(2005)给出了一维模型在轴流式压缩机初步设计优化中的应用实例。在他们的工作中,提出了一个压缩机级的优化设计模型,假设轴向速度的固定分布已经给出。将转子的绝对进、出口角作为设计变量。得到了等熵效率与压缩机级的流量系数、功系数、气流角和反应度之间的解析关系。数值案例说明了各参数对压缩机级优化性能的影响。

4.2.2.2　二维模型

　　与一维设计过程不同的第二个初步设计是二维设计,它包括级联和通流模型,根据这两种模型,可以在必要时经过多次迭代后对设计和非设计工况下多级压缩机的性能进行调整。在这种情况下,直接和逆向设计方法都得到了成功的应用。在这种情况下,数值优化策略可能会有很大的帮助,因为所涉及的模型在计算机上运行相对简单。优化通常涉及与预测工具的耦合,例如叶片对叶片求解器和/或通流代码。

4.2.2.3　先进的通流设计技术(二维)

　　与一维方法相比,通流设计允许以更精确的方式配置压缩机的子午线轮廓以及所有其他级的特性。它们基于通流代码,利用叶栅关联来计算总压损失/流量偏差,这是一种二维无黏方程方法,用于求解在轴向-径向子午面上的轴对称流动(RE 方程组)(图 4.22)。施加一个分布式的叶片力来产生想要的流动转向,而堵塞因子是导致叶片厚度减小的原因,且可以合并摩擦力用于表示由于黏滞应力和热传导而增加的熵(图 4.23 和图 4.24)。

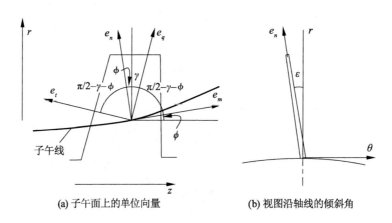

(a) 子午面上的单位向量　　　　(b) 视图沿轴线的倾斜角

图 4.22　坐标系

[资料来源:经 Korpela(2012)许可转载(原始资料中的图 A1),John Wiley & Sons©2012]

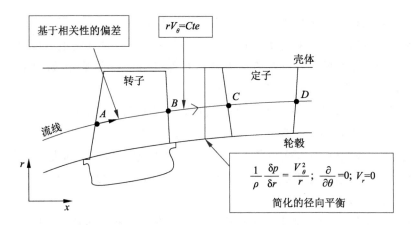

图 4.23　用于通流计算的域示意图

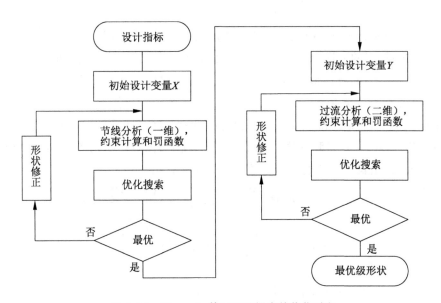

图 4.24　Massardo 等(1990)提出的优化过程

［资料来源：经 Massardo 等(1990)许可转载(原始资料中的图 1)，版权所有ⓒ1990 美国机械工程师协会］

　　为此，主要使用了三种方法：流线曲率 SLC 方法(或 SCM)(Novak，1967)、矩阵通流方法 MTFM(Marsh，1968)和流线通流方法(STFM)(Von Backström 和 Rows，1993)。SCM 允许模拟单个流线，沿着这些流线流动特性是守恒的，这使得这些方法相对容易实现，而且相当准确。相反地，在 MTFM 中采用固定的几何网格，使得沿每条流线的守恒性受到影响。然而，与 SCM 相比，采用固定的计算网格使 MTFM 在数值上更稳定。最后，STFM 由一种混合方法组成，它结合了 SCM 和 MTFM 的优点。

4.2.2.4　流线曲率方法

许多学者,尤其是 Novak 和 Hearsey(1977)描述了 SLC 通流计算的基本理论。全通流方法的基础是获得一个轴对称流动的解,这可以通过对圆周方向上的所有流动特性求平均值或通过求解平均叶片对叶片表面上的轴对称流动方程实现,正如 Denton(1978)所报道的那样,这两种方法得到的方程组是相同的。

根据轴对称假设,可以将一系列子午面流面定义为旋转面,假定流体在旋转面上流过机器。SLC 方法的基本原理是用准子午面上的曲率来表示这些流面的运动轨迹方程,即拟正交曲线方程,或 QOs(q),这些直线在子午面上的曲率与这些流面大致垂直。

所需要的是一个压力方程或沿翼展方向的任何等效性梯度。这可由 Korpela(2012)描述的运动方程中得出。

参考图 4.22,在子午面(a)上表示平均流面和垂直于机器旋转轴的视图(b),可以得到稳态流动加速度的表达式如下:

$$\boldsymbol{a}=\hat{e}_m V_m \frac{\partial V_m}{\partial m}-\hat{e}_n \frac{V_m^2}{r_c}+\hat{e}_\theta V_m \frac{\partial V_\theta}{\partial m}-\hat{e}_r \frac{V_\theta^2}{r} \tag{4.55}$$

其中,$r_c=\partial m/\partial \phi$是子午面上测量的通用流线的曲率半径(正值时,参考轴为 z 轴,流线是凹的)。单位矢量 $\hat{e}_n$ 的方向,位于平均壳壳流面倾向于径向角 ε,即倾斜角,垂直于子午面的方向向量 $\hat{e}_m$,$(\hat{e}_n,\hat{e}_\theta,\hat{e}_m)$形成右旋三元组。这是通过绕 $\hat{e}_\theta$ 轴的 ϕ 角的旋转得到的,因此当 $\phi=0$ 时,n 方向与径向坐标一致,m 方向与轴向坐标一致。值得注意的是,单位矢量 $\hat{e}_q$ 位于子午面上,表示所谓的准正交,其方向与流线垂直,且在计算过程中不发生变化。

当三元组$(\hat{e}_q,\hat{e}_t,\hat{e}_\theta)$被重写时,前面的方程变成下面的形式,沿着前面的单位向量分解,这个位于包含倾斜角叶片的平面上的三元组非常有用:

$$a_q=\sin(\gamma+\phi)V_m \frac{\partial V_m}{\partial m}-\cos(\gamma+\phi)\frac{V_m^2}{r_c}-\frac{V_\theta^2}{r}\cos\gamma$$

$$a_t=\cos(\gamma+\phi)V_m \frac{\partial V_m}{\partial m}+\sin(\gamma+\phi)\frac{V_m^2}{r_c}-\frac{V_\theta^2}{r}\sin\gamma$$

$$a_\theta=V_m \frac{\partial V_\theta}{\partial m} \tag{4.56}$$

这些分量现在可以插入无黏流动的欧拉方程:

$$\boldsymbol{a}=-\frac{1}{\rho}\nabla p+\frac{\boldsymbol{F}}{\rho} \tag{4.57}$$

结合热力学第一定律和沿着 q 方向微分的总焓的定义:

$$T\frac{\partial s}{\partial q}=\frac{\partial h}{\partial q}-\frac{1}{\rho}\frac{\partial p}{\partial q}, \quad \frac{\partial h}{\partial q}=\frac{\partial h_0}{\partial q}-V_m \frac{\partial V_m}{\partial q}-V_\theta \frac{\partial V_\theta}{\partial q} \tag{4.58}$$

产生:

$$\frac{1}{2}\frac{\partial V_m^2}{\partial q}=\frac{\partial h_0}{\partial q}-T\frac{\partial s}{\partial q}+\sin(\gamma+\phi)V_m \frac{\partial V_m}{\partial m}+\cos(\gamma+\phi)\frac{V_m^2}{r_c}-\frac{1}{2r^2}\frac{\partial(r^2 V_\theta^2)}{\partial q}+\frac{V_m}{r}\frac{\partial(rV_\theta)}{\partial m}\tan\varepsilon \tag{4.59}$$

该方程为 RE 方程,是所有 SLC 计算方法的基础。这个方程必须与连续性方程一起求解:

$$\int_{hub}^{casing} \rho V_m \cos(\gamma + \phi) w \, dq = \frac{m}{N} \tag{4.60}$$

其中,m 是总质量流量,N 是叶片的数量,$w = 2\pi r B / N$ 为相邻叶片之间的流面部分,B 为堵塞量,等于在理想流动中的单位量。B 会受到环空壁和叶片上边界层位移的影响,如果环向流动在圆周方向 θ 上不均匀,B 也会减少。

根据 Denton(1978)的研究,管道区域的沿准正交曲线分布的总焓、熵和角动量都是由这些沿流表面量的守恒得到的。在叶栅内,V_θ 可以从 V_m 中获得,主要通过施加的流动方向和叶片旋转以及使用叶片几何形状的相似换算或叶片对叶片的计算获得。在静叶通道或叶栅外,停滞焓 h_0 沿流线守恒,可由欧拉方程计算;在动叶片中,滞止焓 $I = h + W^2/2 - U^2/2$ 是守恒的。熵的变化可以通过损失的经验公式得到。一旦确定了焓和熵,应用连续性方程时所需的流体密度可由流体状态方程得到。

解 SLC 方程的方法相当专业化,下面举例说明,如 Cumpsty(1989)所述:

(1) 选择准正交位置;

(2) 猜测子午面上的流线形状,用准正交法计算交点处的流线曲率和流管收缩;

(3) 猜测准正交线和流线的每个交点处的轴面速度 V_m,并猜测沿第一条准正交线的流动特性;

(4) 利用叶片对叶片的计算或与指定几何形状和流动特性估计的相关性来计算流动出口方向和损失,然后沿准正交方向计算 V 和 p_0(图 4.23);

(5) 从第一个准正交项开始,利用当前估计轴面流线形状的方法,对 SLC 方程(2.3)右侧的项进行评估;

(6) 沿准正交方向对 $d(V_m^2)/dq$ 进行积分,得到带有任意常数或猜测常数的 V_m;

(7) 由连续性方程(2.4)计算出总质量流量,在预先设定的 V_m 分布中调整常数,得到规定的总质量流量,然后返回步骤(6),若无须调整则转到步骤(8);

(8) 对 V_m 积分,求准正交子午流线的新位置,使它们之间有正确的质量流,并存储此信息;

(9) 移动到下一个准正交,重复步骤(4)到步骤(8),然后在最后一个准正交之后转到步骤(10);

(10) 允许流线与准正交线的交点向步骤(8)中存储的新位置移动,但使用松弛因子保证稳定性,得到新的流线形状和曲率;

(11) 转到步骤(5),除非流线的移动小于收敛阈值,即子午解是收敛的,这种情况下转到步骤(12);

(12) 获得最终结果。

近年来,考虑到端壁效应和翼展的横向混合,这些方法通过四种空气动力学机制即湍流扩散、二次流湍流对流、翼型边界层流体的展向迁移、叶尾流中流体的展向对流

(Dunham,1997)实现。其他显著的结果包括将通流代码合并到 N-S 求解器中,以缩短计算阶段(Sturmayr 和 Hirsch,1999)。

利用通流代码可以得到精度很高的压缩机图。利用这些准则已在设计方法方面取得了显著的进展。其中,Massardo 等(1990)提出了一种轴流式压缩机级的设计优化方法。该过程允许对几何形状的完整径向分布进行优化,其目标函数是通过进行全通流计算获得的。此外,还举例说明了使用前面概述的程序对轴流式压缩机级进行重新设计和完整设计的这种可能性(图 4.24)。

Howard 和 Gallimore(1993)描述了一种用于轴流式压缩机设计的黏性通流方法,该方法包括端壁区域的轴面速度的缺陷。

Oyama 和 Liou(2002a,b)对一个四级压缩机给出了一个基于 SLC 通流代码的多目标进化设计优化的显著应用[图 4.25(左)]。在图 4.25(右)中,绘制了 Pareto 最优解图,显示出与基线设计压缩机相比的优势。同时,还得到了设计变量的全跨距分布,例如将叶片刚度作为最大化目标(见图 4.25)。

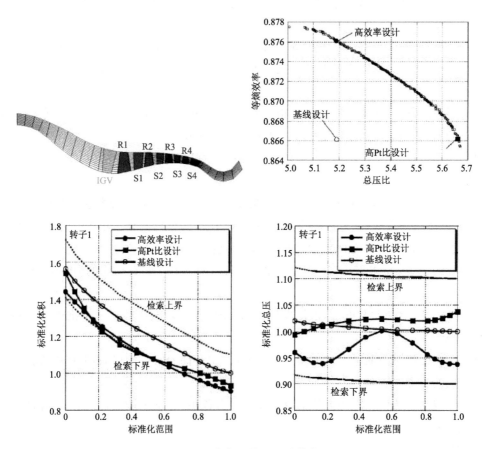

图 4.25　多级压缩机通流优化

[资料来源:经 Oyama 和 Liou(2002b)许可转载(原始资料中的图 6、图 7、图 8 和图 12),版权所有ⓒ 2002 美国航空航天学会有限公司]

4.2.2.5　高级级联设计技术(二维/准三维)

采用直接法和间接法进行先进的二维/准三维叶栅气动设计优化,可为压缩机的最大性能设计带来很大的好处。在直接方法中,首先建立叶片对叶片的几何形状(图 4.26),然后使用现有的流动求解器进行分析。接着进行形状修改,并对生成的几何形状进行评估,直到找到一个可接受的甚至是最优的配置。迭代方法非常适合这一目的,因此在这种方法的框架中经常使用优化循环。

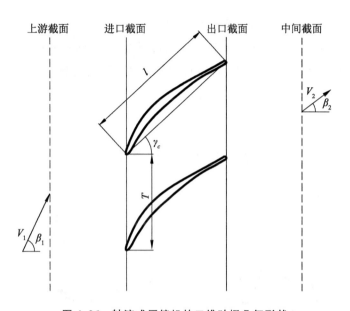

图 4.26　轴流式压缩机的二维叶栅几何形状

［资料来源:经 Benini 和 Toffolo(2002)许可转载(原始资料中的图 1、图 2、图 3、图 7),版权所有©2004 美国航空航天学会有限公司］

在压缩机叶栅中,压力的上升是由动压头的焓交换实现的(根据运动的类型,相对或者绝对),可以用以下无量纲压比来计算:

$$\mathrm{PR} = \frac{\bar{p}_2}{p_1} \tag{4.61}$$

其中,下标 1 和 2 分别表示叶栅上游和下游的流动情况(图 4.26)。另一方面,总压损失系数可由下式定义:

$$\omega = \frac{p_{02}^{is} - \bar{p}_{02}}{p_{01} - p_1} \tag{4.62}$$

其中,上标 is 为热力学过程的最终等熵状态,0 为总量。在前式中,叶栅下游的实际静压是根据混合输出状态假设(Drela 和 Youngren,1995)计算的。根据这一假设,在任意平面内流体的隐含状态可以从已知的静止条件、质量流速和角动量得到分析:

$$\bar{\rho}\bar{u}Tbr = \int \rho u b r \mathrm{d}\theta = \dot{m}$$

$$(\bar{\rho}\bar{u}^2 + \bar{p})Tbr = \int (\rho u^2 + p)br\mathrm{d}\theta$$

$$= \int [u + p/(\rho u)]\mathrm{d}\dot{m} - \rho_e V_e u_e \Theta b + p_e \delta^* bV_e/u_e$$

$$\bar{\rho}\bar{u}\bar{v}Tbr = \int \rho u v b r \mathrm{d}\theta = \int v\mathrm{d}\dot{m} - \rho_e V_e v_e \Theta b \tag{4.63}$$

其中,T 为角螺距,u 和 v 分别为轴向和切向速度分量,$V = \sqrt{u^2 + v^2}$ 为流速。Θ 和 δ^* 分别是叶栅出口平面的边界层动量厚度和边界层位移厚度(用下标 e 表示)。最后,b 是基本流管高度(图 4.27)。方程(4.3)中的混出量可用于计算下游的马赫数和总压。

$$\bar{M}_2^2 = \frac{\bar{\rho}_2}{r\bar{p}_2}(\bar{u}_2^2 + \bar{v}_2^2)$$

$$\bar{p}_{02} = \bar{p}_2 \left(1 + \frac{\gamma-1}{2}\bar{M}_2^2\right)^{\frac{\gamma}{\gamma-1}} \tag{4.64}$$

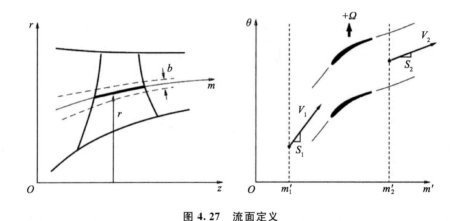

图 4.27 流面定义

[资料来源:Drela 和 Youngren(2008)]

在高性能轴流式压缩机的设计中,实现最大压力升程的测定是全关重要的。对于给定的进口气流角,当压力增加时,剖面往往会变得更弯曲或有更大的入射角,因此,吸力侧更容易受到不利压力梯度的影响而发生流动分离。在这种情况下,边界层内、尾迹区和分离流区产生的总压损失变得显著,它们在平均流中迅速对流。此外,高压上升与高进口角下大转弯所产生的高压差促进了湍流分离,使得截面倾角增大时失速攻角随着截面拱度的增大逐渐接近设计值。因此,压力上升和总压损失是相互联系的,两者中任何一项的改善都会对另一项产生显著影响;换句话说,设计的两个目标之间出现了冲突,因此压力上升和效率之间的权衡是不可避免的。

4.2.2.6　几何定义和参数化

利用 Wu 的 S_1 流面的概念,可以使用众所周知的坐标保角映射以准三维的方式定义一个通用的压缩机叶栅几何形状,见 4.1 节(图 4.27):

$$m' = \int \frac{\mathrm{d}m}{r} = \int \frac{\sqrt{\mathrm{d}r^2 + \mathrm{d}z^2}}{r} \tag{4.65}$$

处理这类问题的一个方法是通过使用贝塞尔参数曲线参数化翼型形状来优化翼型几何形状。一个有价值的选择是使用两条贝塞尔曲线(一条用于压力侧,另一条用于吸力侧)。构成贝塞尔多边形的 $N+1$ 个控制点定义了每条曲线。因此,压力侧(缩写为 PS)和吸力侧(缩写为 SS)笛卡儿坐标的一般表达式为

$$\begin{Bmatrix} x(t) \\ y_{PS}(t) \\ y_{SS}(t) \end{Bmatrix} = \sum_{i=0}^{n} C_{n,i} t^i (1-t)^{n=1} \begin{Bmatrix} x(i) \\ y_{PS}(i) \\ y_{SS}(i) \end{Bmatrix} \tag{4.66}$$

其中,$t \in [0,1]$ 为每条曲线的无量纲参数,$C_{n,i}$ 为系数,定义为

$$C_{n,i} = \frac{n!}{i!(n-i)!} \tag{4.67}$$

在翼型轮廓上的控制点坐标由下式定义:

$$x(i) = \begin{cases} 0 & i=0 \\ \dfrac{i-1}{n-2} & 0 < i < n \\ 1 & i=n \end{cases} \tag{4.68}$$

$$(y_{PS}(i), y_{SS}(i)) = \begin{cases} 0 & i=0 \text{ 或 } i=n \\ y_{CL}(i) \mp \delta(i) & 1 < i < n-1 \\ \delta(i) & i=1 \text{ 或 } i=n-1 \end{cases} \tag{4.69}$$

其中,$y_{CL}(i)$ 和 $\delta(i)$ 表示"主要"控制点的第 i 个分量,即几何剖面优化参数集(图 4.28)。这种方法的灵感来自一个众所周知的做法,即将曲面线与叠加在曲面线上的厚度分布相结合。如果这些剖面单独定义,则这种方法可以有效地避免由于压力面和吸力面相交而产生无用的剖面。前缘曲率和后缘曲率分别由位于 $x=0$ 和 $x=1$ 轴上的控制点来描述。利用该方法,可以很好地逼近前缘和后缘的弯度线方向:

$$\theta_{inl} = \frac{y_{CL}(1)}{x(2)}, \theta_{out} = \frac{y_{CL}(n-1)}{x(n) - x(n-1)} \tag{4.70}$$

所以入射角 $\alpha_1 - \beta_1 - \theta_{inl}$ 可以很容易地指定。

在给定的进口马赫数下,为了最大限度地增大压比和减小叶栅上的总压损失,必须首先确定进口和出口的流动倾斜角度。接下来,可以考虑在预先定义的叶栅工作范围内对最大允许总压损失进行约束,从而产生多点优化问题。例如,$\omega_i / \omega^* \leqslant 2 \forall i = 1, \cdots, m$,其中 ω_i 是叶栅在点 i 处的总压损失系数,ω^* 是参考总压损失系数(图 4.29)。

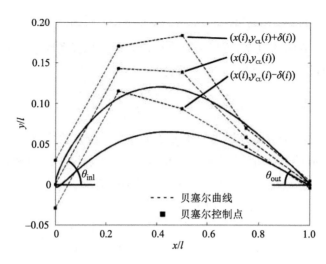

图 4.28　利用贝塞尔曲线对翼型进行几何参数化(正方形代表贝塞尔曲线的控制点)

[资料来源:经 Benini 和 Toffolo(2002)许可转载(原始资料中的图 2),版权所有©2004 美国航空航天学会有限公司]

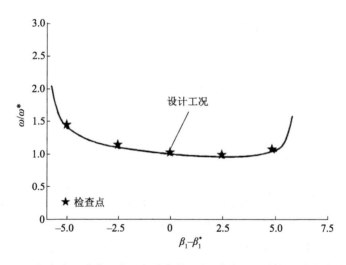

图 4.29　总压损失为设计点处进口气流角的函数(点表示约束评价中考虑的采样点)

[资料来源:经 Benini 和 Toffolo(2002)许可转载(原始资料中的图 3),版权所有©2004 美国航空航天学会有限公司]

操作范围的限制对流体动力和结构方面都有深刻的影响。它主要用于确定压缩机的可接受失速/喘振裕度。此外,它通过使前缘足够圆整和规则来间接控制前缘的形状,并解决了对具有足够结构强度的型材的几何搜索问题。这样的条件对于控制剖面的最大厚度绝对是有用的,这将限制在设计空间内探索非常规的解决方案。

当基线翼型几何的精确定义是可用的,即无须通过参数表示来重建它时,简单贝塞尔曲线的一个替代方法是使用位移场与基线几何的叠加:

$$\boldsymbol{P}_{\mathrm{mod}}(u) = \boldsymbol{P}_{\mathrm{base}}(u) + \boldsymbol{P}_{\mathrm{displ}}(u) \tag{4.71}$$

其中，u 是一个参数。

这种位移场可以用贝塞尔曲线的广义形式来定义，比如，基样条曲线，也称为 B 样条曲线。读者可以参考 Mortenson（1997）的工作来了解 B 样条曲线的详细解释及其数值实现。

B 样条曲线相对于简单贝塞尔曲线有很多优点，因为控制点的位置不影响曲线的全局，而且曲线的阶数不取决于控制点的数量。此外，在简单贝塞尔曲线中，加强 C2 的连续性（即曲线节点或断点处具有相同切线和相同曲率），一种叶片设计中常见的特性，其代价是控制点相互依赖。另一方面，如果定义正确，B 样条曲线确实具有 C2 连续性，如后面所示。

$$\boldsymbol{P}_{\mathrm{displ}}(u) = \sum_{i=0}^{n} N_{i,p}(u) \boldsymbol{P}_i \tag{4.72}$$

位移场通过 B 样条曲线定义如下：

其中，

- $\boldsymbol{P}_i$ 是 $n+1$ 个控制点。
- $N_{i,p}(u)$ 是定义在节点向量 $\boldsymbol{U}=(u_0, \cdots, u_m)$ 上的 p 次方 B 样条基函数多项式，该节点向量按升序有 $m+1$ 个节点。注意，u 可以定义在区间 $[0,1]$ 上，也可以根据需要重新调整。
- n, m 和 p 必须满足 $m=n+p+1$。其中，具有 $n+1$ 个控制点的 p 次方 B 样条曲线由 $n+p+2$ 个节点定义，即 $u_0, u_1, \cdots, u_{n+p+1}$。另一方面，如果给定一个 $m+1$ 个节点和 $n+1$ 个控制点的节点向量，则 B 样条曲线的阶数为 $p=m-n-1$。对应于节点 u_i 的曲线点 $C(u_i)$ 称为节点点。因此，B 样条曲线被划分为多个曲线段，每个曲线段都定义在一个节点区间上。

$$N_{i,1} = \begin{cases} 1 & u_i \leqslant u \leqslant u_{i+1} \\ 0 & \text{其他} \end{cases} \tag{4.73}$$

$$N_{i,p}(u) = \frac{(u-u_i) N_{i,p-1}(u)}{u_{i+p-1}-u_i} + \frac{(u_{i+p}-u) N_{i+1,p-1}(u)}{u_{i+p}-u_{i+1}} \tag{4.74}$$

- 基函数定义如下：
- u_i 是将参数变量 u 与控制点 $\boldsymbol{P}_i$ 联系起来的节点值。如果需要锁定（夹紧）曲线，使其分别与第一个和最后一个控制点的第一段和最后一段相切，则作为贝塞尔曲线，第一个节点和最后一个节点的重复度必须为 $p+1$。

B 样条基函数的阶数是一个输入值，而贝塞尔基函数的阶数依赖于控制点的个数。如果需要改变 B 样条曲线的形状，可以修改其中一个或多个控制参数：控制点的位置、节点的位置和曲线的阶数。如果每个基函数都是 k 阶的，那么当 $p \geqslant 3$ 时，C2 的连续性是有保证的，这一点证明起来相对容易。

4.2.2.7 流动求解器

4.2.2.7.1 二维、准三维非黏滞代码

在压缩机叶栅中进行快速二维和准三维叶片对叶片的计算，一个有价值的选择是使

用无黏性求解器,Giles 和 Drela(1987)已经实现了这样一个例子。这些代码已经证明,对于高亚声速入流条件下的可压缩流动($M < 0.85$)以及附加或适度分离的叶栅流动,都能给出令人满意的结果。然而,在处理超声速入流时,尽管这些公式中经常使用并成功地实现了激波捕捉方案,但由于代码的不稳定性可能会出现一些问题。

在这类代码中,采用了一种双区方法:基于等效无黏流间接求解黏性流,该等效无黏流是在包含边界层的位移流线之外进行猜测的。等效无黏流定义为局部无旋流,包含全部质量流;利用质量流缺陷建立了黏滞效应模型。等效无黏流的内边界被由边界层的位移厚度决定的壁面向外移动。

采用欧拉方程的稳态积分形式求解外部无黏可压缩流,其中 ds 为 C 边界上的无穷小段:

$$\oint \rho \boldsymbol{c} \cdot \boldsymbol{n} \, \mathrm{d}s = 0 \,(连续性)$$

$$\oint [\rho(\boldsymbol{c} \cdot \boldsymbol{n}) \boldsymbol{c} + p\boldsymbol{n}] \, \mathrm{d}s = 0 \,(动量) \tag{4.75}$$

$$\oint \rho \boldsymbol{c} \cdot \boldsymbol{n} h_0 \, \mathrm{d}s = 0 \,(能量)$$

对这些方程进行空间离散化,并在网格上求解。这种网格通常是这样组织的,它的单元的特征是至少有两个对立面位于流线上,以便在每个面上都有零质量流。这样,网格本身就是解决方案的一部分,从最初的试验到最终的收敛试验都是动态变化的(Giles 和 Drela,1987;Drela 和 Youngren,1995)。采用改进的线性化牛顿迭代法(包括高斯消元法),在每次迭代过程中得到近似的流场解。在每次代码迭代中,都会使用松弛技术更新流场变量和流线位置。

边界层流动采用积分边界层方法求解,该方法基于绝热、层流/湍流的普朗特微分方程,以局部流场和法向壁面坐标表示:

$$\frac{\partial(\rho u)}{\partial \xi} + \frac{\partial(\rho v)}{\partial \eta} = 0 \,(连续性)$$

$$\rho u \frac{\partial u}{\partial \xi} + \rho v \frac{\partial v}{\partial \eta} = \rho_e u_e \frac{\mathrm{d}u_e}{\mathrm{d}\xi} + \frac{\partial \tau}{\partial \eta} \,(动量) \tag{4.76}$$

其中,τ 是剪切应力(包括雷诺应力):

$$\tau = \mu \frac{\partial u}{\partial \eta} - \rho \overline{u'v'} \tag{4.77}$$

"e"表示边界层厚度处的边缘量。

动量方程的一个著名的积分解是由冯·卡门提出的:

$$\frac{\xi}{\theta} \frac{\mathrm{d}\theta}{\mathrm{d}\xi} = \frac{\xi}{\theta} \frac{C_f}{2} \left(\frac{\delta^*}{\theta} + 2 - M_e^2 \right) \frac{\xi}{u_e} \frac{\mathrm{d}u_e}{\mathrm{d}\xi} \tag{4.78}$$

其中,δ^*,θ 和 C_f 分别是位移厚度、动量厚度、表面摩擦系数:

$$\theta = \int_0^\infty \left(1 - \frac{u}{u_e} \right) \frac{\rho u}{\rho u_e} \mathrm{d}\eta, \delta^* = \int_0^\infty \left(1 - \frac{\rho u}{\rho u_e} \right) \mathrm{d}\eta, C_f = \frac{2}{\rho_e u_e^2} \tau_w \tag{4.79}$$

在非黏滞代码中,如 Drela 和 Youngren(1995)所提出的,使用一个附加的方程,与简单的 Thwaites 解相比提高了精度。该解直接由动量方程导出,预先乘以 u 速度分量,然后积分,得到动能积分方程:

$$\frac{\xi}{\theta^*}\frac{\mathrm{d}\theta^*}{\mathrm{d}\xi}=\frac{\xi}{\theta^*}2C_{\mathrm{D}}-\left(\frac{2\delta^{**}}{\theta^*}+3-M_e^2\right)\frac{\xi}{u_e}\frac{\mathrm{d}u_e}{\mathrm{d}\xi} \tag{4.80}$$

其中,

$$\theta^*=\int_0^\infty\left[1-\left(\frac{u}{u_e}\right)^2\right]\frac{\rho u}{\rho u_e}\mathrm{d}\eta,\delta^{**}=\int_0^\infty\left(1-\frac{\rho}{\rho_e}\right)\frac{u}{u_e}\mathrm{d}\eta,C_{\mathrm{D}}=\frac{1}{\rho_e u_e^3}\int_0^\infty\tau\frac{\partial u}{\partial\eta}\mathrm{d}\eta \tag{4.81}$$

边界量最初是由边界层外的欧拉解得到的,层流闭合允许边界层的层流区得到解,采用经验的福克纳-斯坎(Falkner - Skan)速度剖面系列(Giles 和 Drela,1987)提供的壁面闭合的方法,壁面湍流闭合采用双参数湍流平均速度剖面。出于这个目的,从 Swafford 以及 Giles 和 Drela(1987)提出的概况开始,到现在才有许多选择。在自由尾迹中,只要不考虑壁面系数,积分方程仍然有效。由于层流自由尾迹几乎不可能发生在翼型下游(速度剖面的弯曲促进湍流耗散),因此只需要使用湍流自由尾迹闭合关系(因此,湍流积分边界层方程中 $C_f=0$)。

这些代码中大多使用过渡准则(Drela 和 Youngren,1995)来预测边界层从层流到湍流的过渡区域。通常,众所周知的 e^n 方法的一些变体被用于这个目的。这种方法提供了预测自由跃迁的无限小波类扰动增长和衰减的方程。下一步,假设当扰动的累积振幅达到一定值时发生转变,该值即被选择作为指数函数的自然幂(例如,$\mathrm{e}^{10}\approx22\,000$)。

通过边界速度和密度,将外流与边界层耦合。

耦合通常发生如下情况:

· 首先,无黏表面流线从壁面偏移距离 Δn,该距离等于假定的边界层位移厚度 δ^*(图 4.30)。在尾流中,相关厚度 Δn 为吸力侧和压力侧在 TE 剖面处的 δ^* 总和,并根据动量方程向下游传播。

· 其次,局部无黏速度(图 4.30 中的 q)分量必须限制在边缘速度上,例如使用 $u_{e2}=0.5(u_i+u_{i-1})$ 或者在轻度分离流的情况下使用稍微不同的形式。

· 将边界层动量和动能方程线性化,并与由欧拉方程导出的固体壁面边界条件耦合。耦合方程组用牛顿法求解。

· 牛顿迭代法提供了边界层所有流量和积分性质的更新值。

· 重复进行这个过程,直到收敛。为便于收敛,在数量更新过程中可以采用欠松弛因子。

由于无黏解和黏性解是完全耦合的,可以同时求解,因此可以计算出含分离的流动。然而,它只能处理中度失速现象,因为对于大规模分离,迭代过程不收敛。考虑了流管高度的影响,并对局部超声速区域采用了"人工黏度"公式。使用质量、动量和能量守恒方程计算出相关流动参数,如出口流动角、压力上升和总压损失。空间离散通常采用带椭圆光顺的结构网格(I 型和 H 型)。

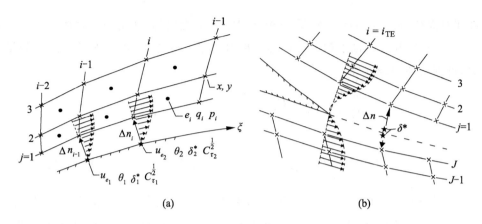

图 4.30　壁面边界层(a)和尾迹(b)无黏解及黏性解耦合的示例

[资料来源:经 Drela(1986)许可转载,©1986]

作为验证的例子,图 4.31 显示了 NACA65 型低速翼型叶栅在 $\beta_1 = 30°, \sigma = 1$ 以及 AVDR=1.0,当使用米塞斯代码得到 18°和 24°攻角时,压力侧和吸力侧的压力与马赫数分布(Benini 和 Toffolo,2002)。计算值与 Herrig 等(1957)发表的试验数据吻合较好。在大攻角条件下,将压比、总压损失和流动转角与试验值的关系进行了比较。在验证过程中探索的所有条件下,所得结果均令人满意。

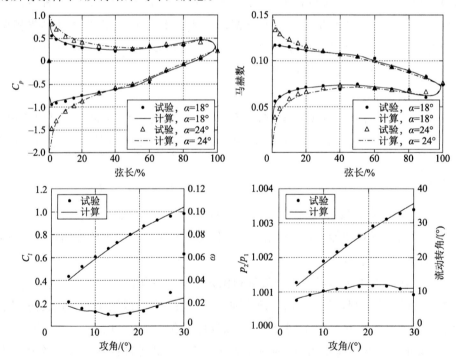

图 4.31　压缩机叶栅中米塞斯代码验证亚声速计算示例

[资料来源:经 Benini 和 Toffolo(2002)许可转载(原始资料中的图 7),版权所有©2004 美国航空航天学会有限公司]

4.2.2.8 三维模型

4.2.2.8.1 直接方法

采用直接方法设计三维压缩机叶片时,先进的优化技术对设计有很大的帮助。就计算成本而言,这些程序通常非常昂贵,因此,当使用一维和/或二维方法组合得到一个良好的初始解决方案时,可以在设计的最后阶段有效地使用这些三维设计程序。此外,为了在合理的工业时间周期内获得结果,需要大量的计算资源。

三维优化方法在确定转子和定子叶片的三维叠加线以获得最大的压缩性能方面特别有用。典型的目标包括最大效率、单级最大压比、喘振和失速之间的最大工作范围。众所周知,压缩机叶片流道内存在三维流动,其中包括黏性和非黏性效应,最终导致三维损失和熵的产生,从而对整体效率产生负面影响。实际上,在转子和定子叶片上应用气动扫掠和倾斜是提高压缩机级气动性能最重要的技术进步之一。气动扫掠和倾斜如图 4.32 所示:扫掠是指叶片截面沿局部弦线的运动,而倾斜是指垂直方向的变化(图 4.33 和图 4.34)。

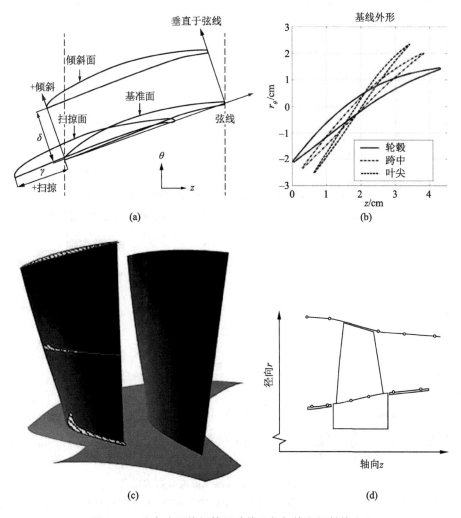

图 4.32 跨声速压缩机转子叶片几何扫掠和倾斜的定义

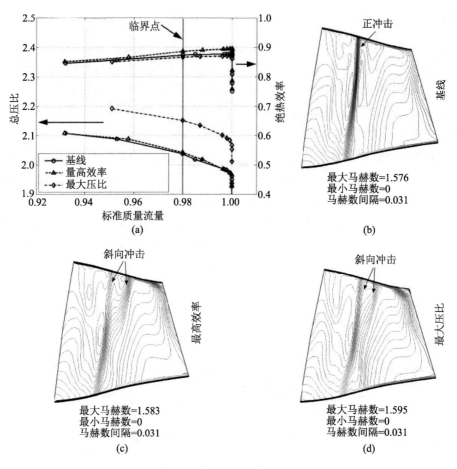

(a)

(b)

(c)

(d)

图 4.33　基线和优化压缩机配置的性能图和马赫数等值线

[资料来源:经 Benini 和 Toffolo(2004)许可转载(原始资料中的图 10),版权所有ⓒ2004 美国航空航天学会有限公司]

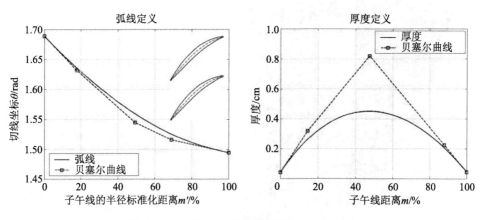

图 4.34　压缩机翼型弧线及厚度分布的定义

[资料来源:经 Benini(2004)许可转载(原始资料中的图 3 和图 7),版权所有ⓒ2004 美国航空航天学会有限公司]

扫掠和倾斜确实会对叶片环量和损失有影响。叶片扫掠影响叶片上靠近壁面处的载荷。特别是在亚声速压缩机叶片中,通过前掠的方式可以降低前缘叶尖区域的叶片载荷。这有助于降低对入射角和叶尖泄漏流的强度变化的敏感度。在跨声速压缩机转子中,前掠将激波向下移动到壳体附近,这有助于延迟涡旋破坏,从而提高压缩机的稳定性。另一方面,一些研究表明,当叶片在切向适当弯曲时,使用倾斜叶片可以明显改善转子的整体性能。特别是将叶片向旋转方向倾斜,已经证明了其提高转子整体效率的可能性。其出发点是找到合适的参数化技巧来描述和转换几何模型。

4.2.2.8.2 直接方法优化

Lee 和 Kim(2000)提出了一种利用三维 N-S 求解器求解轴流式压缩机叶片形状的优化方法。对于数值优化,采用最陡下降法和共轭方向法确定搜索方向,并采用黄金分割法确定搜索方向上的最优移动距离,优化的目标是使效率最大化。在其他参数不变的情况下,通过优化堆积线,设计了一种高效的三维叶片。

Sieverding 等(2004)给出了一个工业压缩机叶片的先进三维设计实例,其中将参数几何法、叶片对叶片求解器和优化技术(如 GA)联系在一起。与采用 NACA65 型线的基线设计相比,优化后的压缩机型线有更大的适用范围。

Benini(2004)提出了一种三维压缩机转子叶片的多目标设计优化方法,该方法最大限度地提高了设计点的等熵效率和压比(图 4.33)。采用三维 RANS 方程和多目标进化算法对优化问题进行求解。压缩机叶片形状通过三个跨度面轮廓(轮毂、跨中和叶尖)进行参数化,每个跨度都由弧度和厚度分布来描述,这两个分布都是使用贝塞尔多项式定义的(图 4.34)。

4.2.3 离心式压缩机的优化

离心式压缩机目前的设计目标是在相对较低的质量流量下实现较高的级压比。与过去采用的解决方案相比,在压比和效率方面,先进的新设计显示出更好的性能(Japikse,2000)。其中,压比最高的压缩机效率最低,反之,效率最高的配置压比必然最低。在许多情况下,设计人员可能会在效率和压比之间取最佳折中,这样可以实现:一个新的空气动力学设计的质量是根据多个目标来衡量的,也就是说,这样的设计问题本质上是多目标的。在这种情况下,使用进化算法可能会有很大的帮助,因为它们采用了优化问题的一组候选解决方案,所以适合于捕捉多个设计目标之间的整个权衡。

关于离心式压缩机部件的先进设计方法和优化设计技术的应用在公开文献中有很多。Al-Zubaidy(1990)将准三维流动分析程序与确定性优化算法耦合,以确保压缩机叶轮的流动路径上存在可接受的扩散。Zangeneh 等(1999)采用了一种三维逆设计方法,目的是抑制二次流,并间接扩大压缩机的稳定范围。Yiu 和 Zangeneh(1998)提出了一种"混合"三维逆设计方法,并结合 CFD 的直接方法来最小化叶轮叶片的损失。最近,Cosentino 等(2001)使用 GA 和人工神经网络来提高离心式压缩机叶轮的效率。Bonaiuti 和 Pediroda(2001)应用 GA 使离心式压缩机叶轮的效率最大化,并分析了每个最常见的设计参数对优化目标的影响。Bonaiuti 等(2002)利用试验设计技术开发了一种跨声速压缩机叶轮效率最大化的优化技术。Benini 和 Tourlidakis(2001)展示了如何使用多目标进化技术来优化离心式压缩机的叶片扩压器。Zangeneh 等(2002)应用三维逆设计方法改进了离心式压缩机叶片扩压器的叶片几何形状设计。

下面介绍的三维方法能够帮助离心式压缩机的设计人员在有约束条件的情况下实现多目标优化。

4.2.3.1　三维模型

离心式压缩机叶片的三维流动和黏性效应的作用是非常基础的,也是在优化设计中想要获得最大的性能必须考虑的。为此,CFD 可以提供关于叶片流道内三维流场的非常有用和详细的信息。然而,利用 CFD 来改善压缩机性能有时是困难的,因为很难知道如何从数值结果中有效地推断信息来修改叶片几何形状,使其朝着最优解的方向发展。接下来描述一种完全三维的直接方法,它能够帮助离心式压缩机叶轮的设计人员在有约束条件的情况下完成所需的目标。

在恰当描述优化问题之前,必须建立叶轮和扩压器的参数形状模型。在现代离心式压缩机的气动设计中,需要考虑的几何参数数目往往很大,使得决策问题难以解决。设计仍然表现出冗长和重复迭代的特点,即使对一个有坚实的物理基础和最好的 CFD 技术的经验丰富的设计人员来说,仍然会出现这样的情况,特别是所有设计参数对压缩机整体性能的影响几乎不可能提前预测的时候。此外,了解如何将参数联系在一起以确定所有的设计值仍然是一个很困难和多维度的问题,需要先进的数学模型。另一方面,当设计中要考虑多个目标时,问题的复杂性会急剧上升。

径向叶轮的三维几何通常是按照 Casey(1983)提出的有效方法来定义的。该方法利用指定阶的伯恩斯坦-贝塞尔(Bernstein-Bézier)多项式来描述子午通道和叶片表面通道的几何形状。

在子午通道,五阶贝塞尔曲线通常可以提供叶轮 $r-z$ 平面的非常准确的通流路径几何形状:通常情况下,两条极限曲线被参数化,也就是说,一个用于前盖板,一个用于后盖板(图 4.35),它们的表达式如下:

$$\begin{Bmatrix} r \\ z \end{Bmatrix}_m = \sum_{k=0}^{5} B_k^5(t) \cdot \Gamma_K = \sum_{k=0}^{5} \binom{5}{k} t^k (1-t)^{5-k} \begin{Bmatrix} r(k) \\ z(k) \end{Bmatrix} \tag{4.82}$$

在子午面上,叶轮参数化一般采用五层结构来完成。后盖板和前盖板曲线分别命名为层"1"和层"5"。中间层 2~4 在子午通道中定义为等间距的跨分数层,可以详细定义三维叶片形状。参数的数量通常足够去探索几何构型的广泛范围,与此同时,参数的数量适合于从设计人员更容易获得的数据中复制子午通道,如叶轮后盖板和前盖板半径以及叶轮截面的轴向和径向长度。

在叶片表面通道中,可以利用贝塞尔曲线和样条曲线来描述叶片在某一层上(即在叶片对叶片表面的轨迹上)的基本定义参数,作为 m 和 m' 的子午坐标函数。这样做的优点是使压缩机叶轮表面易于参数化操作,并给出连续的高阶导数。

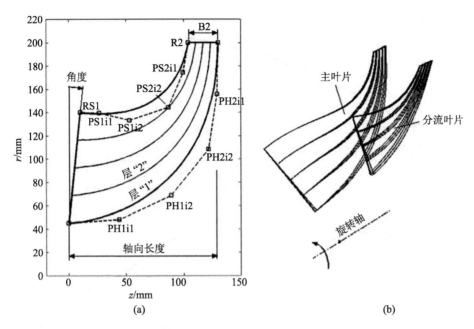

图 4.35 （a）叶轮子午流道的参数化以及（b）用参数化代码得到的一对主叶片和分流叶片实例

叶轮叶片的剖面通常采用以下操作顺序来参数化：

（1）轮廓曲线是使用位于与每层相对应的共形平面 m'-θ 上的五阶贝塞尔曲线来定义的，这样在每个单叶片上总共有五条曲线。每条曲线确定了从前缘到后缘的剖面曲线角 θ 分布（图 4.36a）。

（2）叶片厚度分布采用每条曲线的五阶贝塞尔曲线作为共形子午线距离 m' 的函数来指定（图 4.36b），并将其叠加到叶片曲线上，得到实际的廓线坐标。前缘的形状为圆弧或椭圆，后缘的形状则被切断。然而，在大多数设计情况下，每层圆形前缘叶片的恒定厚度分布，以及从后盖板到前盖板的线性跨向厚度分布足以满足空气动力学和结构目的。

（3）分流叶片是位于主叶片之间的叶片，用于附加流量控制和减少主叶片负荷。在这里描述的程序中，分流叶片的角度、子午线和厚度的定义"依赖于"主叶片。接着，使用偏移坐标来指定分流叶片的圆周位置（从 0 到 1），通过使用主叶片间角距来指定。一旦指定了 m'_{spl}/m' 的值，即在子午面上的一个起点，分流叶片的弧面线就可以简单地由主叶片的弧面线导出。分流叶片的厚度分布由主叶片的厚度分布得到，即两条叶片曲线上半径相同的点具有相同的厚度。

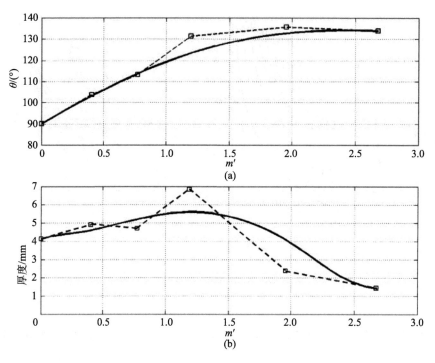

图 4.36   用贝塞尔多项式对叶片曲线(a)和厚度分布(b)进行参数化的示例

这里概述的程序能使用 14～16 个参数生成成对的非常好的叶片形状。图 4.35b 显示了用这种方法得到的一对叶片(主叶片和分流叶片)的例子。使用参数化贝塞尔曲线使叶片形状的定义简单而直接,并且可获得非常规则和光滑的表面,这些表面可以使用气动和结构代码进行检查。

4.2.3.2   CFD 分析

人们普遍认为 CFD 将在开发有效的设计优化技术中发挥重要作用(Japikse,2000)。商业代码在学术界和工业界的广泛应用是一个巨大的贡献,前提是它们必须事先经过严格的验证。

Tsuei 等(1999)的一篇论文报告了两个著名的商业代码(Pushbutton CFD[1],源自 Dawes 的代码 BTOB3D,以及 NUMECA 的 FINE/Turbo[2])的验证结果。这项研究的相关结果是,透平机械的大部分重要影响可以用一个只有 30 000 个节点的粗网格来捕获。因此,在优化问题中经常使用相对简单的三维 CFD 模型来计算压缩机叶片内的流动。CFD 代码通常根据试验结果进行验证,例如,著名的 Eckardt 压缩机叶轮"0"(Eckardt,1975,1987,1979;Eckardt 和 Trültzsch,1977)。

$49 \times 30 \times 21 = 30\ 870$ 个节点的单块网格可以用于敏捷优化运行(图 4.37c, d)。标准

---

①   Pushbutton CFD 是 Concepts ETI 公司的一个模块。

②   FINE/Turbo 是 NUMECA 国际公司的一个模块。

k-ε 湍流模型可以与标准壁函数一起使用(前盖板边缘的雷诺数 $Re_w = 7.0 \times 10^6$ 和后盖板边缘的雷诺数 $Re_w = 1.0 \times 10^6$)。参数 y^+ 沿着叶片和端壁区域保持在 50 到 100 之间。如果叶轮模型没有叶顶间隙,可能会出现一些效率过高的预测。CFD 计算结果与实测数据吻合较好。在设计转速下,总压比的计算结果与 -3%(节流)~ $+1\%$(喘振)的实测数据吻合较好。当转速为 16 000 r/min 时,计算精度在 -4%(节流)~$+0.5\%$(喘振)范围内,但仍在试验数据的不确定度范围内。在转子效率方面,该代码在所研究的所有条件下均表现良好,最大误差在 0.5% 左右。值得注意的是,该代码捕获了操作范围内的真正效率模式。使用 $100 \times 50 \times 20 = 100\ 000$ 个节点的网格重复验证测试,没有明显的精度提高。此外,计算也使用了 k-ε 湍流模型,但没有实际好处,且计算时间增加 1.5 倍。这说明对于设计而言,具有相对粗糙网格、没有奇异数值特征的商业代码可以有效地支持优化过程。

图 4.37a 和图 4.37b 给出了使用 20 043 个节点的非结构化四面体网格进行验证的结果。CFD 结果与所探索的所有条件下的实测数据吻合较好。验证过程的结果表明,虽然涉及特定的几何形状,但可以用相对简单的 CFD 模型和适度粗糙的网格来预测压缩机叶轮的性能。

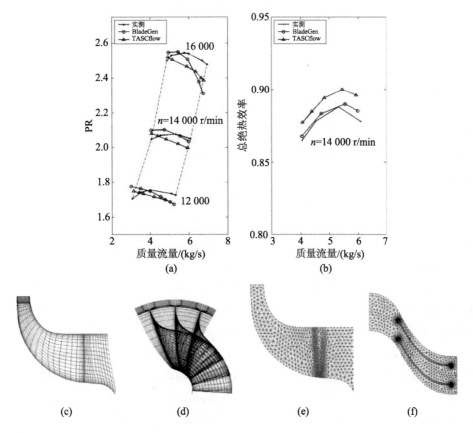

图 4.37 **Eckardt 叶轮"0"压比(a)和等熵效率(公称转速下)(b)的试验结果与计算预测的对比,**
结构化网格(c~d),非结构化四面体网格(e~f)

4.2.3.3　多目标优化问题和结果

利用前几节所述的方法,得到了在效率和压比两方面对 Eckardt 叶轮的性能起主导作用的 Pareto 最优解集(POS)。虽然 Eckardt 叶轮可能不能代表当今使用的一些较先进的设计,但它为比较提供了良好的基础,并为解释优化结果提供了坚实的基础。Eckardt 叶轮现在被称为"参考"叶轮或"原始"设计。表 4.1 列出了决策变量及其各自的变化范围。在优化过程中,考虑了以下边界条件。在叶轮进口处,施加总压和总温($p_{01}=101\,325$ Pa,$T_{01}=288.1$ K),并假设流动为无旋流。由于原始叶轮的设计操作是远离扼流条件,因此质量流量被分配在叶轮出口($\dot{m}=5.31$ kg/s),转速固定在 14 000 r/min。为了保证一个可接受的工作范围,对实际喉部面积进行了约束,并使用简单的控制函数进行处理。在此优化中,没有考虑分流叶片。

表 4.1　决策变量的设计约束(缩写参见图 4.32)

子午面参数				叶片对叶片参数			
参数名称	最小值	最大值	位数	参数名称	最小值	最大值	位数
RH1/mm	45	45	7	NumBlades	15	25	7
RS1/mm	140	140	7	BetaS1/(°)	58	65	7
Angle/(°)	−5	15	7	Beta2/(°)	−3	40	7
R2/(°)	200	200	7	ThetaH2/(°)	43.838	43.838	7
B2/(°)	20	30	7	ThetaS2/(°)	43.226	43.226	7
Axial length/mm	112.7	150	7	Lean/(°)	−30	30	7
PH1i1_z/mm	44.611	47.27	7	mH1/%	14.7	15.1	7
PH1i1_r/mm	45.87	47.88	7		13	14.2	7
PH1i2_z/mm	86.3	102.16	7	mH2/%	73	73.7	7
PH1i2_r/mm	55.25	85.9	7		73.8	74.3	7
PH2i2_z/mm	102.36	142.7	7	ThetaH1i2_m/(°)	28.7	31.1	7
PH2i2_r/mm	98.13	106.81	7	ThetaH1i2_h/(°)	19.394	29.515	7
PH2i1_z/mm	112.07	148.31	7	ThetaH2i2_m/(°)	44.1	54.2	7
PH2i1_r/mm	152.7	163	7	ThetaH2i2_h/(°)	16.675	43.788	7
PS1i1_z/mm	23.17	23.17	7	ThetaS1i2_m/(°)	30	30.2	7
PS1i1_r/mm	140	140.04	7	ThetaS1i2_h/(°)	17.06	34.171	7
PS1i2_z/mm	42.9	50.17	7	ThetaS2i2 m/(°)	46	51.6	7
PS1i2_r/mm	142.8	145.15	7	ThetaS2i2_h/(°)	25.53	40.711	7
PS2i2_z/mm	71.2	71.62	7	ThicknessH/mm	3.5	3.5	7
PS2i2_r/mm	142.4	152.3	7	ThicknessS/mm	1.5	1.5	7
PS2i1_z/mm	79.13	117.33	7	PitchFract	0.5	0.5	7
PS2i1_r/mm	123	178.5	7	Lecutoff/%	0	0	7

在优化过程中,10 个个体共被使用了 120 代。优化运行产生了一组在设计点整体性能更好的叶轮。图 4.38 为最终得到的 Pareto 最优解。图中还对 Eckardt 叶轮的性能进行了数值分析,以供参考。右侧的 Pareto 解包含压比最高的个体;左侧的 Pareto 解包含效率最高的个体。值得注意的是,对于几乎相同的压比,有一个属于 POS 的解,与参考叶轮相比效率更高。该叶轮被命名为叶轮"B";效率最高的叶轮被命名为叶轮"A"(这些名称纯粹是传统的,不能与经过 Eckardt 测试的叶轮"A"和"B"混淆)。这些叶轮的子午通道和叶片曲线分布分别如图 4.39a 和图 4.39b 所示。图 4.40 为三个叶轮的实体模型。

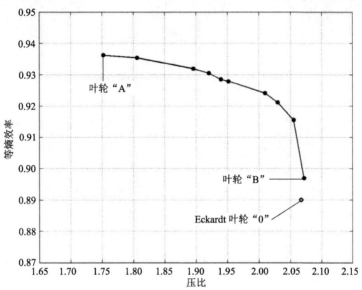

图 4.38　经过优化和原叶轮设计得到的 Pareto 解(实线)

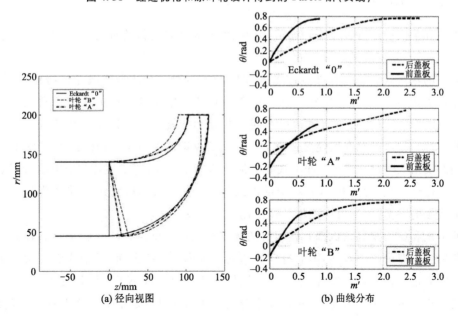

(a) 径向视图　　　　　　(b) 曲线分布

图 4.39　原叶轮与优化叶轮的比较

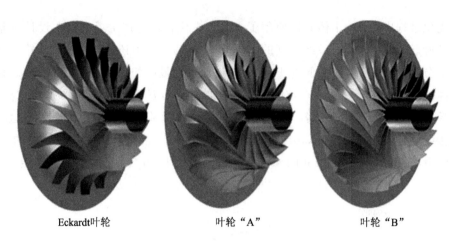

Eckardt叶轮   叶轮"A"   叶轮"B"

图 4.40 原叶轮与优化叶轮的实体模型

叶轮"A"的子午几何形状与参考叶轮非常相似。然而,出于后掠的原因,其压比要低得多。前缘为前掠型,剖面叠加不再是纯径向的:叶片明显地在前缘和后缘沿旋转方向倾斜(相对于切向分别为+11°和+17°)。优化后的叶片切角变化不大,但曲面曲率明显减小。叶片的数量减少到 18。这种改性决定了叶片压力面和载荷的显著变化。

叶轮"B"的压缩比与参考叶轮的压缩比相似(事实上,它有径向端叶片),但表现出更高的效率。尽管增加了叶片数量(24 vs. 20),但该叶轮利用了前缘和后缘(相对于切向分别为+10°和+13°)的倾斜轮廓。叶轮具有大量的前掠前缘和不同的子午流道曲率。叶型的曲率主要集中在后缘。

4.2.4 涡轮机

气体和蒸汽扩压管根据平均流道结构大致分为轴向流和径向流(流入和流出)通道。

4.2.4.1 轴流式涡轮机

常用的轴流式涡轮机有轴流冲击式和反击式两种。在冲击式涡轮机级中,气体或蒸汽只在喷嘴排中膨胀,并且旋转叶片仅由于叶片通道中流动方向的改变而移动。在反击式涡轮机级中,蒸汽膨胀和加速过程在固定叶栅和旋转叶栅通道中大致相同。叶片间的有效能(焓降)与级的总有效能之比称为反应度或反动度。对于纯轴向冲击式级,$R=0$;对于典型的反击式级,$R=0.5$。冲击式级的最佳速度比(周向转速与对应级的可用能量的假想蒸汽速度之比)约为 0.47。对于反击式级($R=0.5$)而言,每级最佳焓降是相同直径的冲击式级的一半(因为可用能量与速度比的平方成正比)。

冲击式和反击式涡轮机都有其固有的优点和缺点。反击式叶片由于具有较低的平均速度和较强的蒸汽流收敛性,因而有较好的内部效率。另一方面,反击式级通常有更大的蒸汽泄漏通过级密封。此外,由于反击式级的最佳可用能量小于相同尺寸的冲击式级,因而与具有相同蒸汽条件和输出功率的冲击式涡轮机相比,反击式涡轮机有更多的级数。反击式涡轮机还具有较大的轴向推力,这需要特殊的设计对策。

4.2.4.2　出水式和进水式涡轮机

在纯径向出水式涡轮机中,流体通过安装在单盘上的一级或一系列级沿轴向平行于其旋转轴进入涡轮盘,并沿径向向外扩展。最后,径向流通过蜗壳排出。从涡轮机做功的欧拉方程的计算结果可以清楚地看出,当流体膨胀时,由于圆周速度的减小,径向流出结构每级的比功较低。

在径向进水式涡轮机(图 4.41)中,向心流体的流动和很高的叶尖速度值使做功量达到最大。与轴流式涡轮机相比,它们有一些优势,因为它们在减小到非常小的尺寸时,能保持相对较高的效率,并且能够处理较高的压比。涡轮增压器中使用的径向涡轮机的压比可以达到 4∶1,但在某些应用中,例如在发电系统中使用时,压比可以达到 6∶1。此外,径向进水式涡轮机通常比轴流式涡轮机便宜得多。然而,当涉及湿蒸汽时,径向进水式涡轮机由于水相的形成受到了极大的限制。这就限制了从机械设备中有效地排出水的机会,因为水在任何时候都倾向于离心,从而可能发生流道阻塞。

4.2.4.3　轴向一维

尽管在计算流体力学领域取得了显著的进展,但基于经验损失和偏差相关性建立的平均线模型仍然是预测涡轮机级性能最可靠和有效的工具之一。由于计算的成本几乎可以忽略不计,所以这在初始设计阶段特别有用,可以使用任意数量的决策变量快速探索搜索空间。此外,在处理多点优化问题时,平均线模型的使用提供了很大的帮助(图 4.41)。

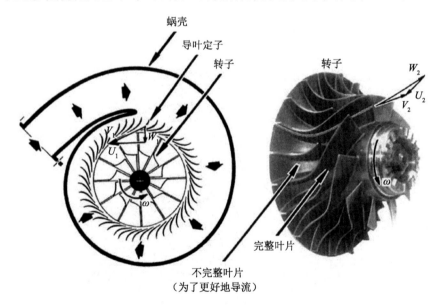

图 4.41　径向进水式涡轮机的剖面图

［资料来源:Baskharone(2006)］

在平均线代码中,速度三角形和热力学转换是使用欧拉功表达式逐级计算的,并使用修正的损失和偏差相关性进行性能估计(图 4.42)。因此,要推导和评估出初步的涡轮机截面和流动路径几何形状。

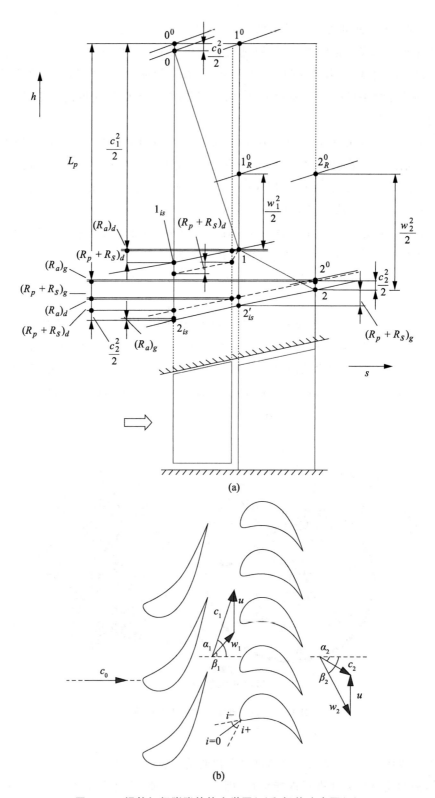

图 4.42　涡轮机级膨胀的热力学图(a)和相关速度图(b)

尽管对损失和偏差相关性的详细描述远远超出了本节的范围,但有必要了解基本流动现象和相关决策变量,相关决策变量通常在基于一维代码的优化框架中处理。

文献中有几种基于代数模型和查找表(来自经验数据)的损失模型,用于使用平均线方法计算涡轮机级的性能。然而,由于没有关于它们的明确的使用依据,在这项工作中使用的损失公式的选择是基于 Benini 等(2008)和 Wei(2000)给出的指示。其中,Ainley 和 Mathieson(1951)建立的各级性能预测模型,由于其简单性和较高的准确度而得到了广泛的应用。

在 Ainley 和 Mathieson 模型中,一般涡轮机叶栅中的总压损失(in=叶栅进口,out=叶栅出口)由(i)叶型损失、(ii)二次流损失和(iii)叶尖间隙损失给出:

$$Y = \frac{p_{\text{in}}^0 - p_{\text{out}}^0}{p_{\text{in}}^0 - p_{\text{in}}} = Y_{\text{p}} + Y_{\text{s}} + Y_{\text{ti}} \tag{4.83}$$

叶型损失由设计工况下发生的损失乘以入射系数得出,该入射系数的值是针对非设计工况运行给出的:

$$Y_{\text{p}} = \chi_i \left\{ Y_{\text{p}(\alpha_{\text{in}}'=0)} + \left(\frac{\alpha_{\text{in}}'}{\alpha_{\text{out}}} \right)^2 \left[Y_{\text{p}(\alpha_{\text{in}}'=0)} - Y_{\text{p}(\alpha_{\text{in}}'=\alpha_{\text{out}})} \right] \right\} \left(\frac{s_{\max}/l}{0.2} \right)^{\frac{\alpha_{\text{in}}'}{\alpha_{\text{out}}}} \tag{4.84}$$

其中,$Y_{\text{p}(\alpha_{\text{in}}'=0)}$ 是发生在零攻角下的叶型总压损失,叶片进口角 α_{in}' 等于 $0°$,α_{out} 是出口气流角,$s_{\max}$ 是最大翼型厚度,l 是型面弦长,α_{out}(出口气流角)由 α_{out}'(叶片出口角)通过卡特规则决定。攻角损失系数 χ_i 通过估计剖面失速情况计算。对形状和雷诺效应进行修正,二次流损失的估算公式如下:

$$Y_{\text{s}} = \lambda \left(\frac{C_L}{t/l} \right)^2 \frac{\cos^2 \alpha_{\text{out}}}{\cos^3 \alpha_{\text{m}}} \tag{4.85}$$

其中,

- $\lambda = (A_{\text{out}}/A_{\text{in}}) / [1 + D_{\text{hub}}/(D_{\text{hub}}+2b)]$,$A_{\text{in}}$ 和 A_{out} 分别为进、出口叶片通道面积在垂直于流动方向上的投影,D_{hub} 为平均轮毂直径,b 为叶片的平均高度。

$$\alpha_{\text{in}} = \arctan \left(\frac{\tan \alpha_{\text{in}} + \tan \alpha_{\text{out}}}{2} \right)$$

- C_L 是叶型的升力系数,定义为 $C_L = 2 \frac{t}{l} (\tan \alpha_{\text{in}} - \tan \alpha_{\text{out}}) \cos \alpha_{\text{m}}$,$t$ 是叶片间距。

叶尖间隙损失可表示为

$$Y_{\text{ti}} = B \frac{\tau}{h} \left(\frac{C_L}{t/l} \right)^2 \frac{\cos^2 \alpha_{\text{out}}}{\cos^3 \alpha_{\text{m}}} \tag{4.86}$$

其中,

- τ 是开式叶片径向叶尖间隙。
- h 是环空高度。
- B 是一个参数,对于闭式叶片和开式叶片,B 分别为 0.25 和 0.5。

需要进行进一步的计算来确定第二类损失(见表 4.2),其将影响涡轮机轴上可用的最终功量,从而影响总体级效率,后面将更好地加以说明。

一旦经过适当的验证(Benini 等,2008),平均线模型就可用于在单点和多点优化的优化循环中操作基本决策变量。Pellegrini 和 Benini(2013)给出了一个例子,其中评估了以下决策变量对涡轮机效率和比功的影响:

- 定子叶片出口角 α_{1c};
- 定子叶栅稠度 σ_S;
- 转子叶片进口角 β_{1c};
- 转子叶片出口角 β_{2c};
- 转子叶栅稠度 σ_R。

其中,叶栅稠度主要影响偏转角、壁面摩擦损失和失速行为,而叶片角度主要影响定子-转子相互作用、失速行为和转子出流条件。

与该模型一起使用的典型目标函数有:

涡轮级比功 $L = h_0^0 - h_2^0$;

总静效率 $\eta_{ts} = \dfrac{h_0^0 - h_2^0}{h_0^0 - h_{2,is}}$。

问题的一个关键是所选择的目标函数是相互冲突的目标;实际上,假设 u 为常数,比功可以表示为

$$L = u \cdot (c_{u1} - c_{u2}) = u \cdot (w_{u1} - w_{u2}) \propto \varepsilon_R \tag{4.87}$$

然而,正如 Craig 和 Cox 损失相关性所证实的那样,高挠度(ε_R)与高叶型损失和高二次流损失相关:这意味着比功的增加会导致效率降低。该问题的解决方案将确定决策变量的值,这些值可以使效率和比功之间达到最佳平衡。

表 4.2 涡轮机损失(Craig 和 Cox,1970)

组 1	组 2
导叶叶型损失	导叶泄漏损失
转子叶型损失	平衡孔损失
导叶二次流损失	转子叶尖泄漏损失
转子二次流损失	拉筋损失
导叶环流损失(搭接、空腔内)	湿度损失(两相流发生时)
转子环流损失(搭接、空腔和环带内)	圆盘偏差损失,由部分入流造成的损失

4.2.4.4 案例研究:轴流式涡轮机级的多点优化

选择文献中称为 E/TU-3(AGARD AR 275)的测试案例,使用 1D 方法评估多点方法在多目标场景中的应用。E/TU-3 是一种亚声速单级燃气轮机,其几何参数和功能参数见表 4.3。注意,所有随半径变化的参数都参照它们的跨中值。此外,转子叶片是开式的。

表 4.3　样例涡轮机优化问题的几何和功能参数

几何参数	值
定子轮毂直径/mm	340.0
转子轮毂直径/mm	335.4
定子盖板直径/mm	450.0
转子盖板直径/mm	450.0
定子螺距/mm	95.5
转子螺距/mm	62.8
定子叶片数	20
转子叶片数	31
定子/转子轴距/m	54.0
进口定子叶片角/(°)	0
出口定子叶片角/(°)	68.9
进口转子叶片角/(°)	47.6
出口转子叶片角/(°)	−57.5
定子叶顶间隙/mm	0
转子叶顶间隙/mm	0.25
功能参数	值
进口总温度/K	733.15
进口总压力/bar	20
最小修正质量流量/[(kg·K$^{0.5}$)/(s·bar)]	35
最大修正质量流量/[(kg·K$^{0.5}$)/(s·bar)]	47
修正的质量流量步/[(kg·K$^{0.5}$)/(s·bar)]	1
转速/(r/min)	7 800

多点方法要求对多个操作点的目标函数进行评估(如随着质量流量的变化)。一种简单而有效的方法是将不同质量流量下每个目标函数的平均值作为全局目标函数。

这样就形成了一个双目标问题:

$$\max(f_{\mathrm{obj1}}, f_{\mathrm{obj2}}), f_{\mathrm{obj1}} = \frac{1}{\mathrm{NOP}} \sum_{i=1}^{\mathrm{NOP}} L_i, f_{\mathrm{obj2}} = \frac{1}{\mathrm{NOP}} \sum_{i=1}^{\mathrm{NOP}} \eta_{\mathrm{ts}, ii} \tag{4.88}$$

其中,NOP 为操作条件的个数,即质量流量数,以此来计算涡轮机的性能。

应用基于种群的算法如 GAs,可以为优化问题提供一个很好的解决方案。图 4.43 给出了一个案例研究获得的 Pareto 解的示例,该示例在 300 代之后,每个种群使用 50 个个体。

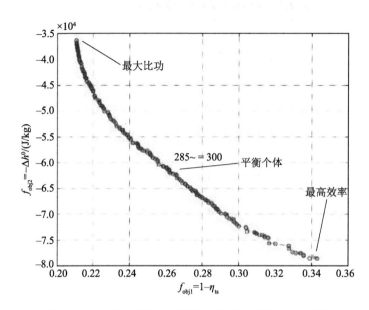

图 4.43 针对 E/TU-3 涡轮机级多点优化的 Pareto 解

在最后一个 Pareto 解选择的三个个体的涡轮机图(图 4.44 和图 4.45)证明了该方法的有效性：第一个个体效率最高(见图 4.43)，第二个个体的效率与比功之间达到平衡，第三个个体比功最大。

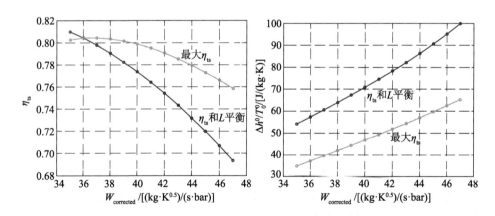

图 4.44 η_{ts} 和 L/T01 与校正质量流量的关系——最大效率和平衡个体

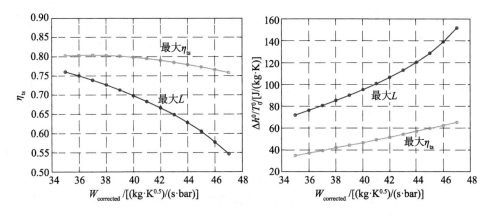

图 4.45 η_{ts} 和 L/T01 与校正质量流量的关系——最大效率和最大比功个体

对于这里考虑的三个具有代表性的个体(绘制涡轮机图),表 4.4 列出了相应的决策变量值。

表 4.4 决策变量值——最重要的个体

变量	最大 η_{ts} 个体	平衡个体	最大 L 个体
$\alpha_{1c}/(°)$	68.2	71.7	71.9
σ_S	1.12	1.41	2.45
$\beta_{1c}/(°)$	38.0	46.1	48.7
$\beta_{2c}/(°)$	−64.8	−66.8	−68.7
σ_R	1.23	1.51	2.10

从效率更高的个体出发,向着提供更大比功的个体迈进,可以观察到:

·α_{1c} 值增大。这是合理的,因为它与 c_{u1} 的增大有关,所以其也与 L 的增大有关,同时更高的挠度会导致效率降低。

·σ_S 值增大。这也是合理的,因为 σ_S 的变化类似 α_{1c} 的变化。

·β_{1c} 值增大。这是由定子-转子耦合引起的:为了避免转子入口处的不良入射,当 α_{1c} 值增大时,β_{1c} 值也必须增大。

·$|\beta_{2c}|$ 值增大。这是合理的,因为我们知道,最高效率个体在转子出口处几乎具有轴向绝对流量,这意味着 $|\beta_{2c}|$ 值的增大会导致 $|c_{u2}|$ 值的增大,也意味着 L 更大,但效率更低。

·σ_R 值增大。这可以与 σ_S 值的增大用相同的方式解释。

这说明所得结果与流体动力学现象是一致的。

4.2.4.5 轴向二维

二维涡轮叶栅可分为低反作用型和中反作用型。众所周知,低反作用力或冲量转子的特点是显著的叶片载荷,沿主流方向在压力梯度可忽略或略为正的情况下的高速流动。这种现象会对它们的峰值效率产生负面影响,因为与反作用涡轮相比,这些叶片的叶型损失对级整体效率的贡献要多得多(Benini 等,2008)。因此,气动损失对叶片的损失有很大的影响,必须尽量减少气动损失。

为了有效地完成这一任务,需要考虑对叶片边界层从层流到湍流的过渡区进行准确预测。基于关联性的转捩模型,即由 Menteret 等(2006)开发的 $\gamma-\theta$ 层流-湍流模型,可以很好地预测转捩过程。作者认为,它适用于低马赫数到中马赫数的流动,无论是在充分发展区域中的物体周围(如翼型)或有界壁上(如涡轮机械),它都能在单处理器和并行机上的 2D-3D 非结构化网格上具有良好的性能。

另一方面,在公开文献中,反击式涡轮叶栅的优化程序和应用的例子几乎数不胜数(例如,Horlock,1966;Tong 和 Gregory,1990;Mengistu 和 Ghaly,2008;Oksuz 等,2002)。

然而,关于冲击式涡轮叶栅优化设计的研究却很少。Chung 等(2005)提出了柯蒂斯(Curtis)涡轮转子叶片的优化方法,其中仅用出口叶片角、交错角和最大外倾角来描述叶片截面。优化过程包括利用二阶响应面方法和最大限度地模拟叶片升阻比的演化策略。Lampart(2004a,b)采用单纯形法将高压(HP)汽轮机级的熵损失降至最低。Mengistu 和 Ghaly(2008)提出了一种基于 GA 和人工神经网络的跨声速脉冲叶栅气动优化方法,即著名的 Hobson 叶栅(Fottner,1990)。在该论文中,假定流动是无黏的,目标函数的目的是减少激波在叶片吸力侧的发展所引起的损失。

4.2.4.6 CFD 模型:应用和验证

涡轮叶栅的流体动力学模拟通常使用 RANS 求解器进行(例如,参见 ANSYS Fluent)。湍流是通过前面提到的 $\gamma-\theta$ 模型来求解的,它实际上代表了由 Menter(1992,1994)、Menter 等(2003)提出的原始 $k-\omega$ SST 方程的一种演变,事实上,基于局部变量的转捩模型,依赖于一些经验关联式。

转捩模型采用了两种基本的输运方程,一种是间歇输运方程,另一种是转捩发生准则输运方程,其主要结果是动量-厚度雷诺数。基本上该方法通过一个特殊的函数修正 SST $k-\omega$ 模型中典型湍动能的产生项和耗散项来工作,被称为"有效间歇":后者实际上激活了转捩点下游湍动能的产生。这使得由层流边界层分离引起的突变可以被捕获。另一方面,第二个输运方程旨在模拟湍流强度的非局域影响,湍流强度受自由流动能衰减和边界层外无扰动流速变化的影响。后一个方程用于将转捩发生准则拟合为上述间歇方程的经验关联式。

与传统的湍流模型不同,$\gamma-\theta$ 模型并不能通过数学近似来模拟边界层行为,它更倾向于将一些基于相关性的方案应用到广泛使用的通用 CFD 工具中。关于该模型的理论公式和验证的更多细节可参见相关文献(Menter 等,2006)。

层流到湍流的过渡只能通过靠近涡轮叶片表面的高质量结构化网格来捕捉:具体来说,生成的 y^+ 的建议值不得大于 1,否则不能保证模型计算壁剪切应力具有令人满意的精度。

此外,用于湍流和转捩模型方程的平流方案对计算的转捩位置影响很大:为此,通常建议采用有界二阶迎风方案。

转捩模型 γ-θ 可以首先对用于验证目的的测试案例进行测试:比如被称为"Pak B"的Pratt 和 Whitney 线性级联(Huang 等,2006)。人们对这种叶栅进行了广泛的试验测试,获得了表面压力分布和边界层速度分布,并在公开文献中公布了数据。试验的最终目的是分析雷诺数和自由湍流强度对叶片流体动力学行为的影响,特别强调在吸入侧流动分离的开始和重新附着。这些现象是在低雷诺数条件下运行的低压涡轮机级叶栅的典型现象。

Pak B 叶片的形状如图 4.46 所示,其中还突出显示了试验中使用的静压探针的位置。叶片弦长 $C = 7.0$ in(17.78 cm):当叶片交错角为 26°时,轴向弦长为 $C_x = 6.28$ in 或 15.95 cm。叶栅稠度为 1.13,入口角和设计出口角分别为 55°和 30°,均按切向测量。

从试验采集的数据来看,叶片吸力侧压力系数分布明显存在一个高压区(见图 4.47中圈出的区域),说明出现了分离气泡。

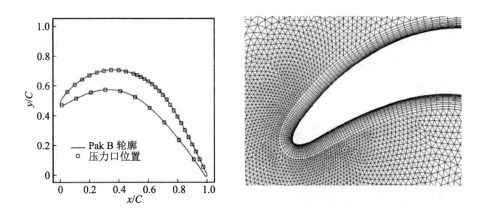

图 4.46　Pak B 叶片形状和计算网格

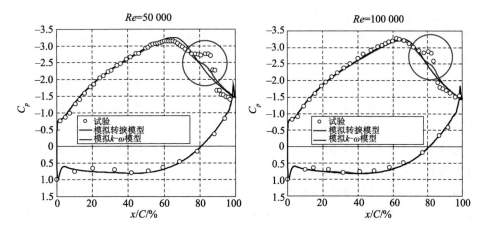

图 4.47　Pak B 涡轮机:模拟了不同雷诺数和 1.6% 自由流湍流强度下
Pak B 叶片的压力系数分布,并与试验比较

对 Pak B 叶栅在不同雷诺数(雷诺数基于自由流入口速度和叶片轴向弦长)和湍流强度水平下进行了测试。下文中,在雷诺数分别等于 50 000,75 000 和 100 000 时,中等湍流强度只考虑为 1.60%。

为了准确地捕获边界层流动结构,以及使 y^+ 值符合前面提到的 $\gamma-\theta$ 模型约束条件,使用二维非结构化网格时通常在叶片表面建立几层高质量的结构化网格。一个好的选择是采用 15～20 条流线型网格线来求解边界层区域,第一条网格线距离壁面约 1/100 mm,网格展开比率为 1.2。通常情况下,每条通道至少包含 20 000 个元素的网格,这样在优化中会得到令人满意的结果。典型计算网格的全局视图以及前沿区域的详细信息如图 4.46 所示。值得注意的是,在所有分析的测试用例中,物理边界层内的网格层数从翼型前缘的 9 层到尾缘的 15 层不等。因此,可以准确地捕获物理边界层内的速度剖面及其导数,相应地影响动量-厚度雷诺数的计算,进而影响转捩起始位置。

验证结果总结在图 4.47 中,将模拟的压力系数与标准的全湍流 $k-\omega$ 模型的试验数据和计算结果进行了比较。很明显,转捩模型捕捉到了分离起始位置和吸力侧的延伸。然而,之前所提到的以试验压力系数为特征的雷诺数下降(随着雷诺数的减小表现得更为明显)并没有得到令人满意的模拟。这种情况发生在试验活动中测试的所有不同湍流强度水平上,部分与 Menter 和 Langtry 等(2006)使用专有的 N-S 工具并结合 $\gamma-\theta$ 模型模拟叶栅的结果相矛盾。事实上,分离气泡在每个雷诺数下都能很好地捕捉到,特别是在中等到高湍流强度水平下。

4.2.4.7 案例研究:描述、几何参数化和网格划分

将冲击式汽轮机级联的一种特殊的二维叶栅几何形式作为案例研究。叶片几何最初是使用多个圆弧开发的,因此似乎适合于优化。该剖面的几何表示是气动形状优化过程中的一个重要部分。在气动优化过程中,采用叶片几何表征参数作为设计或决策变量。

由于需要减少计算时间,仅对叶片型线的一部分,即压力侧和吸力侧后部进行参数化。尽管由于无法捕捉分离气泡,对 Pak B 叶片吸力侧的验证没有得到完全令人满意的结果,但参数的选择是由观测结果决定的,边界层增厚引起的总压损失最大的部位在剖面的后部。此外,剖面后部的参数实际上控制着排气截面的尺寸,从而控制着作用于叶栅后截面的压力。

因此,选取了 7 个设计变量(见图 4.48),其中 5 个设计变量在叶片压力侧,从后缘区域开始向后移动,直到弦长的 25%,另外 2 个设计变量在吸力侧,也从后缘区域开始。这些参数对应于三次样条曲线的控制点。每个参数在与叶片表面垂直的局部方向上都有一定的变化范围。为了避免创建的叶片与基线构型具有不同的质量流量,将每个设计变量的下边界和上边界都设置为 0.3 mm。

在图 4.48 中,显示了基线构型和两种构型之间的比较,这两种构型的特征是分别将每个设计变量设置在它们的上边界和下边界。采用 16 个边界层行对构型进行网格划分,第一层高度为 0.002 mm,生长比为 1.3。按照这些指导原则,每个通道构建一个 130 000 个节点的网格,称为"黏性"混合网格(ANSYS Fluent)(见图 4.46)。

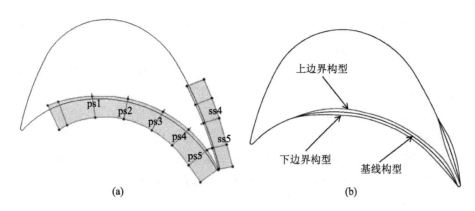

图 4.48 通过变形曲面技术对叶片形状进行参数化(a)和上、下边界构型定义搜索空间的极限(b)

在 CFD 模拟中,流体被假定为具有恒定比热的理想气体。与验证测试类似,在域入口应用总压边界条件,而在域出口指定静压值。叶片壁面采用无滑移条件,假定其是绝热且光滑的。迭代直至得到连续性方程的归一化残差小于 10^{-6} 的二阶收敛解,出口处的质量流平均风速达到稳定值。

在优化过程中,网格的更新和操作是通过变形技术完成的,变形技术是一种图形操作,可用于转换两个图形对象之间的插值。特别是采用了基于特征的变形技术,该技术需要选择源对象形状的有限特征集,例如曲面或体积,以及目标对象上相应的集合。该方法将网格包围在一个或多个可变形块(即"变形曲面")中,每个块都控制着网格在其边界内的运动。因此,改变网格的形状只需修改块的形状,这可以以一种非常灵活的方式实现:具体地说,每个块边缘的长度和曲率可以独立于其他块而变化,相邻的块可以通过各种连续性条件连接;最后,自动切线选项允许相邻块的边缘变形为样条曲线,从而确保变形曲面之间的变形更加平滑。

变形块的弯曲是通过将源对象中的每个特征映射到目标对象中的对应特征来显式定义的,Gomes(1999)以及 Arad 和 Reisfeld(1995)解释了这一点。使用这种技术,计算域的曲面部分变形相当容易,同时可以保持网格失真最小。在这项工作中,叶片轮廓的网格实际上被包含在一系列 11 个可变形的 2D 块中,如图 4.48 所示。

实际优化方案操作如下:

• 首先,进行 DOE 分析(Montgomery,2012),旨在从最少的模拟构型中获得尽可能多的信息,从而节省时间和资源。DOE 分析的目标如下:(i)识别哪些变量对输出是最有影响力的;(ii)决定在何处设置有意义的变量才能使输出接近期望的正常值;(iii)找出在何处设置有影响力的可控因素才能使输出的可变性较小;(iv)决定在何处设置有影响力的可控因素才能使不可控变量的影响最小化。为了实现这一目标,有必要按照所谓的试验策略进行一系列的测试(或试验)。本书采用了 2^k 和 3^k 因子策略,其中 k 个因子同时变化。

• 然后,采用响应面方法(RSM)对 DOE 分析后获得的数据进行插值(Myers 和

Montgomery,1995),从而创建一个元模型(即模型的模型),通常称为代理模型。本书建立了一个最小二乘回归(LSR)模型,该模型的目标是通过调整模型函数(多项式)的参数来最优地拟合包含模拟构型的数据集。

·最后,使用基于梯度的优化技术,即序列二次规划(SQP)算法,在先前创建的曲面上搜索最优解(Fletcher,1987)。该方法已被证实对于求解具有光滑目标、有约束函数和无约束函数的一般优化问题是有效的。当然,这是一种局部优化技术;但是,当与 DOE/RSM 方法结合使用时,结果证明它是非常有效的,因为它只快速探索最有希望的区域,也就是最小值可能被定位的区域。使用这种方法实际上节省了计算时间,因为 SQP 算法不需要花费太多的精力来计算目标函数相对于决策变量的拉格朗日矩阵的 Hessian 矩阵。

4.2.4.8　结果

DOE 分析分两步执行,如下面的小节所述。

4.2.4.8.1　初步 DOE 分析

首先,对于形状参数化涉及的 7 个变量中的每一个,只研究了两个层次。一个是下边界值,对应于基线构型上 -0.3 mm 的变形;一个是上边界值,对应于 $+0.3$ mm 的变形。因此,调查的组合总数为 $2^7 = 128$ 例。在初步筛选的基础上,采用基于 Student t 参数的统计分析方法来确定最具影响力的因素:

$$t = \frac{abs(\bar{x}_1 - \bar{x}_2)}{\sigma} \tag{4.89}$$

其中,$\bar{x}_1$ 为上集合的平均值,即研究变量所在的构型集合由上值给出(本例中对应为 $+0.3$ mm);$\bar{x}_2$ 为下集合的平均值(本例中对应为 -0.3 mm);σ 为标准差,定义如下:

$$\sigma = \sqrt{\frac{\left[\sum_{i=1}^{n_1}(x_{1i} - \bar{x}_1)^2 + \sum_{i=1}^{n_2}(x_{2i} - \bar{x}_2)^2\right](n_1 + n_2)}{(n_1 + n_2 - 2)n_1 n_2}} \tag{4.90}$$

众所周知,Student t 参数的定义方式是,其值越大,对应参数引起的响应变化就越大。在图 4.49 中,给出了每个研究设计变量的 Student t 值。DOE 分析有助于指出,与其他变量相比,ps1 和 ss4 变量的影响是可以忽略的。由设计人员决定是否在执行的分析中保留后一个参数作为设计变量,否则只剩下一个参数来控制吸力侧的形状。

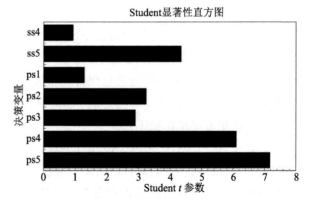

图 4.49　基于初步 DOE 分析的 Student 直方图

显然,设计变量 ps1 对适应度函数值没有显著的贡献。因此,在接下来的分析中,尤其是在二次 DOE 分析中,它被明确地舍弃,这是为了更深入地探索设计空间。

4.2.4.8.2　二次 DOE 分析

这是一个全阶乘 DOE 研究，扩展到除 ps1 外的所有参数，每个变量涉及 3 个水平（上限、下限和与基线形状对应的中间水平）。因此，调查的案例总数为 $3^6 = 729$。Student 分析在减少总体优化过程的时间方面的有用性变得很明显，因为如果把所有初始参数都考虑在内，那么要调查的案例数量将是原来的 3 倍。事实上，在这个分析中跳过 ps1 参数将节省大量的计算资源。

4.2.4.9　RSM

从二次 DOE 分析出发，建立一个近似模型，利用最小二乘回归准则建立响应面。与基于直接求解器调用的优化相比，该模型使用更少的计算资源进行优化研究。基于最小二乘回归的 p 阶代理模型可以写成

$$f = A\boldsymbol{\beta} \tag{4.91}$$

而 n 个采样点的响应向量为

$$y = A\boldsymbol{\beta} + \boldsymbol{\varepsilon} \tag{4.92}$$

其中，y 是从 DOE 获得的输出响应的 $(n \times 1)$ 向量，A 是从 DOE 的输入值得到的 $(n \times p)$ 矩阵，$\boldsymbol{\beta}$ 是回归系数的 $(p \times 1)$ 向量，$\boldsymbol{\varepsilon}$ 是随机误差的 $(n \times 1)$ 向量。$\boldsymbol{\beta}$ 的最小二乘估计量是通过将响应面 f 的加权最小二乘拟合到采样点处的响应集合 y 中得到的：

$$(y - f)' W (y - f) \Rightarrow \min \tag{4.93}$$

这相当于解正规方程组：

$$\boldsymbol{\beta} = (A'WA)^{-1} A'Wy \tag{4.94}$$

其中，W 为加权系数的对角 $(n \times n)$ 矩阵。在传统的 LSR 中，所有的加权值都是统一的，从而使正规方程组最终变为

$$\boldsymbol{\beta} = (A'A)^{-1} A'y \tag{4.95}$$

4.2.4.10　SQP

SQP 方法是约束优化问题非线性规划技术的最新发展。SQP 从拉格朗日函数的二次逼近出发，通过求解相应的二次子问题，确定搜索方向 s：

$$\min f(s) = f(\boldsymbol{x}_k) + \nabla_x^{\mathrm{T}} f \cdot s + \frac{1}{2} s^{\mathrm{T}} C_{(k)} s \tag{4.96}$$

其中，$C_{(k)}$ 为正定矩阵，等于搜索迭代开始时的单位矩阵，并在优化循环中不断更新（Powell，1978），直到成为拉格朗日函数的 Hessian 矩阵的可靠近似。

一旦找到新的搜索方向 s，就用它根据前一个定义新的第 k 个解：

$$\boldsymbol{x}_k = \boldsymbol{x}_{k-1} + \alpha s \tag{4.97}$$

步长参数 α 通过一个适当的线搜索过程决定，这个过程旨在实现价值函数中最大可能的降幅。

具体算法如下：

（1）初始化 $C = I$。

（2）计算所有梯度。

（3）求解二次规划子问题。

（4）计算拉格朗日乘数。

（5）检查收敛性。

应用 SQP 算法得到的结果如表 4.5 所示，其中优化过程以设计变量值和相应的适应度函数得分来总结，损失系数的收敛过程如图 4.50 所示。

将设计变量值标准化，使 1 对应于上限（即 +0.3 mm），−1 对应于下限（即 −0.3 mm），而 0 代表非变形构型。

如表 4.5 所示，基于 LSR 近似模型，采用相对简单的优化过程，使损失减少到 16%。

为了验证这些有希望的结果，对优化后的构型（即对应于第 12 次迭代的构型）进行了直接 CFD 模拟，证实了这一趋势。

表 4.5　优化过程表

迭代	ps5	ps4	ps3	ps2	ss5	ss4	Ainley 损失系数
1	0.000 0	0.000 0	0.000 0	0.000 0	0.000 0	0.000 0	0.089 3
2	0.100 7	0.022 4	0.044 8	0.050 4	−0.050 4	−0.011 2	0.087 9
3	0.614 8	0.070 4	0.140 8	0.158 4	−0.158 4	−0.035 2	0.084 0
4	0.910 9	0.091 9	0.183 8	0.206 8	−0.307 3	−0.045 9	0.083 2
5	1.000 0	0.141 0	0.212 7	0.244 1	−0.329 9	−0.047 4	0.082 9
6	1.000 0	0.292 3	0.257 1	0.314 5	−0.302 3	−0.072 2	0.082 0
7	1.000 0	1.000 0	0.479 8	0.648 4	−0.192 8	−0.205 9	0.079 8
8	1.000 0	1.000 0	0.502 6	0.659 2	−0.208 3	−0.208 6	0.079 7
9	1.000 0	1.000 0	0.740 6	0.767 5	−0.359 5	−0.258 4	0.079 0
10	0.969 2	1.000 0	0.865 6	0.829 3	−0.413 9	−0.289 5	0.078 9
11	0.964 3	1.000 0	0.901 5	0.854 5	−0.415 2	−0.306 6	0.078 9
12	0.967 7	1.000 0	0.956 4	0.908 9	−0.395 0	−0.346 8	0.078 9

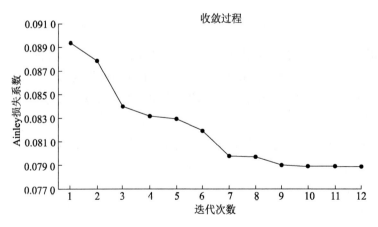

图 4.50　使用 SQP 的收敛过程

通过使用 Best_DOE 和优化构型 Best_SQP（基于 LSR，通过 CFD 代码重新计算），减少了近 13% 的损失。这可以解释为 Best_SQP 是 CFD 结果驱动下的直接优化策略，在流体动力学计算的基础上，以一种比较可靠的方法求出了目标函数的最小值；另一方面，RSM 可能会给出类似甚至明显更好的结果，可能是由于函数极小值以一种近似的方式进行估计，这是该方法的核心。后一个问题是相关的，因为用一个稍微不同的叶片形状得到了几乎相同的结果。图 4.51 清楚地显示了这一点，其中显示了三种不同的叶片几何形状。

尽管 Best_DOE 构型提供了与 SQP 优化构型大致相同的结果，但它的形状并不像优化构型的流线型，因此，其空气动力学性能有待进一步研究。

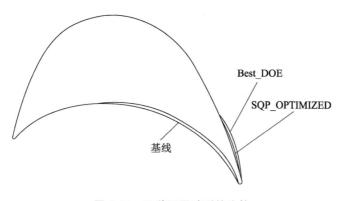

图 4.51　三种不同叶型的比较

为了比较之前三种构型的不同流场，研究了 Ainley 损失系数 Y，如图 4.52 所示。从等值线图中可以看出，在 Best_DOE 和 Best_SQP 两种情况下，叶片尾迹总压损失均明显减小，且厚度明显减小。这是由于向后方的吸力侧有一个更有利的压力梯度。

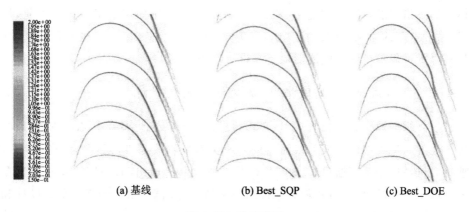

(a) 基线　　　　　　(b) Best_SQP　　　　　　(c) Best_DOE

图 4.52　损失系数

应该注意的是,由于 DOE 点的分辨率很低,对于所涉及的极小几何变化,预计损失系数的变化不会被准确地捕捉到。另一方面,在使用代理模型时,通常需要在精度和计算效率之间进行折中。在这种背景下,尽管插值损失系数[见表 4.6,Best_SQP(基于 LSR)]完全不同于重新计算的损失系数[见表 4.6,Best_SQP(基于 LSR)CFD 重新计算],但近似模型仍然可以被认为是一种寻找目标函数最小值的合适方法,与直接基于 CFD 的优化相比,它所需的计算资源要少得多。此外,在此阶段确定的最优参数设置可以用作执行直接优化的起点:这种方法可以减少迭代次数以达到收敛,从而大大节省计算资源。

表 4.6 摘要表

构型	设计变量						Ainley 损失系数	减少值/%
	ps5	ps4	ps3	ps2	ss5	ss4		
基线	0	0	0	0	0	0	0.094 0	—
Best_DOE	1	1	1	1	−1	−1	0.081 9	12.88
Best_SQP (基于 LSR)	0.967 7	1	0.956 4	0.908 9	−0.395	−0.347	0.078 9	16.10
Best_SQP (基于 LSR) CFD 重新计算	0.967 7	1	0.956 4	0.908 9	−0.395	−0.347	0.082 0	12.83

4.3 风机

风机和压缩机是将外部机械能转换成气体的静态和/或动态能量的机器。风机被归类为与压缩机相比压升更低(小于 100 kPa)的机器。有时,压升在 10～100 kPa 范围内的风机被称为鼓风机。风机的主要功能是通过旋转风机叶片,利用升力或离心力将所需量的气体输送到指定的位置。因此,风机的应用范围很广,例如用于工业运输工质,用于建筑物、隧道和汽车的通风,以及用于电力和电子设备的冷却。由于风机分布广泛,优化风机设计对降低世界范围内的电能消耗具有重要作用。

4.3.1 离心风机、轴流风机、混流风机和横流风机

风机按其结构通常分为轴流式、离心式和横流式。在这些类型中,轴流式和离心式是应用最广泛的风机类型。二战前最流行的风机类型是轴流风机,其效率超过 80%;例如,只有轴流风机被用于感应通风(Eck,1973)。与轴流风机相比,旧型号的离心风机在尺寸和工艺上都不令人满意。然而,随后进行的一系列设计创新,如实施离心泵的设计和使用翼型叶片,使离心风机结构紧凑,效率提高至 90%。由于其设计上的显著发展,目前离心风机占大多数。

4.3.1.1 轴流风机

轴流风机(或只是轴向风机)的进出气流基本都与风机的轴线平行。与离心风机相比,轴流风机适用于在压升相对低时需要大流量的场合。轴流风机的优点是效率高,缺点是噪声较高,在非设计工况下效率下降较快。图 4.53 显示了两种不同类型的管道轴流风机:皮带传动式和电机直联式风机,取决于电机的位置。在叶片式轴流风机中,定子安装在转子的下游,以消除涡流,提高效率和压升。这些定子也可以添加到转子的上游。

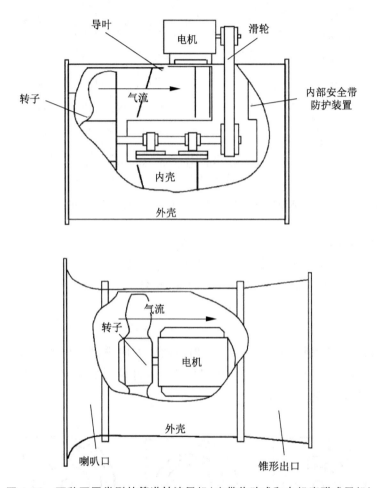

图 4.53 两种不同类型的管道轴流风机(皮带传动式和电机直联式风机)

风机的典型性能曲线如图 4.54 所示。风机的设计点与最大效率点重合。如果风机的流量小于最大压力点的流量,则有接近失速点的危险。在喘振区(失速点左侧),风机内部出现大量流动分离的复杂流动结构,引起严重的振动。

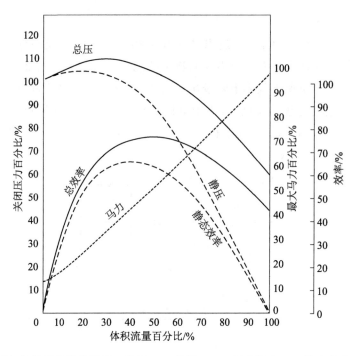

图 4.54 轴流风机的典型性能曲线(SP:静压;TP:总压;BHP:制动马力;SE:静态效率;ME:机械效率)

螺旋桨风机也是一种轴流风机,由于无风道,因此,这类风机具有最简单的结构。小型螺旋桨风机用于电子设备、电机、汽车等的简单空气循环/通风和冷却;大型螺旋桨风机用在冷却塔上。这些风机的效率在 60%(金属类型)到 75%(大型机组)的范围内(Osborne,1973)。

4.3.1.2 离心风机

在离心风机中,空气沿轴向进入风机,但沿圆周方向排出。与轴流风机相比,离心风机具有风量大、流量小的优点。离心风机根据叶片在叶轮内的曲率方向分为前弯、后弯和径向叶片离心风机,如图 4.55 所示。

(a) 径向叶片离心风机　　(b) 后弯叶片离心风机　　(c) 前弯叶片离心风机

图 4.55 离心风机的类型

前弯叶片风机,即所谓的多翼式扇叶风机,其叶片倾向于叶轮的旋转方向,由于单叶片的高负荷,叶轮内有许多宽而短弦长的叶片(数量在 30～60 范围内)。这类风机噪声相对较低,体积较小,在叶轮直径和转速相同的离心风机中,具有压升最大、流量最大的特点。

另一方面,与前弯叶片风机相比,后弯和径向叶片风机由于叶片负荷减小,伴随叶片宽度减小和弦长增大,叶片数量大大减少(在 6～16 范围内)。尽管风机尺寸有所增大,但在离心风机中,后弯叶片风机的效率最高。为了进一步提高效率和降低噪声,后弯叶片风机采用翼型叶片,增加了制造成本。径向叶片风机在径向采用平板叶片。这类风机的尺寸和效率介于前弯叶片风机和后弯叶片风机之间。图 4.56 所示为不同离心风机的性能曲线。

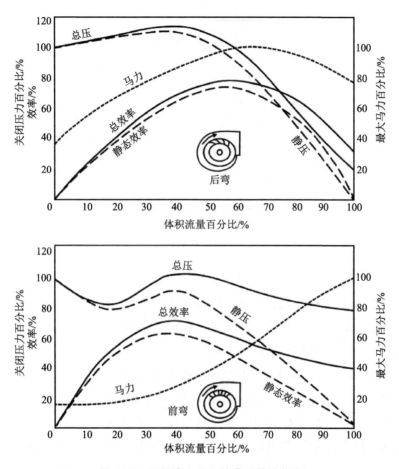

图 4.56 不同离心风机的典型性能曲线

4.3.1.3 混流风机

通过叶轮流向变化小于 90°的风机被称为混流风机。众所周知,这类风机的压升和效率值介于离心风机与轴流风机之间。

4.3.1.4 横流风机

在横流风机中,气流沿叶轮横向运动,如图 4.57 所示。这种类型是 Mortier(1893)的专利。横流风机虽然效率和压升较低,但由于其流量大、噪声低、体积小等优点,在暖通空调设备中得到了广泛的应用。该风机的叶轮通常足够长,通过叶轮的流动可以认为是二维的。通过改变叶轮的长度可以很容易地控制流量。

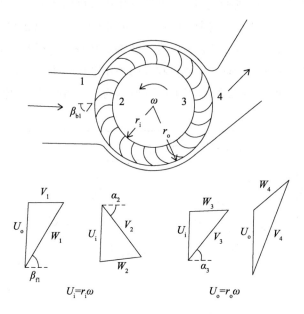

图 4.57　横流风机原理图

4.3.2　风机压力、效率和规律

风机的性能表现为效率、风机压力、空气功率等。风机压力不是风机出口的绝对压力与风机进口的绝对压力之比,而是通过风机的压升。风机压力有 3 种,定义如下:

- 风机总压(p_t)。风机进、出口总压差。
- 风机动压。$1/2\rho V^2$,其中 V 是风机出口的平均速度。
- 风机静压(p_s)。风机总压与风机动压之差(不是风机进、出口静压差)。

空气功率被定义为 $P = \rho Q$,其中 ρ 是气体密度,Q 是体积流量。用风机总压计算出的风机总功率称为总空气功率,如果用静压表示压力,则称为静压空气功率。

风机效率定义为气体功率(输出)与机械功率(输入)即轴功率之比,如下:

- 总效率:$\eta = p_t Q/$轴功率
- 静态效率:$\eta_s = p_s Q/$轴功率

在风机性能测试中,要对所有可能的转速和所有可能的进气口密度进行测试并不容易。然而,在转速和密度与实际性能测试不同的情况下,利用所谓的风机定律可以相当准确地预测风机性能:

$$\frac{Q_p}{Q_m} = \frac{N_p}{N_m}\left(\frac{D_p}{D_m}\right)^3$$

$$\frac{p_p}{p_m} = \left(\frac{N_p}{N_m}\right)^2\left(\frac{D_p}{D_m}\right)^2\frac{\rho_p}{\rho_m}$$

$$(4.98)$$

$$\frac{P_p}{P_m} = \left(\frac{N_p}{N_m}\right)^3 \left(\frac{D_p}{D_m}\right)^5 \frac{\rho_p}{\rho_m}$$

其中,下标 p 和 m 表示两种不同工况, D 为叶轮直径。

4.3.3 风机气动分析

到目前为止,针对各类风机,已经有大量使用数值模拟和试验方法的空气动力学研究。特别是近 20 年来,随着 CFD 和计算机的发展,三维 RANS 分析在风机流动分析中逐渐成为主流,取代了部分试验测试。

4.3.3.1 轴流风机

与其他类型的风机相比,由于通过风机叶片的流动结构相对简单,采用三维 RANS 分析的 CFD 能够更容易地应用在轴流风机的分析上。不过,为了减少计算时间,还开发了其他考虑各种轴流风机流动特性的简化分析方法。

Sorensen 和 Sorensen(2000)建立了一个高效的数值模型,用于纯转子轴流风机的气动分析。该模型基于叶素理论,将转子划分为若干环形流管。在这个模型中,从质量守恒方程、切向动量守恒方程和能量守恒方程出发,推导出了每个流管的流动特性,如压力、速度和径向位置之间的关系。在叶素理论中,控制方程只在一个轴向上用从表列级联翼型特性得到的叶片力求解。他们认为,该模型的计算速度至少是 Novak(1967)提出的 SLM 的 $100\sim200$ 倍,后者需要在多个轴向上求解。该模型的计算结果与图 4.58 所示的效率和总压升的试验数据吻合较好。然而,由于模型的非黏特性,在轮毂和叶尖附近发现了一些差异,如图 4.59 所示。叶素理论被广泛应用于低压轴流风机的设计中。在无径向流动的风机的设计中,提出了所谓的自由顶点法(Wallis,1961),但这种方法只有在风机实际满足自由涡的要求时才能成功。对于其他任意涡流风机,Wallis(1961)提出了一种轴向和切向速度近似线性径向分布的分析方法。Downie 等(1993)也提出了单转子风机的分析模型。

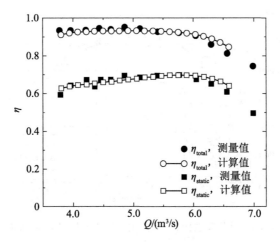

图 4.58 纯转子轴流风机在不同流量下的测量和计算(基于叶素理论)效率

[资料来源:经 Sorensen 和 Sorensen(2000)许可转载,版权所有©2000 美国机械工程师协会]

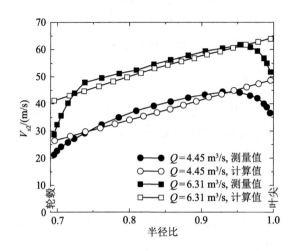

图 4.59　纯转子轴流风机在两种流量下转子下游的轴向速度沿翼展方向的分布

[资料来源:经 Sorensen 和 Sorensen(2000)许可转载,版权所有ⓒ2000 美国机械工程师协会]

Estevadeordal 等(2000)利用数字粒子图像测速仪(DPIV)对低速轴流风机的流动特性进行了试验研究。利用激光脉冲和电荷耦合器件(CCD)相机快门同步 PIV 方法来同步叶片位置,以检测瞬时速度量和时均速度量的量子关系。他们的结论是,DPIV 测量准确地捕捉了黏性效应,例如尾缘尾迹结构、吸力侧和压力侧的分离等方面的影响。

Meyer 和 Kröger(2001)对轴流风机的流场进行了数值和试验研究。其使用三维 RANS 分析结合 k-ε 湍流模型进行数值计算,研究了叶片安放角对轴流风机性能的影响。总体上,数值计算结果与试验数据吻合较好,但由于叶顶间隙附加切向力,数值计算得出的风机功耗略低于试验数据,如图 4.60 所示。

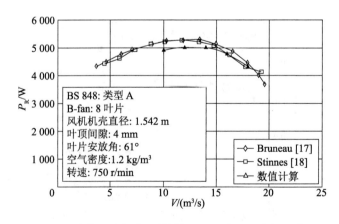

图 4.60　叶片安放角为 61°的轴流风机的风机功率-流量图

[资料来源:转载自 Meyer 和 Kröger(2001)(原始资料中的图 16),ⓒ2001,经 John Wiley & Sons, Inc.许可]

Zhu 等(2005)对流场进行了试验和数值研究,特别是针对轴流风机的叶顶泄漏流动。作为一种试验方法,用由激光光源、发射和接收光学元件及信号处理器组成的三维相位多普勒风速仪(PDA)系统(Wisler 和 Mossey,1973;Murthy 和 Lakshminarayana,1986;Stauter,1993)对试验风机内部流场进行观测。利用 3 种不同波长的光束(绿色、蓝色和紫色)按如下公式计算速度的轴向(u)、切向(v)和径向(w)分量(如图 4.61 所示):

$$u = V_1$$
$$v = V_2 \qquad (4.99)$$
$$w = V_3/\sin\theta - V_1/\tan\theta$$

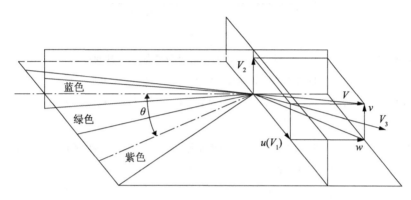

图 4.61　PDA 的速度分量定义

[资料来源:经 Zhu 等(2005)许可转载,版权所有©2005 美国机械工程师协会]

将所有激光风速仪的结果全部转换为速度分量,通过对每个单独的叶片通道进行整体平均测量得到平均速度分布。利用商业 CFD 软件包 CFX - TASCFLOW 2.09 进行三维 RANS 分析,采用 k-ε 湍流模型,该软件包使用基于有限体积法的代数多重网格方法和基于附加校正的多重网格策略。计算得到的性能曲线和叶顶泄漏流动结果与试验数据吻合较好。他们发现静压和效率随着被测风机叶顶间隙的增大而下降,且叶顶间隙的增大导致泄漏涡的增大,从而导致叶顶区域附近的主流发生流动损失和堵塞,如图 4.62 所示。

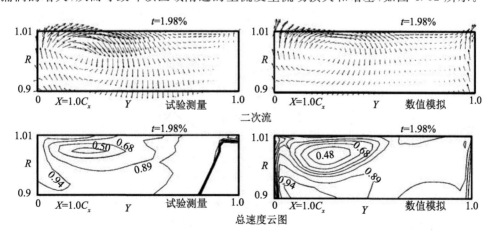

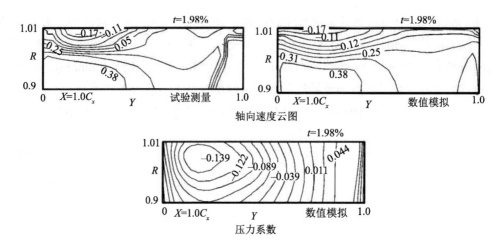

图 4.62　在归一化叶顶间隙为 1.98％的情况下轴流风机叶片前缘后 100％轴向弦

位置表面的二次流、轴向速度和总速度云图

Jang 等(2005)通过试验分析研究了低速轴流风机叶顶泄漏和尾流的流动特性。使用由 5 μm 的钨丝及 I 型和 L 型支撑组成的热线式传感器，如图 4.63 所示，以获得平均速度与风机转子内部和下游的波动。采用五孔探针测量风机转子上游和下游的三维速度分布，并在一定的螺距角范围内进行标定。试验结果表明，在接近失速的状态下，由于堵塞效应较大，转子叶顶附近出现了明显的轴向速度下降。同时还发现，流量大小对叶顶泄漏涡的运动轨迹有显著影响，叶顶泄漏涡导致低流量尾流的形成受到破坏，在高流量下吸力面附近出现了高速波动，如图 4.64 所示。

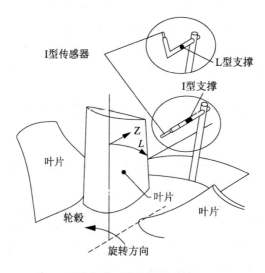

图 4.63　叶片测量系统

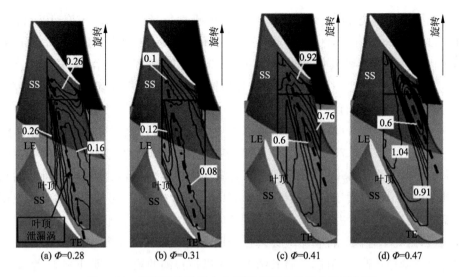

图 4.64　低速轴流风机在 96％跨平面上的速度波动云图

［资料来源：经 Jang 等（2005）许可转载，版权所有ⓒ2005 美国机械工程师协会］

　　Corsini 和 Rispoli(2005)采用三维 RANS 分析方法对一台高压轴流风机进行了数值分析。为了测试湍流闭合模型，将各向异性的闭合性能模型（该研究中称为 CLS96 模型）与经典的线性 $k-\varepsilon$ 模型(LS74 模型)进行对比。如图 4.65 所示，利用试验数据对数值结果进行验证后，发现 CLS96 模型相比 LS74 模型能更好地预测线性预测中出现的边界层效应。研究结果还表明，CLS96 模型在小流量和设计流量下对旋流流场的预测精度要优于 LS74 模型。这项研究表明，使用非线性模型能够提高对叶片吸力侧失速行为和泄漏现象的预测精度。

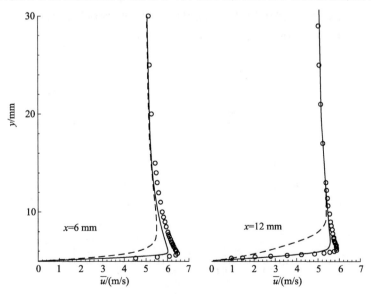

图 4.65　高压轴流风机中 $x=6,12\ \mathrm{mm}$ 时流场平均速度剖面的预测(符号：试验；虚线：LS74；实线：CLS96)

［资料来源：转载自 Corsini 和 Rispoli(2005)，经爱思唯尔许可］

在许多类似的研究中,研究了叶片扫掠对风机性能的影响(Choi 等,1997;Envia 和 Kerschen,1986;Kouidri 等,2005;Wright 和 Simmons,1990)。Choi 等(1997)通过对叶片形状的优化,证实螺旋桨风机的叶片扫掠可以有效地提高气动性能,降低气动噪声。Kergourlay 等(2006)还通过试验研究了叶片扫掠对螺旋桨风机气动性能和气动声学性能的影响,并对湍流结构进行了频谱分析。在这项研究中,叶片有径向扫掠、正向扫掠和反向扫掠 3 种类型,如图 4.66 所示。采用二维热纤薄膜探针测量速度分量,采样频率为 25 kHz,每转一圈可采集 750 个样本。结果表明,扫掠对风机的气动性能和气动声学性能都有较大的影响。由图 4.67 所示的风机下游湍动能可以看出,正向扫掠风机的湍动能普遍低于其他两种情况。对于同一风机,Hurault 等(2010)对转子附近的流动结构使用商用 CFD 代码 FLUENT 6.3 进行了详细的三维 RANS 数值研究。采用雷诺应力模型作为湍流闭合模型,研究了各向异性雷诺应力对流场的影响。证实了雷诺应力模型相比 k-ε 湍流模型能更准确地预测湍动能,并将其结果作为噪声预测的输入数据(Fedala 等,2006)。

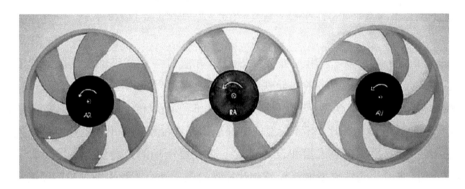

图 4.66　不同叶片扫掠类型的风机模型(反向、径向和正向扫掠)

[资料来源:转载自 Kergourlay 等(2006),经爱思唯尔许可]

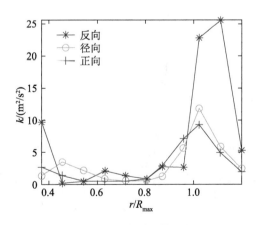

图 4.67　风机下游的湍动能(单位质量)

[资料来源:转载自 Kergourlay 等(2006),经爱思唯尔许可]

另一方面,许多研究人员也证明了叶片扭曲对叶轮机械的优越性(Cai 和 Xu,2001;Cai 等,2003;杨等,2007b,2008)。Yang 等(2007b)采用试验分析方法研究了具有周向扭曲转子叶片的低压轴流风机的气动性能和出口流场。通过对前扭、后扭和径向 3 种不同转子的气动性能分析,探讨了叶片扭曲对气动性能的影响。结果表明,前扭叶片可以延迟失速的发生,后扭叶片可以加速失速的发生。Yang 等(2008)采用数值分析和试验分析相结合的方法研究了低压轴流风机的前扭叶片。在消声室中进行了气动和气动声学的分析试验。在三维 RANS 分析的基础上,利用 Spalart - Allmaras 湍流模型进行了数值分析(Spalart 和 Allmaras,1994)。结果表明,轴流风机叶片的前向扭曲使风机效率提高了1.27%,总压提高了 3.56%。此外,与径向风机相比,其稳定运行范围也明显扩大,超过30%,气动噪声降低了 6 dB(A)。

Oro 等(2007)对带有进口导叶(IGV)的轴流风机内固定叶栅与旋转叶栅之间的相互作用进行了试验分析。采用热线风速仪对两个不同位置的轴向和切向速度分量进行了测量:一个在导叶和转子叶片之间,另一个在转子叶片下游(见图 4.68)。通过对试验数据的分析,描述了定子-转子相互作用和尾迹输运现象的相关机理,如图 4.69 所示。

Jang 等(2008)利用三维 RANS 分析方法对轴流风机进行了性能分析。通过对前角为直角和前角为圆形的两种轮毂盖的试验,研究了轮毂盖引起的进口气流畸变对风机气动性能的影响。分析结果表明,风机转子上游直角轮毂形状引起的大的二次循环流动,会导致靠近轮毂的转子叶片上发生流动分离,使风机性能恶化。流场特性与轮毂盖到转子叶片前缘的距离有关。

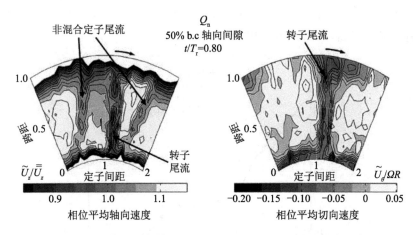

图 4.68　IGVs 轴流风机转子出口处轴向和切向速度分布的非定常流态

[资料来源:经 Oro 等(2007)许可转载,版权所有©2007 美国机械工程师协会]

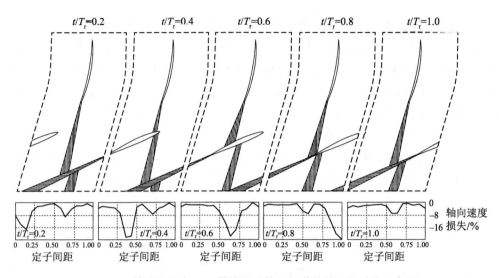

图 4.69　轴流风机中 IGV 尾流通过转子通道的输运和对流示意图

［资料来源：经 Oro 等（2007）许可转载，版权所有©2007 美国机械工程师协会］

　　Liu 等（2010b）开发了一种名为"下游流动阻力"（DFR）的计算方法，利用商用 CFD 代码 STAR-CD 提高了轴流风机气动性能预测的准确性。AMCA 标准 210－99（AMCA 1999）指出，测量转子下游流量的多个喷嘴会引起气动损失，因此，需要对这些气动损失进行适当的修正。该方法在每次迭代中对动量方程的源项进行修正，以考虑实际试验台引起的实际气动损失。值得注意的是，采用流动阻力作为源项的方法是一种常见的技术，但将其用于风机性能预测的概念是一种新方法。与传统方法相比，DFR 方法对性能曲线的预测精度有了显著提高，如图 4.70 和图 4.71 所示。

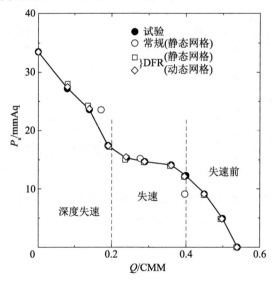

图 4.70　轴流风机计算与实测的风机性能曲线

［资料来源：转载自 Liu 等（2010a），经爱思唯尔许可］

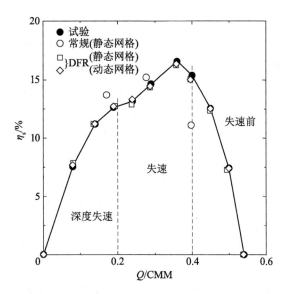

图 4.71 轴流风机计算与实测的静压效率

［资料来源：转载自 Liu 等(2010a)，经爱思唯尔许可］

Sarraf 等(2011)通过试验研究了叶片厚度对轴流螺旋桨风机气动性能的影响。以 ISO 5801 标准（AFNOR 1999）为基础，建立了轴流风机综合性能试验装置。采用 DANTEC "FlowExplorer" 系统进行激光多普勒风速测量(LDA)，测量尾迹区域的平均速度场。采用安装在转子下游的 8 个麦克风测量壁面压力波动进行谱分析，如图 4.72 所示。整体性能试验证实，叶片厚度的增大导致部分负载流量时的压力升高，这有利于延迟失速的发生。但较厚的叶片会导致转子下游切向速度幅值较大，从而在叶频及其谐波处产生强峰。

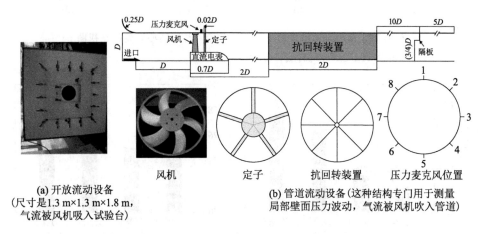

图 4.72 轴流螺旋桨风机 ISO 5801 试验台

［资料来源：转载自 Sarraf 等(2011)，经爱思唯尔许可］

4.3.3.2 离心风机

由于离心风机在 HP(功率)提升上有优势,人们对离心风机的分析与设计进行了多种类型的研究。其中一些人的研究重点是离心风机的旋转失速。Kubo 和 Murata(1976)用热线探针测量了旋转失速状态下离心风机进口管道内的非定常流动。他们认为存在两个不同的流动区域:靠近管道壁面的反向流动区域和非轴对称、匀速旋转的正向流动区域。他们还发现,当用毕托管探针测量时,由旋转失速引起的不对称流动似乎是轴对称的,并且时均和非稳态旋转流动之间存在一定的对应关系。Tsurusaki 等(1987)通过试验研究了无叶扩压器中失速室的转速和无涡旋时旋转失速的临界进口气流角。他们提出了转速的两个经验方程和旋转失速开始时临界进口气流角的预测方法。

Gui 等(1989)对前弯离心风机的分流叶片进行了试验和数值研究。数值模拟采用有限元近似解法(Gu,1984)进行。该研究分析了分流叶片的长度、周向位置和安放角 3 个几何参数对风机性能的影响。结果表明,当分流叶片位于叶片吸力面附近时,效率显著提高,但当其位于压力面附近时,总压系数增大。分流叶片的长度和安放角对风机性能没有影响。Kim 等(2012a)也利用 SST 湍流模型进行了三维 RANS 分析,研究了离心风机中的分流叶片。测试了 3 种不同主叶片数的叶轮模型(图 4.73),每种模型在每个叶片通道中都有两个分流叶片。两个分流叶片具有不同的弦长,分别为 90% 和 30% 的主叶片弦长。他们发现,有 7 个主叶片的离心叶轮表现出最高的压升和效率,如图 4.74 所示。

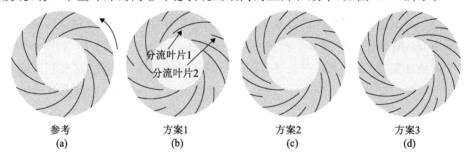

参考
(a)

方案1
(b)

方案2
(c)

方案3
(d)

图 4.73　具有不同数量的主叶片和分流叶片的离心叶轮的正视图

[资料来源:经 Kim 等(2012a)许可转载,IJFMS]

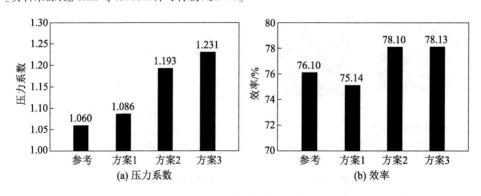

图 4.74　离心风机性能参数的比较

[资料来源:转载自 Kim 等(2010a),经爱思唯尔许可]

Velarde-Suarez 等(2001)对一种前弯叶片离心风机进行了试验研究。在叶轮出口的两个径向位置,用热线风速仪测量了稳态速度分量和非稳态水平。在所考虑的两个叶轮出口径向位置处,周向速度分布存在较大的不对称性,速度矢量的大小和方向都发生了较大的变化,尤其是在蜗壳隔舌处,如图 4.75 所示。在速度不稳定性分布和速度分量功率谱方面,在蜗壳隔舌附近,在低流量下观察到高水平不稳定流动(图 4.76)。在这项研究之后,Ballesteros 等(2002)利用相同的试验设备进行了离心风机湍流强度的试验研究。结果表明,在较低流量下,蜗壳隔舌附近湍流强度较高。

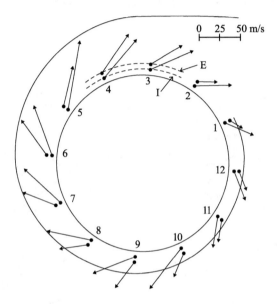

图 4.75　前弯叶片离心风机叶轮出口处的测点及绝对速度

［资料来源:经 Velarde-Suarez 等(2001)许可转载,版权所有©2001 美国机械工程师协会］

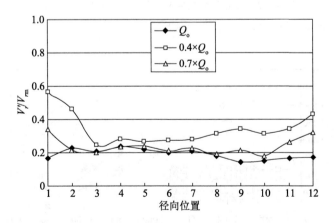

图 4.76　前弯叶片离心风机径向位置 $R_1=1.05R_2$ 处径向速度不稳定性的周向分布

［资料来源:经 Velarde-Suarez 等(2001)许可转载,版权所有©2001 美国机械工程师协会］

Thakur 等(2002)开发了两种准稳态转子-定子模型,分别称为冻结界面模型和平均界面模型,用于分析离心鼓风机内的流场,并使用三维 RANS 分析预测性能。在冻结界面模型中,转子与定子之间的信息进行局部交换,平均界面模型对转子-定子界面上的变量沿周向进行平均,如图 4.77 所示。两种模型都预测了静压升、功率和静态效率。对于静压升,与试验数据相比,两种模型在低质量流量条件下都低估了该值,在高质量流量条件下则高估了该值。冻结界面模型较好地预测了功率,而平均界面模型对功率的预测准确性较低。在整个质量流量范围内,平均界面模型对静态效率的预测值过高。另一方面,冻结界面模型在低质量流量条件下对效率预测过低,而在高质量流量条件下对效率预测过高,如图 4.78 所示。

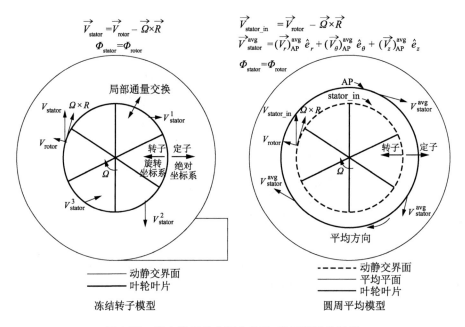

图 4.77　离心鼓风机中两个转子-定子模型的图解

[资料来源:经 Thakur 等(2002)许可转载,ASCE]

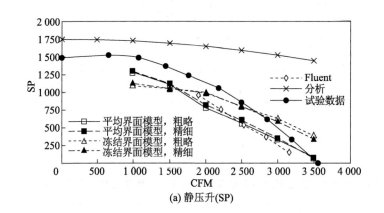

(a) 静压升(SP)

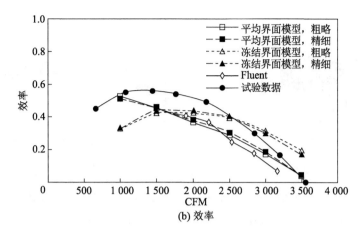

图 4.78　离心鼓风机不同模型的性能数据与试验值的比较

[资料来源:经 Thakur 等(2002)许可转载,ASCE]

Chen 等(1996)提出了一种利用 RANS 分析来模拟前弯(或多叶)离心风机三维流动的数值模型。他们的数值模型包括所谓的"叶片力"的建模,该模型代替了旋转叶片在叶轮中的作用,从而模拟了通过叶轮的速度和压力的变化。因此,该模型不计算叶轮内叶片对叶片的流量,在不指定叶片的情况下,可将"体积力"模型代入叶轮动量方程的源项中进行模拟。该方法的优点是减少了叶轮块内的计算网格(内存),从而缩短了计算时间。由于只有周向力改变了叶轮内流动的动量和总能量,所以在"叶片力"模型中只包含了周向力的建模,该模型使用了 Eck(1975)提出的速度系数的经验公式。后来,Seo 等(2003)对该模型进行了修正,并利用 Kim 和 Kang(1997)对一台前弯离心风机的试验数据对数值模型进行了验证。在该模型中,还考虑了叶轮的径向力,并利用无涡旋的试验数据寻找最优速度系数和效率。圆周力(f_c)和径向力(f_r)的"体积力"模型如下:

$$f_c = \frac{\dot{m}\left[d_2(d_2\omega/2 - c_{2r}\cot\beta_2)\varepsilon - d_1 c_{1u}\right]}{\bar{d}} \tag{4.100}$$

$$f_r = \frac{1}{2}\bar{A}\left\{c_{2u}\left[(1+\eta_{im})u_2 - c_{2u}\right] - c_{1u}\left[(1+\eta_{im})u_1 - c_{1u}\right]\right\} - \sum\frac{\Delta V\rho}{r}c_u^2 \tag{4.101}$$

其中,$\dot{m}$ 是质量流量,d 是叶轮直径,$\bar{d}$ 是进口和出口的平均叶轮直径,ω 是叶轮旋转的角速度,β 是出口气流角,ε 是滑移系数,u 是叶片速度,$\bar{A}$ 是叶轮进口和出口的平均面积,r 是半径,ρ 是流体密度,η_{im} 是叶轮的效率,ΔV 是单元体积,c_r 和 c_u 分别是径向和切向速度分量。下标 1 和 2 分别表示叶轮的进口和出口。图 4.79 显示了叶轮块的网格结构、作用在单个单元上的力的图和速度三角形。叶轮出口速度、压力和气流角的数值计算结果与试验数据吻合较好,模型较好地再现了涡旋内的三维流动结构。

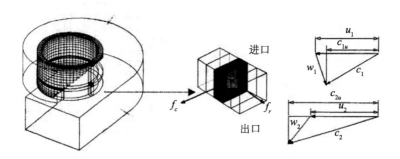

图 4.79   叶轮块的网格结构、作用在单元上的力的图,以及前弯叶片离心风机的速度三角形

[资料来源:经 Seo 等(2003)许可转载,版权所有Ⓒ2003 机械工程师协会]

Guo 和 Kim(2004)提出了一种对传统模型(Yamazaki,1986,1987a,b)进行改进的滑移系数模型,以及一种用于前弯离心风机叶轮内流动数值计算的修正方法。为了验证所建立的滑移系数模型和修正方法,他们采用 $k-\varepsilon$ 湍流模型进行了稳态和非稳态三维 RANS 分析。用于前弯叶片叶轮的改进的滑移系数(μ)模型由下列公式给出:

$$\mu=\frac{C'_{u2}}{C_{u2}}=\frac{C_{u2}-\Delta C_{u2}}{C_{u2}}=1-\frac{\dfrac{U_2}{D_2}a-\dfrac{Q}{4zb_2R_b}}{U_2-\dfrac{Q}{\pi D_2 b_2 \tan\beta_2}}=1-\frac{a/D_2+\varphi\pi D_2/4zR_b}{1-\varphi/\tan\beta_2} \quad (4.102)$$

其中,C_u 是绝对周向速度分量,ω 是转速,a 和 b 分别是有效流道宽度和叶片宽度,U 是圆周速度,D 是直径,Q 是体积流量,z 是叶片数,R_b 是叶片的曲率半径,φ 是流量系数,β 是叶片安放角。下标 1 和 2 分别表示叶轮进口和出口。质量值表示由滑移系数模型得到的实际流速。质量平均绝对周向速度表示如下:

$$\overline{C}_{u2}=C'_{u2}+\Delta C'_{u2} \quad (4.103)$$

该研究中提出了以下修正表达式:

$$\Delta C'_{u2}=w'_2\cos(\pi-\beta'_2)\frac{\varepsilon}{1-\varepsilon} \quad (4.104)$$

其中,

$$\varepsilon=B_F+(1-B_F)B_s$$

$$\beta'_2=\pi-\arctan\frac{C_{m2}}{w'_{u2}} \quad (4.105)$$

这里,ε 是总堵塞系数,C_m 是轴面速度,w 是相对速度,B_F 和 B_s 分别是由靠近前板的回流引起的堵塞系数和由吸力面的流动分离引起的堵塞系数。带有撇号的数值表示由滑移系数模型求出的实际入流角和速度。采用修正方法建立的改进型滑移系数模型,准确地预测了叶轮出口处接近和高于峰值总压系数流量的质量平均绝对周向速度,如图 4.80所示。

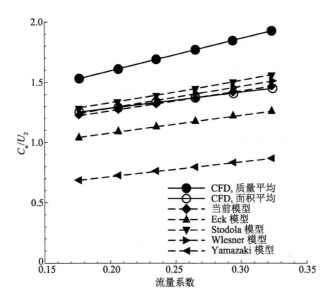

图 4.80　前弯叶片离心风机叶轮出口处预测的周向平均速度的比较

［资料来源：经 Guo 和 Kim(2004)许可转载，版权所有©2003 美国机械工程师协会］

　　Khelladi 等(2005)通过试验和数值模拟研究了叶片离心风机叶轮-扩压器界面的流动。他们着重研究了叶轮和蜗壳之间的轴向间隙对流动的影响，利用三维 RANS 方程和 SST 湍流模型进行了数值分析。结果表明，在数值模拟中考虑轴向间隙的模型能较好地预测离心风机在工作点的局部和整体流动特性。图 4.81 为叶轮进口和回流通道出口处的压力-流量曲线。在回流通道出口处，数值计算结果与实测结果吻合较好。在叶轮进口处，在流量范围 21～40 L/s 内，不考虑轴向间隙的数值计算结果与考虑轴向间隙的试验和数值计算结果有较大偏差。

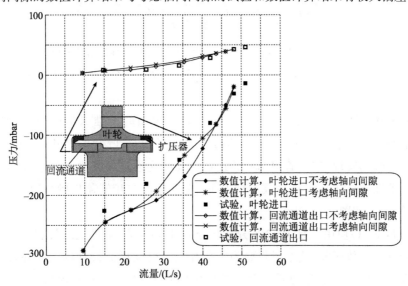

图 4.81　叶片离心风机的气动特性

［资料来源：经 Khelladi 等(2005)许可转载，版权所有©2005 美国机械工程师协会］

Yu 等(2005)使用三维 RANS 分析结合标准 $k-\varepsilon$ 湍流模型对叶片进口角和叶轮与进口之间的间隙对后弯叶片离心风机性能的影响进行了数值研究。结果表明,叶片进口角和叶轮间隙对风机性能的影响较大。Tajadura 等(2006)使用二维和三维 RANS 分析结合 $k-\varepsilon$ 湍流模型进行了数值计算来评估后弯叶片离心风机的非定常流动。非定常流场采用滑移网格技术求解(Gonzalez 等,2002)。图 4.82 为二维和三维 RANS 分析结果与总压系数试验数据的对比。与试验数据相比,不仅性能曲线得到了很好的预测,而且各测点的压力脉动现象也得到了较好的预测。Karanth 和 Sharma(2009)对带扩压器的后弯叶片离心风机进行了数值研究。研究使用二维 URANS 分析和 $k-\varepsilon$ 湍流模型,集中分析叶轮与扩压器之间的径向间隙对流动相互作用的影响,以及对风机气动性能的影响。离心风机由进口区、叶轮、叶片扩压器和蜗壳组成。该研究对 6 种不同径向间隙的结构进行了测试。结果表明,径向间隙比为 0.15 时,效率最高,压头系数最高。

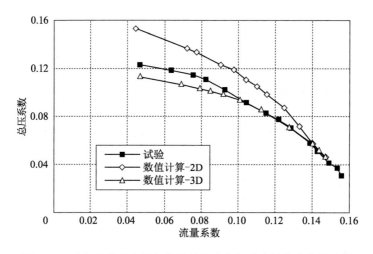

图 4.82　后弯叶片离心风机数值性能曲线与试验性能曲线的比较

[资料来源:经 Ballesteros-Tajadura 等(2006)许可转载,版权所有ⓒ2006 美国机械工程师协会]

Liu 等(2008)利用求解 Spalart-Allmaras 湍流模型的三维 RANS 方程,对离心风机进行了数值研究。离心风机由一个进口管道、一个有 12 个叶片的叶轮、一个扩压器和一个蜗壳组成。研究发现,进口管道与叶轮进口之间的光滑连接减少了流动分离损失,提高了风机的气动性能。在采用直盖板的情况下,选择合理的叶轮盖板倾角可以提高风机的性能,否则性能会如图 4.83 所示下降。

Singh 等(2011)使用三维 RANS 分析结合 realizable $k-\varepsilon$ 模型对带有前、后弯叶片的离心风机进行了参数研究,这个风机是为了冷却汽车发动机而设计的。此外,他们还进行了试验以测量风机的流量和功耗。性能参数包括效率、功率系数和流量系数。该研究测试的几何参数为叶片数、出口角和直径比(即内、外叶尖距中心的长度之比)。结果表明,不同叶片数的风机在高压力系数下均表现出相似的性能,且随着叶片数的增加,流量系数和效率均增高(图 4.84)。与后弯叶片风机相比,前弯叶片风机的效率低 4.5%,质量流量高 21%,功耗高 42%。试验还表明,发动机温度下降显著,前弯叶片对油耗的影响不显著。因此,当车辆需要更高的冷却性能时,他们推荐使用前弯叶片风机。在直径比为 0.5 时,风机的效率最佳。

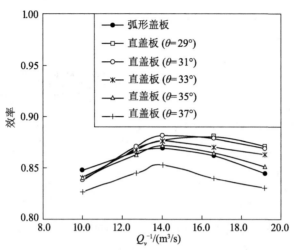

图 4.83 不同倾角的直盖板对离心风机效率的影响

[资料来源:经 Liu 等(2008)许可转载,Taylor & Francis LLC]

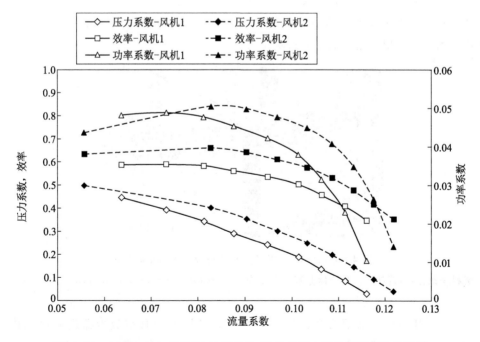

图 4.84 4 000 r/min 转速下 12 叶片和 22 叶片离心风机的性能特性比较

[资料来源:经 Singh 等(2011)许可转载,IJAET]

Chunxi 等(2011)通过试验和数值分析研究了在蜗壳不变的情况下在叶轮中延长叶片对带翼型叶片离心风机性能的影响。将叶轮出口直径分别增大5%和10%获得的两个尺寸更大的叶轮的性能与未扩展的原叶轮的性能进行了对比。通过使用三维RANS方程结合k-ε湍流模型在整个流动域进行数值计算。数值计算结果表明,叶轮越大,蜗壳损失越大。扩展叶轮的试验结果表明,与原叶轮相比,流量、总压升、轴功率、SPL均随着效率的降低而增大(见图4.85)。

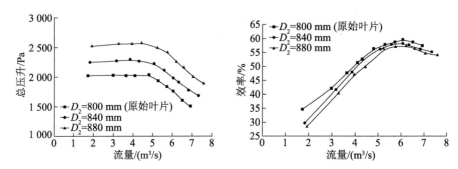

图4.85 叶轮增大对带翼型叶片离心风机性能曲线的影响

[资料来源:转载自 Chunxi 等(2011),经爱思唯尔许可]

Kim 等(2013)在前弯叶片离心风机叶轮中引入了一个环形板。利用三维RANS分析结合SST湍流模型对叶轮进行参数化研究,以发现环形板(见图4.86)对效率的影响。参数化研究的几何参数为环形板高度(h),叶片出口角以及上、下叶轮夹角(θ)。研究发现,当环形板安装在距轮毂25%跨距处且上、下叶轮叶片数相同时效率最高(见图4.87)。上、下叶轮夹角和叶片出口角对效率的影响不大。

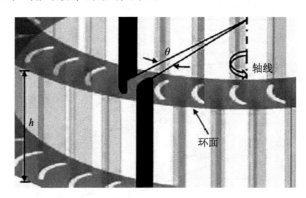

图4.86 离心风机叶轮中与环形板有关的几何参数

[资料来源:经施普林格科学+商业媒体善意许可,©2013,1589-1595,Kim 等(2013)]

Li(2009)用试验和数值方法研究了带有进口扩压器的真空吸尘器离心风机内的流动。数值模拟使用三维URANS分析结合k-ε模型进行。介绍了详细的流动结构和流动过程中每一步的能量损失,并对电机-风机系统结构的设计改进和应用提出了建议。

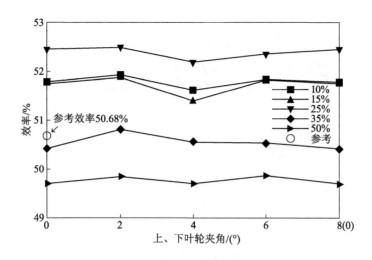

图 4.87　前弯叶片离心风机效率随环形板高度和上、下叶轮夹角的变化

［资料来源：经施普林格科学＋商业媒体善意许可，©2013，1589－1595，Kim 等(2013)］

对离心风机进行了气动声学分析。Jeon 和 Lee(1997)评估了一种识别离心风机噪声源的预测方法。采用离散涡旋方法对非定常流场和非定常力波动进行了分析，以预测声场。研究发现，环形离心风机的宽带噪声是由叶轮叶片周围的非定常力波动引起的。Perie 和 Buell(2000)研究了前叶片离心风机气动/气动声学分析的隐式数值解与显式解的比较。隐式解是一种经典的 CFD 解，具有隐式求解器、旋转参照系的固定拓扑结构和湍流模型的特点。显式解涉及显式求解器，该显式求解器考虑了拓扑结构的变化，在非定常流场模拟和气动声学分析中具有一定的优势。两种求解方法的整体性能无显著差异，就反应时刻和通过风机的压力跃变而言，隐式解与显式解之间仅存在 12％的差异。

Younsi 等(2007)针对几何参数对前弯离心风机气动和气动声学性能的影响进行了数值和试验研究。图 4.88 所示为同一蜗壳内的 4 种不同叶轮结构。这些结构显示了不同的叶片空间(具有不规则间距的 VA160D)、叶片数和叶轮出口直径。数值模拟的控制方程是结合 SST 湍流模型的非定常 RANS 方程。此外，利用 Ffowcs Williams‐Hawkings 方程(Williams 和 Hawkings，1969)对远场声压进行了预测。结果表明，叶轮出口直径越小(VA150)效率越高，叶片数越少(VA160E)SPL 越高。

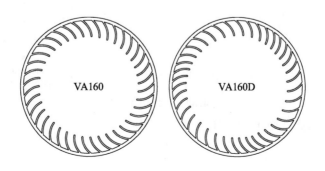

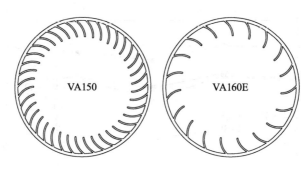

图 4.88 离心风机的叶轮结构

[资料来源：经 Younsi 等(2007)许可转载，Hindawi]

4.3.4 针对风机优化的优化问题和算法

近年来，随着高速计算机的发展，透平机械设计中的设计优化技术已经成为取代昂贵试验方法的实用技术。此外，正如 Samad 和 Kim(2009)所述，代理建模的发展促进了结合 RANS 分析的优化技术在气动透平机械设计中的应用。图 4.89 显示了针对单目标和多目标问题的代理优化过程。

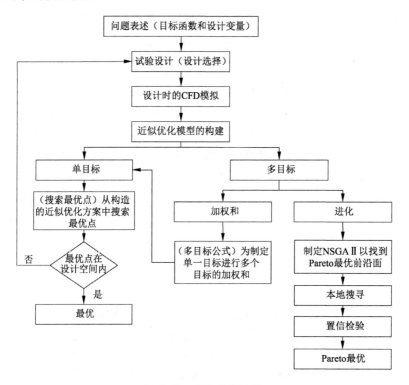

图 4.89 代理优化过程

[资料来源：经 Samad 和 Kim(2009)许叮转载，IJFMS]

4.3.4.1 轴流风机

虽然有一些利用一维气动分析的优化方法被应用到风机设计中(Zhou 等,1996),但 Choi 等(1997)在将 CFD(更具体地说是三维 RANS 分析)和优化技术相结合用于轴流风机设计方面进行了开创性的工作。在此之前,已有的大多数流体动力学设计优化工作都采用无黏流或二维黏性流分析,而非高保真流分析。他们利用三维 RANS 分析将数值优化技术应用于汽车冷却风机的设计(如螺旋桨风机,如图 4.90 所示)。共轭梯度法(Arora,2004)是一种基于梯度的优化算法,用于搜索最优设计。此外,为了使搜索方向上的目标函数最小化,还采用了黄金分割法。为提高风机的性能,对叶片扫掠进行优化,扫掠角变化量由二次分布函数定义如下:

$$\gamma = aR_n^2 + bR_n + c \tag{4.106}$$

$$R_n = 0,\ \gamma = 0$$

$$R_n = 0.5,\ \gamma = \gamma_m$$

$$R_n = 1,\ \gamma = \gamma_1 \tag{4.107}$$

其中,

$$R_n = \frac{R - R_{HUB}}{R_{TIP} - R_{HUB}} \tag{4.108}$$

这里,R_{TIP} 和 R_{HUB} 分别为叶尖和轮毂的半径。这个分布函数中,两个设计变量 γ_m 和 γ_1 的定义如图 4.91 所示:γ_m 是翼展中点的扫掠角,γ_1 是翼尖的扫掠角。该研究采用单目标优化方法,分别对两个不同的目标函数进行了测试:一个是通过风机的压力系数的增加(案例 1),另一个是湍动能的产生速率与压头的比值(案例 2)。后者是一个相当有趣的目标函数,它还没有被用作风机的性能参数。使用前一个目标函数(案例 1)优化后,随着叶片形状的变化,压力升高约 17%,如图 4.92 所示。另一方面,在案例 2 中得到的最优设计(图 4.93)显示了叶片的大扫掠,非常成功地降低了噪声水平。性能试验证明,与案例 2 中的参考风机(即初始设计)相比,在 1 550~2 150 m³/h 流量范围内降噪约 4.5 dB,而与案例 1 相比噪声没有改善。起亚汽车采用如图 4.93 所示的设计作为汽车冷却风机。然而,湍动能的产生速率与风机噪声之间的关系到目前为止还没有理论发现,因此需要对这一课题进行进一步的研究。

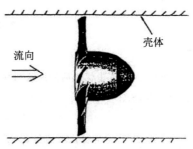

图 4.90　汽车冷却风机模型

[资料来源:经 Choi 等(1997)许可转载,SAE]

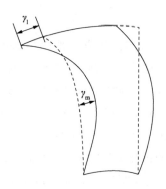

图 4.91　螺旋桨风机叶片设计变量的定义

[资料来源:经 Choi 等(1997)许可转载,SAE]

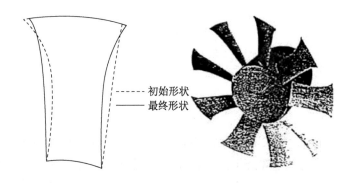

— — — 初始形状
———— 最终形状

图 4.92　案例 1 中优化后的风机形状

[资料来源:经 Choi 等(1997)许可转载,SAE]

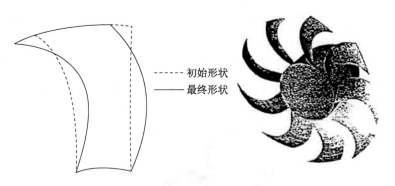

— — — 初始形状
———— 最终形状

图 4.93　案例 2 中优化后的风机形状

[资料来源:经 Choi 等(1997)许可转载,SAE]

　　Sorensen 等(2000)基于其提出的近似气动分析方法(任意涡流模型)对轴流风机进行了优化,该方法在 4.3.3.1 小节中介绍。该优化是在流量的设计区间进行的,而不是在设计点使用序列二次算法。目标函数定义为风机效率在设计区间内的平均值。选取转子轮毂半径和翼型弦长、距旋转轴交错角、翼型外倾角的展开分布作为设计变量。他们认为，对于较窄的设计区间，最优效率不太依赖于设计区间，因此他们的优化方法适用于在有限流量范围内运行的风机的设计。Sorensen(2001)也尝试使用相同的气动分析模型(Sorensen 等,2000)和Fukano 等(1977)提出的尾缘噪声模型对轴流风机的尾缘噪声进行优化，使其最小化。他发现通过优化可以在效率降低很小的同时获得较大的降噪效果。

Lotfi 等(2006)利用三维 RANS 分析和用于全局优化的 GA 对工业风机叶片进行了优化，以提高风机效率。他们使用 Denton[12]的 CFD 求解器"MULTIP"与网格生成器"STAGEN"对通过风机的流量进行稳态 RANS 计算。在恒定质量流量和叶片厚度的情况下，通过改变叶片曲面线、倾斜和扫掠，进行了优化设计。采用八阶贝塞尔曲线对曲面线进行修正，利用多项式函数对叶片的倾斜和扫掠量按轮毂弦的百分比进行调整。通过优化，效率提高了 1%以上。结果表明，基准叶片的旋转方向倾斜和后掠对效率的影响不大，而前掠使效率提高了 0.6%。

Yang 等(2007a)使用基于 GA、反向传播人工神经网络(ANN)和三维 RANS 分析的优化算法对带倾斜叶片的轴流风机进行了优化。目标函数定义为效率与总压升的线性组合。图 4.94 显示了它们的优化过程。通过对径向叶片堆积线的优化，得到了前倾角为 6.1°

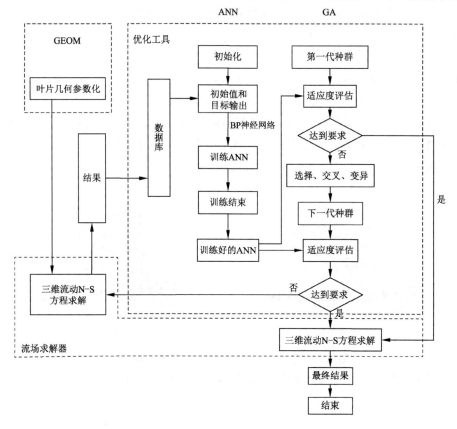

图 4.94　基于 GA 和反向传播 ANN 的优化设计系统

［资料来源：经 Yang 等(2007a)许可转载,Hindawi］

的斜叶片作为最优叶片。通过优化,在设计工况下,风机效率、总压升、稳定运行范围分别提高 1.27%,3.56%,30%,气动噪声降低 6 dB(A)以上。这些结果得到了 Yang 等(2008)的试验证明。

Chen 等(2011)对仿生风机进行了优化。采用仿生方法设计了风机叶片;利用三维坐标测量机对长耳猫头鹰翅膀进行扫描获得了点云数据,利用样条函数法对翅膀点云进行曲面拟合,得到了风机叶片形状。采用 Taguchi 法(Ross,1996)进行优化,使 SPL 最小,质量流量最大。Taguchi 法是一种统计质量控制技术,它选择可控因素的水平来抵消由不可控因素引起的响应变化,不同于传统的使用搜索算法的设计优化技术。在叶片数、凸台比、叶片交错角等几何参数中,交错角是影响叶片质量最有效的参数。通过验证试验确定了风机参数的最优组合。优化后的风机几何形状表明,与初始风机相比,质量流量和 SPL 分别提高了 31.4%和降低了 12.8%。

4.3.4.2 轴流风机

Lee 等(2008)使用基于 SST 湍流模型和 RSA 代理的三维 RANS 分析(Myers 和 Montgomery,1995)对低速轴流风机进行了优化,以提高风机的效率。对堆积线和叶片型线进行修改,使目标函数即叶片总效率最大化。选取叶片倾斜度、最大厚度和最大厚度位置等几何参数作为优化设计变量。直线堆积线由叶片倾斜度(角度)决定,倾斜度定义为翼型垂直于弦线的运动。通过优化,效率提高了 1.5%。结果表明,叶片堆积线的倾斜程度对总效率有较大的影响。优化后的风机叶片吸力面附近的流线与参考风机相比呈现出分离线向下游方向移动的趋势,如图 4.95 所示,从而减少了损失,提高了效率。对于同一风机,Seo 等(2008)对叶片堆积线进行了优化。为最大限度地提高风机效率,选取了确定叶片堆积线扫掠和倾斜展向分布的 4 个几何参数作为设计变量。他们使用了图 4.96 所示的叶片倾斜和扫掠的定义。为了近似目标函数,采用 RSA 代理模型。通过优化,风机效率比参考风机提高了 1.75%,如图 4.97 所示。

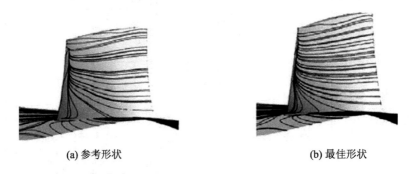

(a) 参考形状　　　　　　　　　　　　　(b) 最佳形状

图 4.95　低速轴流风机叶片吸力面附近的流线

[资料来源:经施普林格科学＋商业媒体善意许可,©2008,1864－1869,Lee 等(2008)]

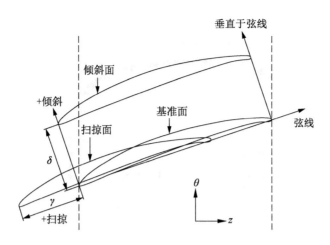

图 4.96　轴流风机叶片扫掠和倾斜的定义

［资料来源：经 Seo 等（2008）许可转载，版权所有ⓒ2008 机械工程师协会］

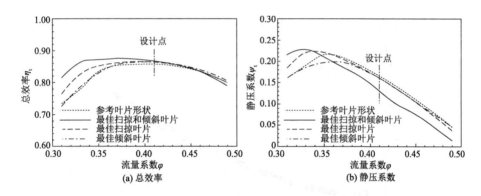

图 4.97　轴流风机最佳叶片形状与参考叶片形状性能和效率曲线的比较

［资料来源：经 Seo 等（2008）许可转载，版权所有ⓒ2008 机械工程师协会］

　　Samad 等（2008a,b）使用多目标进化算法（MOEA）（Collette 和 Siarry,2003）和三维 RANS 分析对前述风机进行了多目标优化。考虑了风机的总效率、总压力和叶片扭矩 3 个目标，并使用与 Seo 等（2008）相同的 4 个设计变量进行了两次优化，每次优化采用两个目标函数。LHS（McKay 等,1979）用于 DOE 分析来选择设计空间中的设计点构建 RSA 模型。对于多目标优化，使用局部搜索策略增强的非优势排序 GA（NSGA-Ⅱ）（Deb 等,2002）来寻找 Pareto 最优前沿（见图 4.98）。Kim 等（2010）针对不同的设计变量，对同一轴流风机进行了另一次多目标优化。选取总效率和转矩作为两个相互冲突的目标函数，选取与叶片倾斜角度和叶型相关的 6 个参数作为设计变量。使用带有局部搜索的 NSGA-Ⅱ（Deb 等,2002）查找 POS,如图 4.99 所示。

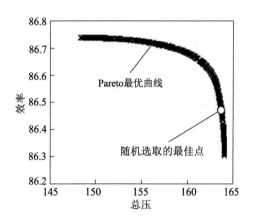

图 4.98　轴流风机效率和总压的 Pareto 最优解

［资料来源:经 Samad 等(2008a)许可转载,世界科学出版社］

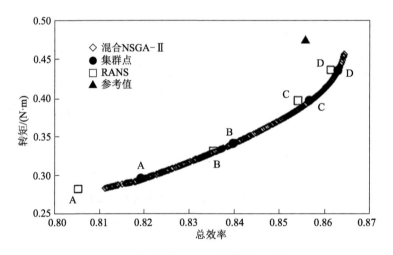

图 4.99　采用混合 MOEA 的轴流风机的 POS

［资料来源:经施普林格科学＋商业媒体善意许可,©2010,2059−2066,Kim 等(2010)］

　　Kim 等(2011)使用与先前研究相同的气动分析和优化方法对通风轴流风机进行了多目标优化(Kim 等,2010)。用于数值分析的几何、计算域和网格系统如图 4.100 所示。在这项工作中,优化过程被重复了两次,为了反映不同设计变量对两个目标函数的影响,即在计算时间减少的情况下的风机的总效率和总压升。第一次优化使用了 3 个设计变量,定义了轮毂、翼展中点和叶尖交错角;第二次优化使用了 5 个设计变量,即轮毂与叶尖比、轮毂盖安装距离、轮毂盖比、翼展中点和叶尖交错角。这些设计变量的定义如图 4.101 所示。多目标优化的结果,包括 POS,一些代表性 POS 的 RANS 评估,以及一个参考设计,如图 4.102 所示。由于目标函数要最大化,Pareto 最优前沿呈凸形。每一个 Pareto 最优解对于目标函数都有自己的约束条件。Pareto 最优前沿的最末端表示一对最优解：一个目标函数的最大值和另一个目标函数的最小值。结果表明，第二次优化(E~I)的 POS 值均优于第一次优化(A~D)。RSA 模型预测的目标函数相对于 RANS 分析结果的相对误差小于 1.0%。与没有轮毂盖的参考模型(0.742 1)相比，第一次和第二次优化得到的最大效率增量分别为 0.011 5 和 0.018 2。第一次和第二次优化的最大压力分别为 110.264 Pa 和 112.239 Pa，这比参考设计值 85.433 Pa 大得多。然而，这些性能提升部分要归功于轮毂盖的安装。

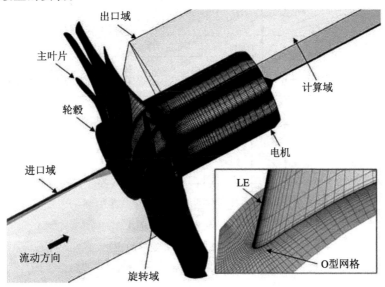

图 4.100   轴流风机的三维造型和计算域

［资料来源：经 Kim 等(2011)许可转载，版权所有ⓒ2011 美国机械工程师协会］

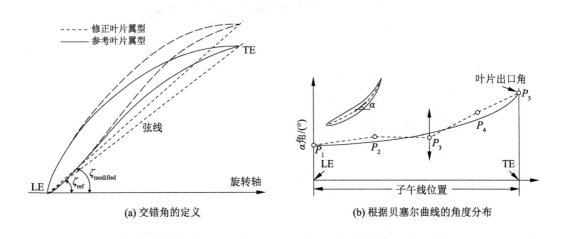

(a) 交错角的定义   (b) 根据贝塞尔曲线的角度分布

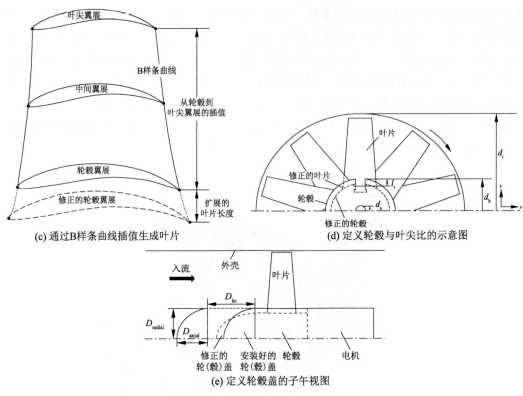

(c) 通过B样条曲线插值生成叶片　　　　(d) 定义轮毂与叶尖比的示意图

(e) 定义轮毂盖的子午视图

图 4.101　轴流风机设计变量的定义

［资料来源：经 Kim 等(2011)许可转载，版权所有◎2011 美国机械工程师协会］

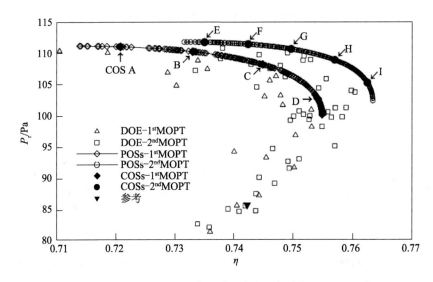

图 4.102　轴流风机的第一次和第二次多目标优化(MOPTs)结果

［资料来源：经 Kim 等(2011)许可转载，版权所有◎2011 美国机械工程师协会］

Kim 等(2014)进行了另一项多目标优化,以同时提高该通风轴流风机的气动性能和气动声学性能。采用三维定常和非定常 RANS 方程结合 SST 湍流模型进行了气动分析,并在非定常流场分析的基础上,为进行气动声学分析求解了 Ffowcs Williams - Hawkings 方程。分别进行了单目标优化和多目标优化,以总效率作为单目标优化的目标函数。目标函数由具有 5 个设计变量的 PRESS(predicted error sum of squares,预测误差平方和)平均(PBA)模型(Goel 等,2007)近似:轮毂与叶尖比、轮毂盖安装距离、轮毂盖比、叶片翼展中点和叶尖的角度分布。在单目标优化的基础上,采用混合 MOEA 和 RSA 代理模型进行多目标优化,同时提高总效率、降低总 SPL。在多目标优化中,采用了在单目标优化中未测试的定义为叶顶扫掠角和倾斜角的两个设计变量。通过单目标优化,总效率比参考设计提高了 1.90%,但总 SPL 也提高了 0.47 dB(A)。如图 4.103 所示,在通过多目标优化得到的 POSs 中,与参考设计相比,趋向噪声的设计 AOD 1 和趋向效率的设计 AOD 2 总效率分别提高 1.44% 和 2.20%,总 SPL 分别降低 0.62 dB(A)和 0.44 dB(A)。因此,多目标优化通过优化叶片的扫掠角和倾斜角,进一步提高了气动性能和气动声学性能。

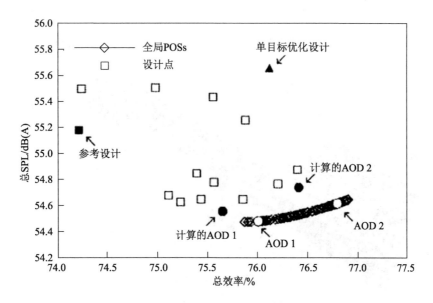

图 4.103　轴流风机的全局 POS

[资料来源:经 Kim 等(2014)许可转载,版权所有ⓒ2014 美国航空航天学会有限公司]

Kim 等(2012b)基于三维 RANS 分析和代理建模,对隧道通风射流风机进行了优化。图 4.104 显示了用于射流风机分析的计算域和网格系统,该风机由机壳、消声器、电机及转子和定子叶片组成。采用 PBA 模型(Samad 等,2008a,b)作为代理模型近似目标函数,即总效率。采用确定轮毂和叶冠处转子叶片子午线长度和厚度剖面的 4 个几何参数作为优化设计变量。通过 LHS 为 4 个设计变量生成 35 个设计点,对这些点进行三维 RANS

分析,计算目标函数值,并根据这些目标函数值构建 PBA 模型。

$$F_{\text{wt,avg}} = 0.584 F_{\text{RSA}} + 0.396 F_{\text{KRG}} + 0.020 F_{\text{RBNN}} \tag{4.109}$$

其中,F_{RSA},F_{KRG} 和 F_{RBNN} 分别表示 RSA,KRG 和 RBNN 模型。PBA 模型是这些基本代理模型的加权平均值,用以避免选择精度较低的代理模型。通过优化,总效率比基本模型提高 1.11%。

Aulich 等(2013)对一台对旋风机进行了多学科优化。这项工作从空气动力学、机械、气动弹性和制造等多个方面考虑了不同的目标。在这个集成式对旋带罩桨叶风机中,两个转子在设计的第一阶段就已经进行了气动优化。该文提出了一种新的优化策略来寻找一个直接试验的试验方案。在优化过程中,考虑了两个目标函数,其中有 106 个设计变量,存在大量的空气动力学和机械约束,这两个目标函数与转子叶片在不同叶高下的 4 种叶型和叶片的轴向位置有关。通过连续 4 次气动优化,风机叶片的力学性能得到了改善。在第三次优化之前,为了保证前一次优化得到的改进,目标函数成为下一次优化的约束条件。由于气动性能在此过程中略有下降,因此在保持所获得的机械性能不变的前提下,又进行了第四次优化以提高效率。优化过程如图 4.105 所示。

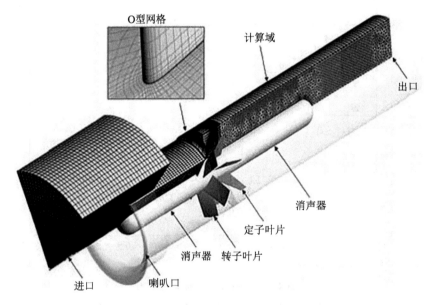

图 4.104　射流风机的计算域和网格系统

［资料来源:经施普林格科学＋商业媒体善意许可,©2012,1793—1800,Kim 等(2012a)］

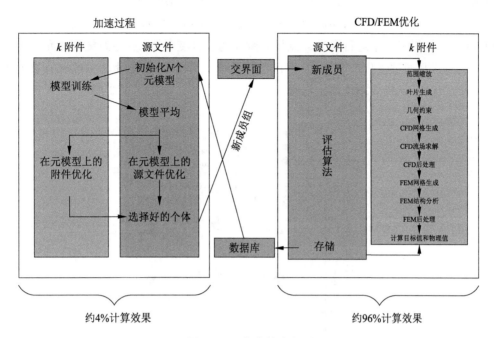

图 4.105　优化的流程图

［资料来源：经 Aulich 等（2013）许可转载，版权所有Ⓒ2013 美国机械工程师协会］

4.3.4.3　离心风机

Han 等（2003）以及 Han 和 Maeng（2013）基于二维 RANS 分析，分别采用 RSA 和神经网络算法对前弯叶片离心风机进行了相似的优化，从截止角和曲率半径来提高容积流量（即目标函数）。为了减少计算时间，他们使用二维 RANS 分析来评估气动性能。为了得到用于二维计算的叶轮进口处的边界条件，他们对具有不同截止角和曲率的风机进行了试验。进口边界条件是在 60％叶轮宽度下得到的，其中流量不受非活动区域的影响，这是根据试验观察得出的，由于流动再循环而形成的非活动区域位于 150°和 180°截止角之间，并且在距风机入口约 50％叶轮宽度范围内。从图 4.106 中可以看出，试验测量与二维 RANS 分析在体积流量上有较大的差异，但定性性能非常相似。Han 等（2003）在 72.4°的截止角和 0.092 倍叶轮外径的截止曲率半径处获得了最优设计，这两处截止面的流动分离减小了。

Kim 和 Seo（2004）使用三维 RANS 分析和 RSA 代理模型对前弯叶片离心风机进行了优化。为了减少由于前弯叶片风机有大量叶片而引起的计算时间过长等问题，他们使用了 Seo 等（2003）提出的叶轮力模型。这个模型将风机内部流动视为稳定流动，动叶的作用（叶片力）由叶轮块中每个计算单元所受的体积力决定。优化的目标函数是风机效率，如图 4.107 所示的截止位置（θ_c）、截止半径（R_c）、涡旋扩张角（α）和叶轮宽度（b）作为设计变量。采用三维优化设计方法，在设计空间中选取 42 个设计点，计算目标函数值，用于建立 RSA 模型。对风机静压进行了有约束和无约束的优化，与基准风机相比，效率得到了有效提高。如图 4.108 所示，叶轮宽度的减小使得非活动区域（流动再循环区域）从叶轮出口表面积的 18.4％减小到 13.4％。通过对计算结果的分析,他们发现,在总效率较高但静态效率较低的情况下,涡旋中三维流场较强。Kim 和 Seo(2006)对同一风机进行了类似的优化,使用了一个运行参数即流量系数作为设计变量,而不是涡旋扩张角。由于最高效率点通常是通过优化来改变的,因此将流量系数作为设计变量之一可以有效地提高效率。通过优化,风机效率比固定流量优化提高了 3.1％,如图 4.109 所示。

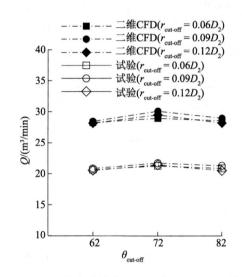

图 4.106　前弯叶片离心风机体积流量的比较

［资料来源:转载自 Han 等(2003),©2003,经 Taylor & Francis Ltd.许可］

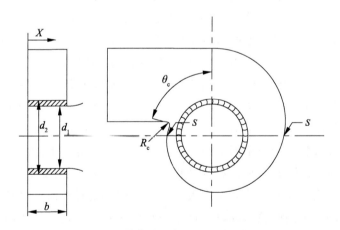

图 4.107　前弯叶片离心风机的几何形状

［资料来源:经 Kim 和 Seo(2004)许可转载,版权所有©2004 美国机械工程师协会］

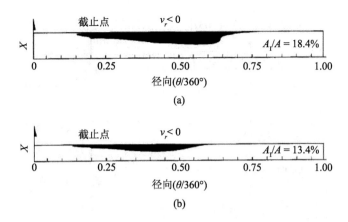

图 4.108 对于(a)基准形状和(b)第一个最优形状而言的前弯叶片
离心风机叶轮出口处的非活动区域

［资料来源：经 Kim 和 Seo(2004)许可转载，版权所有ⓒ2004 美国机械工程师协会］

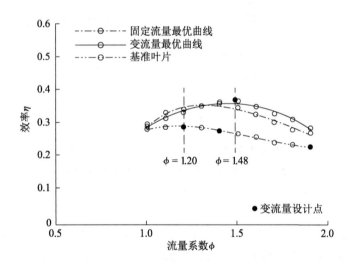

图 4.109 基准叶片与最优前弯叶片离心风机效率曲线的比较

［资料来源：经 Kim 和 Seo(2006)许可转载，JSME］

　　Sugimura 等(2008,2009)提出了一种称为 MORDE(多目标鲁棒设计探索)的设计方法，将多目标优化技术和数据挖掘技术结合起来，用于洗衣机-烘干机的后弯离心风机设计。他们的优化方法引入了设计变量的概率表示，并使用 Kriging 模型来近似多个设计目标，如图 4.110 所示。GA 优化了响应的平均值和标准差(目标函数)，即风机效率和湍流噪声水平。采用三维稳态 RANS 分析对目标函数值进行评价。结果表明，通过对性能的平均值和方差进行分析和平衡，可以从非优势解中选择设计候选方案。他们还试图通过应用数据挖掘技术来获取设计知识。利用自组织映射对高维设计数据进行可视化和重用。采用决策树分析和粗糙集理论提取设计规则，提高设计性能。

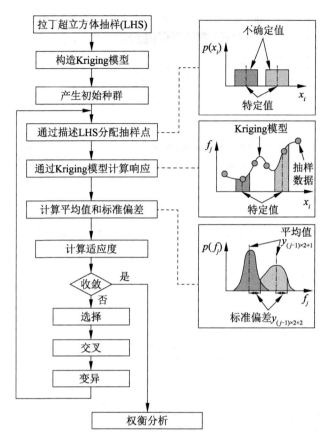

图 4.110   MORDE 流程图(p:概率密度函数;x_i:第 i 个设计变量;
f_j:第 j 个评价函数;y_*:第 $*$ 个目标函数)

[资料来源:经 Sugimura 等(2009)许可转载,JSME]

　　Sugimura 等(2010)对带叶片扩压器的离心风机进行了多目标优化。采用多目标优化和定量设计规则挖掘相结合的方法,提高了离心风机的气动效率和稳定性。利用非均匀有理数 B 样条(NURBS)曲线通过子午线叶轮剖面和几个叶片剖面(叶片截面)来定义离心叶轮的形状。图 4.111 为叶轮的子午剖面,包括叶片扩压器和连接的无叶扩压器。对于气动分析,需要结合标准 k-ε 模型求解三维 RANS 方程。在旋转区域与静止区域的界面之间,采用混合平面作为界面技术。在混合平面上,只对周向流动特性进行平均,因此需要考虑扩压器的跨向非均匀流入。以风机效率和叶片扩压器进口入射角分布的均方根为目标函数,选取 16 个与叶轮和叶片外形有关的参数作为设计变量,对轴功率进行约束,以进行优化。首先,利用多目标 GA(MOGA)对叶轮进行优化,以提高风机效率和流动均匀性。试验结果表明,折中方案可以同时改善这两个目标函数。其次,分别利用图 4.112和图 4.113 所示的决策树分析(Witten 和 Frank,2005)和粗糙集理论(Pawlak,1982)得到改进目标函数的设计规则。图 4.114 为通过决策树分析和相关分析得到的设计规则。趋向效率的极限设计规则表明在目标函数空间中从 P1 移动到 P2。并且,趋向气动稳定性的极限设计规则表明从 P1 移动到 P3。量化规则也适用于这些移动。用于权衡控制的规则集是从 P3 移动到 P2 的例子,可应用于定性规则。数据挖掘结果表明,进口叶片角度对效率的影响最大,叶轮出口高度和叶冠侧外半径对气动稳定性的影响最大。

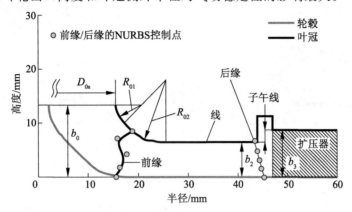

图 4.111　离心风机子午面轮廓的定义

［资料来源:转载自 Sugimura 等(2010),©2010,经 Taylor & Francis Ltd. 许可］

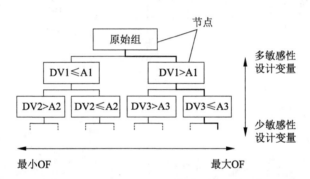

图 4.112　决策树图

［资料来源:转载自 Sugimura 等(2010),©2010,经 Taylor & Francis Ltd. 许可］

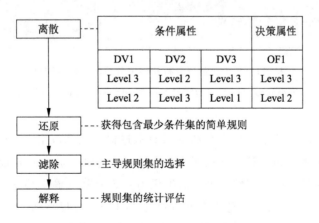

图 4.113　粗糙集理论的应用程序

［资料来源:转载自 Sugimura 等(2010),©2010,经 Taylor & Francis Ltd. 许可］

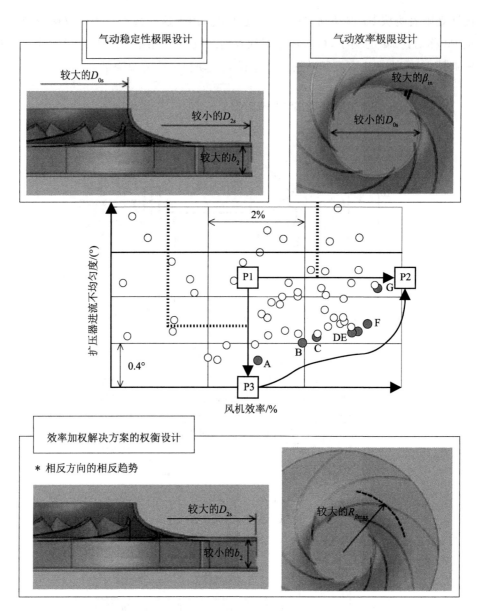

图 4.114 基于决策树分析和相关分析的设计规则总结

[资料来源:转载自 Sugimura 等(2010),©2010,经 Taylor & Francis Ltd. 许可]

Lee 等(2011)利用三维 RANS 分析对具有双进口叶轮和双出口蜗壳的离心风机进行了优化。采用数值优化和经验导向技术对叶轮叶片、进口管道和叶轮前盖板进行了重新设计。优化的目标是在提升侧蜗壳出口输出压力一定时降低输入功率。采用 GA 优化方案对叶片进行二维外形优化,叶轮效率由基础设计的 92.6% 提高到 93.7%。此外,对叶片后缘形状的控制有效地降低了功率(从 0.945 的参考功率降低到 0.896 的参考功率),同时保持了效率不变。将两个现有叶轮(B#1 和 B#2)和一个新叶轮需求的和 CFD 预测的升压系数与测量值做了比较,如图 4.115 所示。

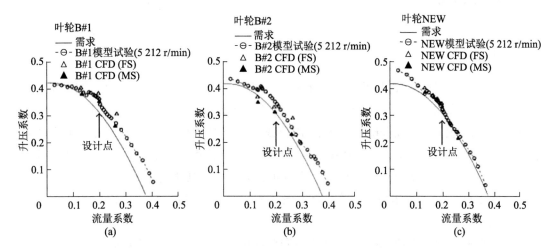

图 4.115 离心风机(a)B#1、(b)B#2 和(c)新叶轮需求的和 CFD 预测的升压系数与测量值的比较
[资料来源:经 Lee 等(2011)许可转载,Hindawi]

Khalkhali 等(2011)对前弯叶片离心风机进行了多目标优化。气动分析基于三维 RANS 方程和标准 $k - \varepsilon$ 模型进行。该优化的目的是提高某离心风机的扬程并减少其扬程损失。设计变量为叶片数量和确定叶片曲面线所需的 3 个参数,即前缘角、后缘角、交错角。利用来自神经网络的进化群数据处理方法(GMDH)(Farlow,1984)构造了两个设计变量的二阶多项式的代理模型(元模型)。建立 4 个设计变量的代理模型所需的数值分析次数为 132。最后,利用 MOGAs 为扬程和扬程损失这两个相互冲突的目标寻找 POS。

Lu 等(2012)基于三维气动声学分析,对前弯叶片离心风机进行了降噪优化。在三维非定常 RANS 和 LES 分析的基础上,利用叶频的压力脉动在蜗壳上作为外激力,构建蜗壳的参数有限元分析(FEA)模型,用试验分析验证 FEA 模型的有效性,以蜗壳的前、侧、后面板的厚度作为设计变量。为了减少每次优化迭代过程中气动声学分析的计算时间,以节点速度的平方和代替振动声学仿真结果作为目标函数,并通过振动声学仿真对优化结果进行验证。采用直接边界元法对蜗壳进行优化,结果表明,优化后蜗壳的振动声学性能和辐射功率均显著降低。

Heo 等(2015a)对带分流叶片的离心风机进行了多目标优化,同时提高了效率和压升。利用 SST 湍流模型进行了三维 RANS 分析,并利用混合 MOEA 和 RSA 代理模型进行了优化。选取分流叶片的位置和叶轮进、出口高度比作为设计变量。在优化得到的 Pareto 最优设计中,AOD1 和 AOD2 两种任意设计与无分流叶片的设计相比,效率和压升分别提高了 3.81%,69.59 Pa 和 3.82%,63.7 Pa。

4.4 水轮机

4.4.1 引言

水轮机将储存在水库或河流中的水能转化为机械能。自 19 世纪中叶美国的 J. B. Francis(1909)发明第一台水轮机以来,Francis 水轮机作为一种内流式的反动式水轮机一直在发展。20 世纪初 Kaplan 水轮机作为轴流式水轮机首次面世。Pelton 在 19 世纪晚期发明了脉冲水轮机。在 Francis 和 Kaplan 水轮机中,转子和定子都会出现压降,但 Pelton 水轮机的转轮不会出现压降。水轮机的反动度定义为水轮机通过转轮的静压降与通过级的静压降之比。Kaplan 水轮机、Francis 水轮机和水泵水轮机的反动度分别为 90%,75% 和 50% 左右。

水轮机典型性能参数标准化速度(K_c)和标准化圆周速度(K_u)定义如下:

$$K_c = \frac{C}{\sqrt{2gH}} \ 和 \ K_u = \frac{U}{\sqrt{2gH}} \tag{4.110}$$

其中,C 为流速,U 为叶片周向转速,g 为重力加速度,H 为水轮机水头。

如 Drtina 和 Sallaberger(1999)所述,水轮机可按若干标准分类,如轴旋转的方向(水平或垂直)、比转速(高、中或低)、工作水头(高压 200 m<H<2 000 m,中压 20 m<H<200 m,低压 H<20 m)、调节类型[单调节,可变定子叶片(VSV),例如 Francis;双调节,可变转轮和定子叶片,例如 Kaplan 或可变针阀冲程和可变射流数],以及设计理念(单级或多级、单蜗壳或双蜗壳、单射流或多射流)。图 4.116 展示了取决于体积流量(Q)和水头上升(H)的水轮机的类型,且包含其相关的功率输出信息。水轮机也可按比转速和水头上升进行分类,如图 4.117 所示。转轮叶片的数量通常随着比转速的增大而减少。

近几十年来,CFD 分析方法在水力机械设计中得到了广泛的应用。Keck 和 Sick (2008)对 CFD 方法在水力叶轮机械中的应用进行了全面的总结。他们将整个开发周期分为 4 个子周期:势流和准三维周期(1978—1987),三维欧拉周期(1987—1994),稳态 RANS 周期(1990—2000),非稳态、多相、多物理周期(2000)。

在第一个周期,通过引入子午线和叶片对叶片分析中的流函数,利用三维欧拉方程的准近似方法,计算了叶轮机械的叶片偏离势流的流动。

在 CFD 发展的第二个周期,以使用三维欧拉方程的分析为主。Göde 和 Rhyming (1987)报道了首次对 Francis 转轮成功应用三维欧拉分析方法。通过三维欧拉分析,实现了高精度的非设计计算。他们在图 4.118 中展示了首次用三维欧拉分析对非设计工况下的前缘涡进行数值模拟。

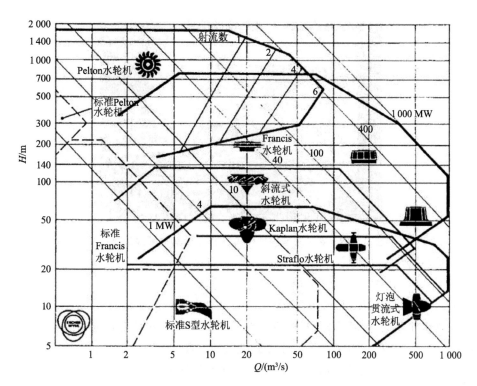

图 4.116　不同类型水轮机转轮及运行工况概述

［资料来源：经 Drtina 和 Sallaberger(1999)许可转载，版权所有©1999 机械工程师协会］

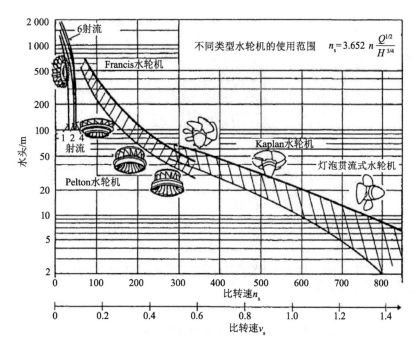

图 4.117　不同类型水轮机选型图

［资料来源：经 Drtina 和 Sallaberger(1999)许可转载，版权所有©1999 机械工程师协会］

图 4.118　基于三维欧拉代码的 Francis 转轮前缘涡模拟

［资料来源：Göde 等(1989)］

　　从 1990 年到 2000 年,稳态 RANS 方程成为水力机械分析的主要工具。有限体积法被用于求解水轮机的 RANS 方程,该方法对质量和动量方程具有较强的收敛性。与欧拉方程相比,RANS 方程同时考虑了湍流和黏性效应。Keck 等(1996)首次展示了使用 CFD 研究的 Francis 水轮机的特性曲线图,基于 CFD 的特性曲线图与试验得到的结果非常吻合,如图 4.119 所示。

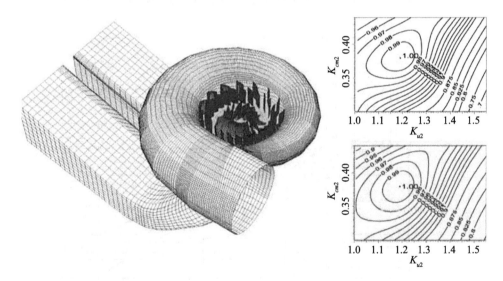

图 4.119　Francis 水轮机的数值特性曲线与试验特性曲线图

［资料来源：Keck 等(1996)］

　　从 2000 年至今,两相流与流固耦合的非定常 RANS 分析取得了非常显著的进展。叶轮机械的转动部件与静止部件之间通常存在非定常现象。为了考虑空化对性能预测的影响,需要对其进行两相流模拟。采用 Rayleigh - Plesset 方法对汽泡的形成和破裂过程进行建模。计算的与试验的尾水管涡带的对比如图 4.120 所示(Stein 等,2006)。

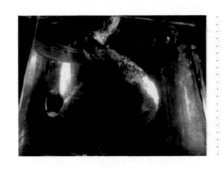 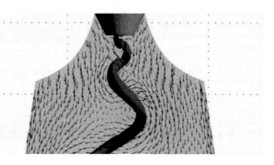

图 4.120　在试验台上观察到的空化尾水管涡带(左)和 CFD 预测的空化尾水管涡带(右)

［资料来源：Stein 等(2006)］

4.4.2　水轮机的空化现象

在水力机械中,汽泡在低压区产生,并在高压区破裂。通过这个现象,叶片表面受到较高的局部应力,这个现象称为空化。水轮机的性能在运行数年后会下降,因为水轮机会受到严重的空化损伤。完全消除水轮机的空化对水力性能的影响是不可能的,但可以将影响降至一个经济上可以接受的水平。因此,在这方面,不同的研究人员提出了一些合适的措施(Kumar 和 Saini,2010)。

托马空化数是描述水轮机空化的一个重要参数,定义如下(来自 Drtina 和 Sallaberger,1999):

$$\sigma = \frac{h_{at} - h_v - H_s}{H} \tag{4.111}$$

其中,h_{at} 为大气压头,h_v 为蒸汽压头,H_s 为反击式水轮机出口处的吸入压头或水轮机转轮距尾水面的高度。为了避免空化,这个空化数的值必须大于试验测试证明空化发生的 σ 值。

图 4.121 显示了水轮机效率随托马空化因子(σ)的变化(Avellan,2004)。当托马空化因子 σ 的值大于临界空化因子 σ_0 时,如图所示,空化不会发生,水轮机效率保持不变。随着吸入压头 H_s 的增大,σ 减小至低于 σ_0 时,水轮机效率在小幅上升后开始下降。

图 4.122 展示了 Francis 水轮机中各种类型的空化现象(Kumar 和 Saini,2010)。建立了近似泡沫生长的广义 Rayleigh-Plesset 方程。如果给定气泡压力[$P_B(t)$]和无限域压力[$P_1(t)$],则可以从以下方程(Kumar 和 Saini,2010)中找到气泡半径[$R_B(t)$]:

$$\frac{P_B(t) - P_\infty(t)}{\rho} = R_B \frac{d^2 R_B}{dt^2} + \frac{3}{2}\left(\frac{dR_B}{dt}\right)^2 + \frac{4\nu}{R_B}\frac{dR_B}{dt} + \frac{2\gamma}{\rho R_B} \tag{4.112}$$

其中,ν 为运动黏度,γ 为表面张力,ρ 为密度。

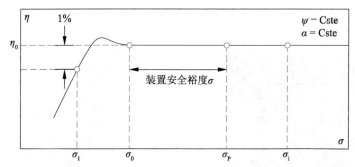

图 4.121 在恒定的机械比能系数和给定的导叶开度下 Francis 水轮机的空化曲线

[资料来源：Avellan(2004)]

(a) 前缘空化　　　　　　　　　(b) 游泡空化

(c) 尾水管涡流空化　　　　　(d) 叶片间涡流空化

图 4.122 Francis 水轮机的各种空化类型

[资料来源：转载自 Kumar 和 Saini(2010)，经爱思唯尔许可]

　　Avellan(2004)用比转速、载荷和压头解释了空化的发生。在图 4.123 中，下标 1 和 2 分别表示系统的高压和低压参考截面，与流向无关。

　　流道截面平均比能(gH)定义为

$$gH = \frac{P}{\rho} + gZ + \frac{C^2}{2} \tag{4.113}$$

其中，p 为绝对压强，Z 为点的海拔高度，C 为平均速度。因此，将比液压能 E 定义为高压段与低压段平均比能之差。

$$E = gH_1 - gH_2 \tag{4.114}$$

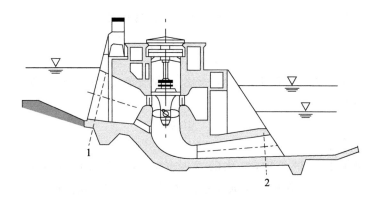

图 4.123 采用 Kaplan 水轮机的径流式发电厂示意图

[资料来源：Avellan(2004)]

水力功率 P_h 定义为流量与比能的乘积：

$$P_h = \rho Q E \tag{4.115}$$

然后，整体效率 η 被定义为

$$对于泵 \ \eta = \frac{P_h}{P} \ 和对于水轮机 \ \eta = \frac{P}{P_h} \tag{4.116}$$

并且无量纲流量和能量系数定义为

$$\varphi = \frac{Q}{\pi \omega R^3} \ 和 \ \Psi = \frac{2E}{\omega^3 R^2} \tag{4.117}$$

其中，Q 是流量，ω 是角速度，R 是机器转轮/叶轮的参考半径。这些流量与比能系数之间的关系可以绘制在一张称为效率特性曲线的图上，如图 4.124 所示。

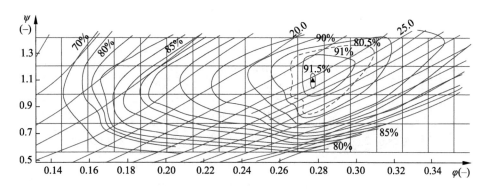

图 4.124 Francis 水轮机的特性曲线图

[资料来源：Avellan(2004)]

根据国际电工委员会(IEC)标准，NPSE 被定义为第 2 节的比能与参考水平 Z_{ref} 下的蒸汽压 p_v 所引起的比能之差。

$$NPSE = gH_2 - \frac{p_v}{\rho} - gZ_{ref} \tag{4.118}$$

对于水轮机，假设水轮机出口处的所有比动能都被耗散，则 NPSE 可以近似为

$$NPSE \approx \frac{p_a}{\rho} - \frac{p_v}{\rho} - gh_s + \frac{C_2^2}{2} \tag{4.119}$$

其中，p_a 为大气压；h_s 为机器设定，$h_s = Z_r - Z_a$。前文定义的托马空化因子 σ，根据 NPSE 和液压能量也可以写成

$$\sigma = \frac{NPSE}{E} \tag{4.120}$$

在 Francis 水轮机的例子中，空化的发展受到比能系数和流量系数的严格驱动。图 4.125 显示了 Francis 转轮的 4 个典型侵蚀区域。严重的空化侵蚀一般发生在 A 区。

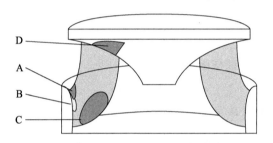

图 4.125　Francis 水轮机中典型的转轮侵蚀区域

［资料来源：Avellan(2004)］

在 Kaplan 水轮机的例子中，空化发生在运行范围内的转轮轮毂。这种类型的空化在很大程度上依赖于托马空化数。Kaplan 转轮的典型侵蚀区域如图 4.126 所示。严重的空化发生在叶尖和蜗壳处。

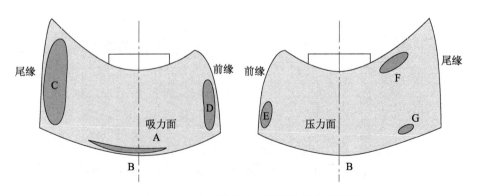

图 4.126　Kaplan 水轮机中典型的转轮侵蚀区域

［资料来源：Avellan(2004)］

4.4.3　水轮机分析

人们对各种水轮机,如 Francis 水轮机、Kaplan 水轮机、水泵水轮机等进行了大量的数值模拟和试验分析,介绍如下。

4.4.3.1　Francis 水轮机

Kurokawa 和 Kitahora(1994)在 Kurokawa 和 Toyoura(1976)、Kurokawa 等(1978)、Kurokawa 和 Sakuma(1988)等提出的理论的基础上进行了分析,以确定 Francis 水轮机和 Francis 水泵水轮机的容积效率和机械效率。分析中考虑了不同类型的泄漏密封和推力平衡装置,如平衡管和平衡孔。分析了 16 种不同比转速的水轮机模型和 12 种不同比转速的水泵水轮机模型,如图 4.127 所示。结果表明,这些推力平衡装置对容积效率和机械效率都有较大的影响。容积效率和机械效率的结果分别如图 4.128 和图 4.129 所示。Francis 水轮机和水泵水轮机的容积效率约为 99%。Francis 水轮机模型的机械效率约为 99%,Francis 水泵水轮机模型的机械效率则低 1%。在 Francis 水泵水轮机模型中,水轮机工况下的机械效率高于泵工况下的机械效率。

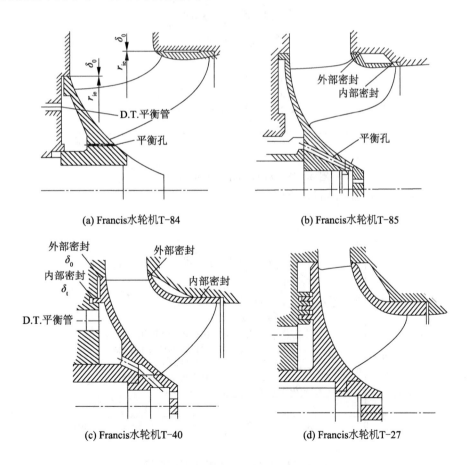

(a) Francis水轮机T-84　　　　(b) Francis水轮机T-85

(c) Francis水轮机T-40　　　　(d) Francis水轮机T-27

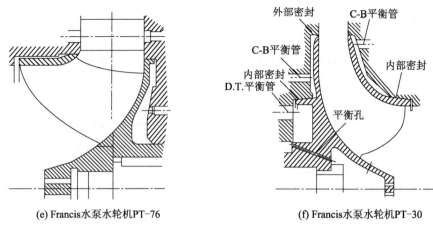

(e) Francis水泵水轮机PT-76　　　　　　　(f) Francis水泵水轮机PT-30

图 4.127　Francis 水轮机(a~d)和水泵水轮机(e 和 f)的转轮结构

[资料来源:Kurokawa 和 Kitahora(1994)]

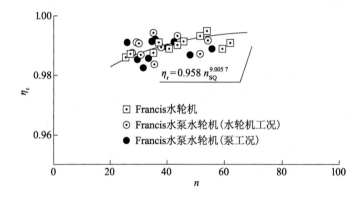

图 4.128　Francis 水轮机的容积效率

[资料来源:Kurokawa 和 Kitahora(1994)]

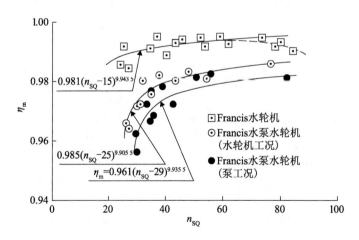

图 4.129　Francis 水轮机的机械效率

[资料来源:Kurokawa 和 Kitahora(1994)]

　　随着 CFD 方法和计算机的发展,对水轮机内部流动的三维 RANS 模拟在过去几十年里变得越来越流行。随着 CFD 在各种水轮机分析中的应用,Drtina 和 Sallaberger(1999)利用 CFD 代码 CFX-TASCflow 软件,使用三维欧拉分析和三维 RANS 分析两种数值分析方法分析了 Francis 水轮机内的流动。他们认为,与试验数据对比,相对简单的欧拉方法可以预测出流动的重要特征,但由于忽略了黏性力,这种方法预测损失的能力有限。高比转速 Francis 水轮机的特性曲线图如图 4.130 所示,通过在 3 个不同导叶开度和 6 个不同水头的 14 个工况点下对水轮机效率值进行数值计算获得。这张基于数值计算的特性曲线图与基于试验数据的特性曲线图在质量上有很好的一致性。数值模拟再现了所有的外特性特征,两种特性曲线图的 BEP 相同。

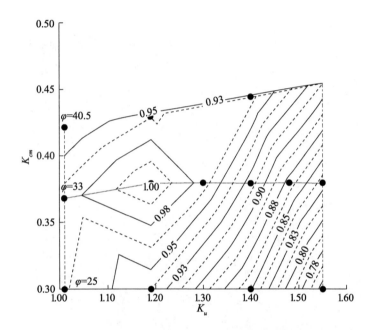

图 4.130　基于 14 个数值计算得出的 Francis 水轮机效率值的特性曲线图

(● 数据点;——恒定导叶开度)

〔资料来源:经 Drtina 和 Sallaberger(1999)许可转载,版权所有ⓒ2008 机械工程师协会〕

　　Susan-Resiga 等(2003)对 Francis 水轮机内的空化流动进行了数值研究。他们引入了一个简化的 Rayleigh 方程,该方程使用了两相空化流的混合模型,在商业 CFD 代码 FLUENT 中实现。该模型已在半球形前体空化发生器中得到了验证。在 Francis 水轮机转轮中,预测的空穴形状和位置与 BEP 处的流场可视化结果吻合较好。

　　Wang 等(2007)对 Francis 水轮机采用单系数动态子网格尺度(SGS)应力模型进行了 LES 分析。计算了水轮机通道内的湍流量。研究的重点是找出由导叶引起的畸变尾流的结构。压力面和吸力面压力的 LES 预测结果与试验数据吻合较好。结果表明,导叶诱导的尾流对叶片附近的湍流结构有显著影响。

Zhang 等(2009)采用三维 RANS 分析方法对 Francis 水轮机尾水管内的复杂流动现象进行了数值研究。研究主要关注了部分载荷作用下复杂流动的物理机理。此外,他们提出了一种消除不需要的螺旋涡带的控制方法。在此基础上,提出了在部分载荷作用下有效控制流量的 3 条指导原则。首先,控制应该施加在尾水管的入口,而不是锥段的下游。其次,控制应重点放在处理锥段进口的反向轴流上。最后,控制需要足够强的固体或流体干涉手段。为了验证这些原理,其采用了一种强轴向射流,位于靠近轴的薄圆柱形区域内。该射流增加了尾水管的质量流量,但方位角速度剖面保持不变。此外,一旦瞬态过程结束,尾水管内的流动就进入准稳态,这也是最终的目标。这意味着使用水射流进行控制是有效的(见图 4.131)。

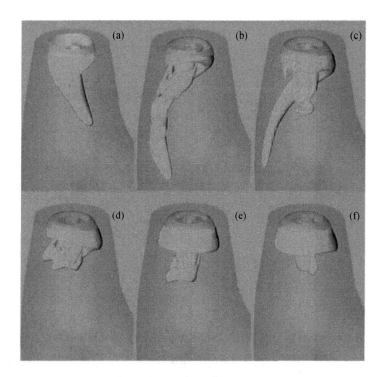

图 4.131　Francis 水轮机尾水管内射流控制流动

〔从控制开始,(a)～(f)中的无量纲时间分别为 $t=0,3.60,5.04,7.92,12.25$ 和 32.4〕

〔资料来源:经 Zhang 等(2009)许可转载,版权所有©2009 美国机械工程师协会〕

Chirkov 等(2012)为 Francis 水轮机的数值模拟建立了 1D-3D 的 CFD 混合模型。他们利用该模型研究了压力管道长度对压力和流量脉动的影响。Francis 水轮机系统分为两部分。第一部分是水轮机本身,以非定常三维两相流为主。另一部分是可以用一维水声方程模拟的管道。为了简单起见,省略了蜗壳情况,但用能量损失来表示它。该简化管道系统由单一压力管和等截面管道组成。在水轮机领域,空化流动被描述为等温可压缩液-汽混合物的流动,蒸发和冷凝项采用 Singhal 等的模型(1997)进行估算。结果表明,压力脉动随压力管长度的增加而减小。

Wu 等(2013)利用 SST k-ε 湍流模型和空化混合模型,采用三维 RANS 分析的方法,对 Francis 水轮机不同导叶开度下的空化流动进行了数值研究。计算了一条等值临界空化系数线。计算结果与试验数据吻合良好。从结果来看,对于不同的导叶开度,可以观察到图 4.132 所示的涡带。随着开度的增大,螺旋涡带转化为柱状涡带。他们认为,对于等值临界空化系数线,水轮机的能量损失是由尾水管中的涡带和转轮内的流动分离引起的。

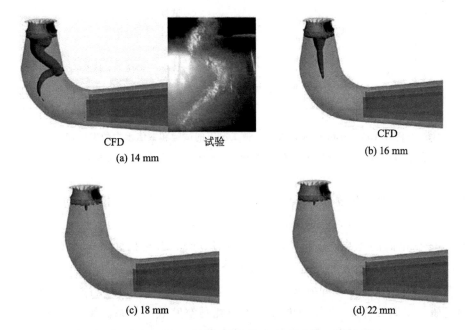

CFD　　　试验

(a) 14 mm

CFD

(b) 16 mm

(c) 18 mm

(d) 22 mm

图 4.132　Francis 水轮机尾水管中不同导叶开度的涡带

[资料来源:经施普林格科学＋商业媒体善意许可,©2013,1635−1641,Wu 等(2013)]

Xiao 等(2014)利用非定常三维 RANS 分析结合 SST 湍流模型对不同 MGV(导叶偏置)开度下的 Francis 水泵水轮机的压力脉动进行了数值预测。对具有两个不同开度的四 MGV 水轮机内的压力脉动进行了分析。其水力性能和压力脉动的数值计算结果表明,MGV 降低了静水流道内的相对压力脉动幅值,而不是转轮叶片区域的相对压力脉动幅值。随着 MGV 开度的增大,脉冲幅度减小,叶片通道内的垂直运动减弱。

Trivedi 等(2013)对某高水头 Francis 水轮机在整个运行工况内进行了数值和试验研究。采用两种湍流闭合模型,即 SST 和标准 k-ε 模型,以及两种对流项格式,即高分辨率和二阶迎风格式,对 5 种工况进行了非定常三维 RANS 分析。在设计工况和非设计工况下,利用安装在水轮机转动部件和静止部件上的压力传感器进行了随时间变化的压力测量,得到了相应的特性曲线图。数值与试验水力效率对比如图 4.133 所示,其中在 BEP 处效率偏差最小,而在最低流量处最大偏差约为 11%。压力-时间信号的数值模拟和试验结果表明,在一定的发电量范围内,转子与定子的相互作用会引起转矩振荡。对信号的傅里叶分析表明,在非设计工况下尾水管中出现了涡带。

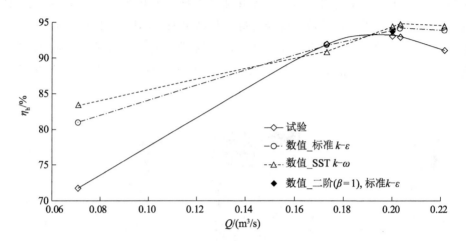

图 4.133　Francis 水轮机在 5 种工况下的试验和数值水力效率比较

[资料来源:经 Trivedi 等(2013)许可转载,版权所有©2013 美国机械工程师协会]

在开展数值计算工作的同时,还采用先进的测量装置积极开展了对水轮机的试验研究工作。特别是 PIV 系统,为试验研究水轮机的平均速度场和湍流提供了捷径。图 4.134 所示的具有空化涡的流场,叫作涡轮带,位于 Francis 水轮机转轮的出口处,Iliescu 等(2003)使用 PIV 对其进行了分析。分别对两个摄像机的图像进行处理,一个是速度场,另一个是涡带流场。涡带的分析结果如图 4.135 所示。除了这项研究,相同作者 Iliescu 等(2008)还研究了涡带特征、直径和中心位置与托马空腔数的关系。图 4.136 显示了图像处理结果的示例。结果表明,涡带直径随托马空腔数的增加而减小,涡带位置的偏心量也随托马空腔数的增加而减小。

图 4.134　$\sigma = -0.370$ 的 Francis 水轮机中发展的涡带

[资料来源:经 Iliescu 等(2003)许可转载,版权所有©2003 美国机械工程师协会]

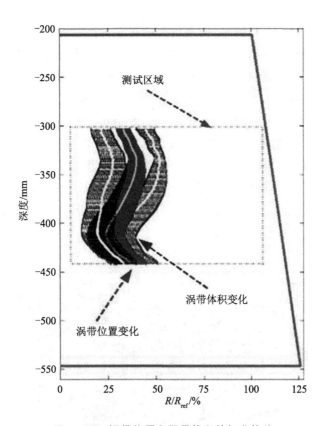

图 4.135 涡带位置和涡带体积的标准偏差

［资料来源：经 Iliescu 等（2003）许可转载，版权所有ⓒ2003 美国机械工程师协会］

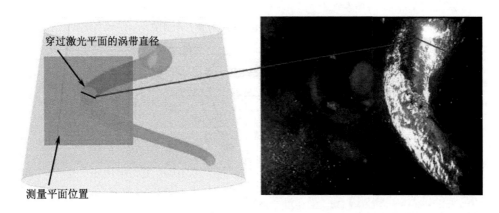

图 4.136 通过对每个瞬时图像进行图像处理提取出的涡带直径

［资料来源：经 Iliescu 等（2003）许可转载，版权所有ⓒ2003 美国机械工程师协会］

Tridon 等（2008）使用 PIV 对 Francis 水轮机进行了试验研究。PIV 测量是在水轮机尾水管和锥形扩压器中进行的。该研究的重点是描述水轮机出口的旋流演化过程以及导致水轮机效率骤降的现象。结果表明，"事故"的主要作用是增大了流道中心的涡度。"事故"是指当出口流量超过 BEP 值时，由高负荷的转轮导致的不希望出现的效率下降。然而，在该研究的这个阶段，他们还无法在转轮出口处的旋流与尾水管出口的流量不平衡之间建立直接联系。水轮机转轮内的流动是非常复杂和高度湍动的。由于测量装置复杂，径向速度很少测量。然而，需要对速度分量进行测量，才能正确地初始化数值研究。Tridon 等(2010)使用 LDV 和 PIV 技术测量了 Francis 水轮机中转轮下游的速度分量(图 4.137)，并将这些速度分量的解析表达式与实测结果进行了比较。该研究中使用了分别由转轮出口速度和出口半径无量纲化的速度和长度。图 4.138 所示为在 4 个工作点测得的轴向和切向速度的三维可视化。他们还介绍了一种基于 Susan-Resiga 等(2006)的分析的速度分量分析公式，通过分析尾水管进口处的速度剖面提出了一个理论模型。3 个速度分量的计算公式与试验数据吻合较好。

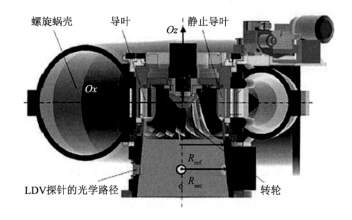

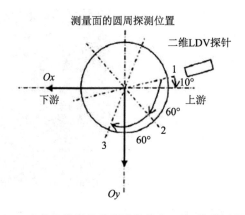

图 4.137　Francis 水轮机模型示意图及锥体内 LDV 流动测量剖面示意图

［资料来源：转载自 Tridon 等(2010)，经爱思唯尔许可］

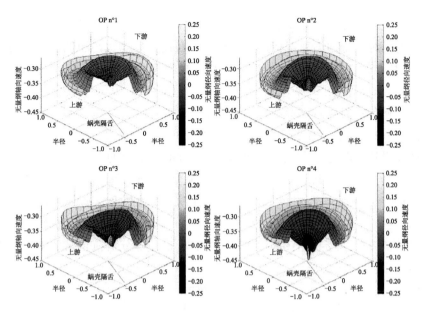

图 4.138　利用 LDV - OP1 ～ OP4 获得的 Francis 水轮机转轮下的轴向和切向速度

［资料来源：转载自 Tridon 等（2010），经爱思唯尔许可］

4.4.3.2　Kaplan 水轮机

Nilsson 和 Davidson（2000）使用三维 RANS 分析结合 $k - \varepsilon$ 湍流模型对 Kaplan 水轮机的叶顶间隙损失进行了数值研究。计算域由导叶块和转轮块组成，转轮块计算的入口边界条件来自导叶块的周向平均值。该研究考虑了 4 种不同的操作条件。分析结果表明，叶顶间隙流动使水轮机效率降低了约 0.5%。

Muntean 等（2004）使用 FLUENT 6.0 对 Kaplan 水轮机中两种不同静叶结构对静叶载荷的影响进行了数值分析。数值计算结果表明，第一种结构的叶片具有非常大的攻角，导致了流动分离。第二种结构调整了一个固定叶片的位置，明显改善了局部流动，相应降低了叶片负荷。然而，当考虑液流角周向变化时，第二种静叶结构实际上加剧了液流角的不均匀性。因此，这会导致较大转轮叶片的不稳定载荷。

Petit 等（2010）对 Kaplan 水轮机进气管曲率对流量的影响进行了试验和数值研究。数值模拟采用 Open FOAM CFD 代码进行。利用 LDA 测量技术对速度剖面进行了测量。试验结果验证了数值计算结果的正确性。结果表明了将弯管纳入计算范围的重要性。数值计算结果与试验数据的比较表明，预测的速度剖面与实测数据吻合较好。然而，他们建议，为了准确地对流量进行预测，必须将转轮与尾水管耦合，并计算瞬态模拟。

Grekula 和 Bark（2001）对 Kaplan 水轮机的空化过程进行了试验研究，以寻找促进空化的机制。这项工作中，测量是通过视频拍摄、高速拍摄和频闪观测获得的。该文主要研究了几种类型的空化现象，在叶片前缘、叶根、叶尖处（均在吸力侧），这些地方的空化是导致转轮受到严重侵蚀的主要原因。

4.4.3.3 水泵水轮机

水泵水轮机是不被允许在不稳定区域运行的,因为这可能引起系统的自激振动。水泵水轮机具有两种典型的不稳定特性。一种发生在接近失控状态的低负荷运行的发电模式下,水轮机特性曲线出现S形曲线。另一种发生在泵的运行过程中,当流量减少时,会出现扬程下降,扬程曲线出现驼峰形不稳定现象。图4.139显示了满足不稳定性标准的水轮机特性。例如右边的曲线形状,这些不稳定性特征称为S形。在水轮机启动和同步过程中,这些不稳定性是非常不希望出现的。Hasmatuchi等(2009)对一种低比转速离心泵水轮机的非设计工况进行了试验研究,以寻找流动稳定性的发生和发展。研究的重点放在失控和S形非设计工况下的发电模式。结果表明,压力脉动主要受叶片通过频率及其在BEP的第一次谐波的影响。Genter等(2012)采用数值和试验研究相结合的方法分析了水泵水轮机在不稳定工况下转轮和扩压器中的流动。他们确定了水轮机S形特性的机理。通过数值分析,确定了不稳定性的基本机理,但与部分负荷下泵的不稳定现象分析中的测量值相比,有一定的偏差。

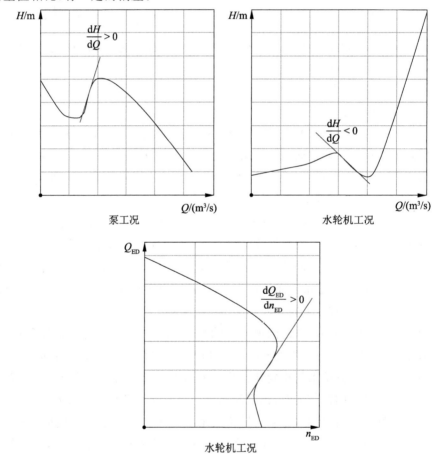

图4.139 恒定导叶角度、尺寸和标准化值下空载时的驼峰形扬程曲线和水轮机特性斜率

〔资料来源:经Genter等(2012)许可转载,IOP Conference会议系列:地球与环境科学,第15卷,第3期,032042,2012,IOP出版社〕

Wang 等(2011)利用三维 RANS 结合 SST 湍流模型数值预测了水泵水轮机的 S 形特性曲线。他们认为二阶方案对水轮机是有效的,停泵模式和压力交错选项(PRESTO)模型适用于可逆泵模式。S 形曲线的数值结果与试验结果的对比如图 4.140 所示,除低速区域外,两者吻合较好。计算流场分析表明,在 3 种典型工况下,转轮区存在不同的流动结构。例如,图 4.141 和图 4.142 显示了图 4.140 中所示的运行工况 B 下预测的流道垂直流动。大型涡导致流道严重堵塞,从而产生巨大的压力脉动。

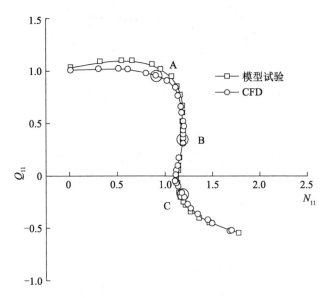

图 4.140　水泵水轮机模型试验与 CFD 结果的 S 形曲线比较(以最有效点为标准)

[资料来源:经施普林格科学＋商业媒体善意许可,©2011,1259－1266,Wang 等(2011)]

图 4.141　水泵水轮机 CF 流面(B)S_1 上的相对速度矢量

[资料来源:经施普林格科学＋商业媒体善意许可,©2011,1259－1266,Wang 等(2011)]

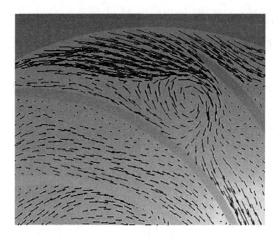

图 4.142 水泵水轮机转轮流道内的涡旋流动

[资料来源:经施普林格科学+商业媒体善意许可,©2011,1259－1266,Wang 等(2011)]

Yin 等(2013)对水泵水轮机中的 S 形曲线进行了数值和试验研究。基于之前 CFD 的结果进行水力损失分析,他们发现 S 形曲线是由转轮流道内的水力损失导致的。通过对叶片载荷分布的分析,扩大子午剖面来抑制叶片的 S 形特征。为了验证该方法的有效性,采用逆向设计方法设计了两个不同子午剖面的转轮。通过试验测试,证明了子午剖面较宽的转轮具有稳定的性能曲线,消除了 S 形曲线。

MGV 可以提高水泵水轮机在启动模式和空载模式下的稳定性。Xiao 等(2012)对 Francis 水泵水轮机在 3 种 MGV 布置/开度水轮机工况下的压力脉动进行了数值模拟研究。试验结果表明,与无 MGV 的情况相比,有 MGV 的效率和功率分别提高了 15% 和 50%。压力分析表明,使用 MGV 可显著降低压力脉动的幅度。

Braun 等(2005)利用三维 RANS 分析结合 SST 模型对泵模式下的水泵水轮机内流场进行了数值分析。该水泵水轮机模型由一个带有 5 个叶片的叶轮、一个带有 22 个导流和固定叶片的扩压器及一个螺旋蜗壳组成。结果表明,分离流的发展对计算的整体性能没有影响。在叶轮出口水动能分布不均匀的情况下,随着流量的减小,水动能分布变得不对称。前盖板附近的水动能随流量值的减小而增大,而后盖板附近的水动能随流量值的减小而减小。在任何情况下,水动能的绝对最小值都位于流道的中间。

Zobeiri 等(2006)对发电模式下最大流量工况下的缩小比例的水泵水轮机模型中的转子-定子相互作用进行了数值和试验研究。水泵水轮机模型包括 20 个固定叶片、20 个导流叶片和 9 个叶轮叶片。使用三维非定常 RANS 分析结合 $k-\varepsilon$ 湍流模型对水泵水轮机从蜗壳到尾水管的整个内部流域进行了数值计算。采用压阻式微型压力传感器对分布流道进行了压力测量。预测的压力脉动与试验数据吻合较好。数值计算结果表明,叶片通过频率(BPF)的最大压力幅值出现在转子-定子区域,但向静叶方向迅速减小。

Yin 等(2010)通过数值模拟研究了在水泵模式下非设计工况下的水泵水轮机中的流型。采用三维 RANS 方程和 SST $k-\omega$ 湍流模型获得了数值计算结果。结果表明,在导叶附近出现了"射流-尾流"流型(图 4.143),而固定叶片和导流叶片的特殊损失性质,导致了特殊的扬程流动剖面。无量纲水力损失以及无固定叶片和导流叶片的总扬程如图 4.144所示。

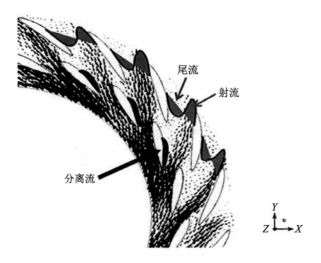

图 4.143 水泵水轮机"射流-尾流"流型示意图
[资料来源:经施普林格科学+商业媒体善意许可,ⓒ2010,3302-3309,Yin 等(2010)]

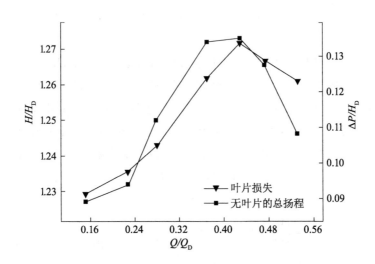

图 4.144 水泵水轮机的水力损失和无叶片扬程与无量纲流量的关系
[资料来源:经施普林格科学+商业媒体善意许可,ⓒ2010,3302-3309,Yin 等(2010)]

4.4.4 水轮机优化

4.4.4.1 Kaplan 水轮机

Lipej 和 Poloni(2000)使用 CFD 代码"CFX-TASCflow"和 MOGA 对 Kaplan 水轮机转轮进行了多目标优化。采用三维 RANS 方程和 k-ε 湍流模型对 Kaplan 水轮机进行了流动分析。以叶片的弦节比、相对剖面最大厚度和叶片的外倾角作为设计变量。效率和相对压力数被认为是两个相互矛盾的目标函数。通过 POS 得到多目标优化结果,如图 4.145 所示。

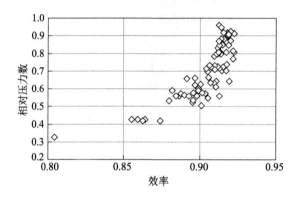

图 4.145　Kaplan 水轮机的所有 Pareto 前沿计算配置

［资料来源:转载自 Lipej 和 Poloni(2000),©2000,经 Taylor & Francis Ltd. 许可］

Peng 等(2002)利用准三维(Q3D)逆计算模型(Peng 等,1998a,b)和 Powell 共轭直接法(Lootsma,1972)对轴流式 Kaplan 水轮机转轮进行了多目标优化。以叶片边界环量分布函数和叶片前缘、后缘位置作为设计变量。叶片边界环量是确定叶轮叶片形状的一个重要设计参数。采用图 4.146 所示的圆周平均速度转矩分布来指定叶片边界环量。空化系数(σ)和总水力损失被认为是相互冲突的目标函数。空化系数定义如下:

$$\sigma = \lambda K_w^2 + \zeta_t K_v^2 \tag{4.121}$$

其中,

$$\lambda = \left(\frac{W_k}{W_o}\right)^2 - 1, \quad K_w = \frac{W_o}{\sqrt{2gH}}, \quad K_v = \frac{V_o}{\sqrt{2gH}} \tag{4.122}$$

这里,W_k 表示最低压力处的平均相对速度,H 表示有效水头,g 表示重力,W_o 和 V_o 分别表示转轮叶片出口处的平均相对速度和平均绝对速度,ζ_t 是尾水管的效率。另一个目标函数,即总水力损失,定义为

$$F_\eta = 1 - \zeta(\boldsymbol{x}) \tag{4.123}$$

其中,ζ 表示水轮机效率,$\boldsymbol{x}$ 表示设计变量的矢量。通过多目标优化得到的最优解显示,与参考设计相比,空化系数和总水力损失分别降低了 3.63% 和 16.75%。

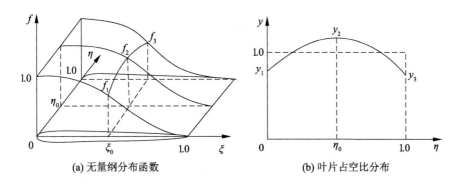

(a) 无量纲分布函数　　　　　　　(b) 叶片占空比分布

图 4.146　轴流式 Kaplan 水轮机叶片区域的速度转矩分布

[资料来源:转载自 Peng 等(2002)(原始资料中的图 3),©2002,经 John Wiley & Sons, Inc. 许可]

Arnone 等(2009)使用带有 CFD 代码的三维 RANS 分析对 Kaplan 水轮机的水力效率进行了优化,HYDROMES(Arnone,1994)用于流动分析,ANN(人工神经网络)用于优化算法。以转轮和导叶的交错角作为设计变量,选择 Kaplan 水轮机的效率作为目标函数。该优化是通过改变不同操作条件下的交错角来实现的。在试验流量范围内,预测交错角与试验数据吻合较好,最大偏差约为 2°。

Banaszek 和 Tesch(2010)使用 ANN 的 GA 和稳态三维 RANS 分析对 Kaplan 水轮机进行了优化设计。将多变损失系数定义为目标函数。选取转子叶片厚度分布作为设计变量,利用沿平均弯度线的分布系数进行修正。在质量流量不变的条件下,优化后的 Kaplan 水轮机的多变损失系数降低了 8.1%。

4.4.4.2　Francis 水轮机

Wu 等(2007)采用迭代算法对 Francis 水轮机进行了优化,以提高效率和空化性能。以空化系数和峰值效率作为目标函数。通过改变前缘与后缘的叶片角度分布进行优化,直到水轮机满足目标要求。他们的研究中使用的优化过程如图 4.147 所示。优化的过程中使用 Q3D 代码进行快速流动分析,优化的最后一步使用商用 CFD 代码 STAR-CD 进行三维 RANS 分析。图 4.148 显示了用于 RANS 分析的转轮和导叶的计算网格。通过优化,在整个流动范围内,峰值效率提高了约 2.2%,空化系数有所降低,如图 4.149 所示。

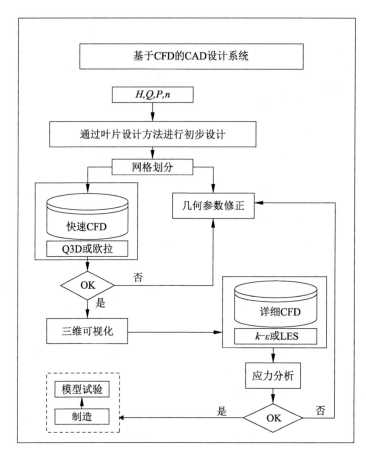

图 4.147　基于 CFD 的设计系统

[资料来源:经 Wu 等(2007)许可转载,版权所有©2007 美国机械工程师协会]

图 4.148　Francis 水轮机的计算网格:转轮和带冠导叶的表面网格

[资料来源:经 Wu 等(2007)许可转载,版权所有©2007 美国机械工程师协会]

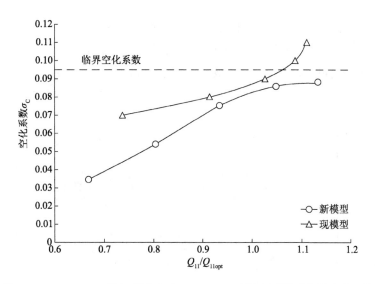

图 4.149 Francis 水轮机额定水头 $H_t = 73$ m 时的实测模型临界空化系数

Skotak 等（2009） 介绍了通过优化技术对被称为 Francis 水轮机的"混合器"（见图 4.150）的一种新型固定叶片转轮进行开发的过程。开发的第一步是尾水管的设计，第二步是叶片转轮的优化。他们使用商用 CFD 代码 FLUENT 6.3 进行三维 RANS 分析，并使用 Nelder‑Mead 单纯形法（Nelder 和 Mead，1965）进行优化。采用 20 个独立参数构造叶片转轮几何形状。目标函数为效率、总水头和空化特性的线性组合，如下所示：

$$f_o = W_E(1-\eta) + W_H\left(\frac{|H-H_R|}{H_R}\right) + W_k\left[\sum_{P_S < P_V}(P_V - P_S)\right] \tag{4.124}$$

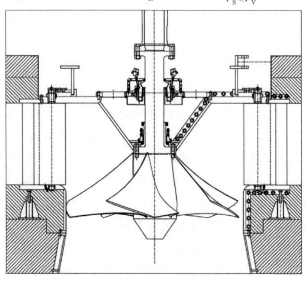

图 4.150 Francis 水轮机的新型螺旋桨转轮

其中，η 表示实际效率，H 表示实际水头，H_R 表示所需水头，P_V 表示蒸汽压，P_S 表示叶片上的实际静压力，W_E，W_H 和 W_k 表示个体加权因子。通过最小化目标函数，用约 400 次迭代成功地开发了新的叶片转轮。而且，效率达到了约 90%，水头约为 5 m（见图 4.151）。

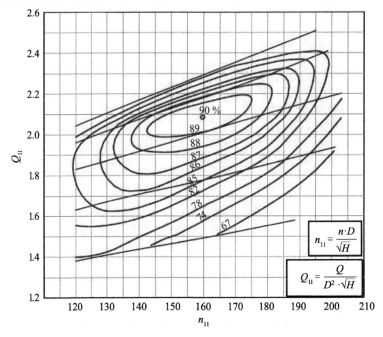

图 4.151　CFD 模拟得到的水轮机特性曲线图

［资料来源：转载自 Skotak 等（2009），IJFMS］

由于尾水管与转轮之间的相互作用效应随着水轮机比转速的增大而增大，因此需要在尾水管损失与转轮损失之间进行权衡。Nakamura 和 Kurosawa（2009）利用三维 RANS 分析和 MOGA 对 Francis 水轮机的尾水管和叶片转轮进行了多目标优化，以减少水力损失。他们选取了 30 个叶片转轮几何参数和 50 个尾水管几何参数作为设计变量。利用子午流道的相关几何参数和几种截面形状定义三维形状。以水轮机 100% 的流量进行多目标优化。通过多目标优化，降低了尾水管和转轮的水力损失。这在很大范围内提高了水轮机的效率。同样，Lyutov 等（2015）利用三维 RANS 分析和 MOGA 对 Francis 水轮机进行了多目标优化，以提高其在大流量工作范围内的效率。Cherny 等（2003，2005）通过使用一个内部代码 CADRUN 求解具有 $k-\varepsilon$ 湍流模型的控制方程。他们执行了两个优化方案：方案 1 只考虑转轮，方案 2 同时考虑转轮和尾水管。将转轮的 28 个参数和尾水管的 9 个参数作为设计变量。图 4.152 所示的转轮形状是由叶片表面和轮毂、叶冠、叶片进出口边缘的子午投影确定的。尾水管通过改变其中间截面和出口截面的形状来确定，如图 4.153 所示。选取部分负荷和满负荷工况下的水轮机效率作为目标函数。图 4.154 比较了两种多目标优化的 Pareto 最优解。方案 2 的平均效率比方案 1 高 0.3%。结果表明，水轮机设计时应考虑尾水管与转轮的配合。

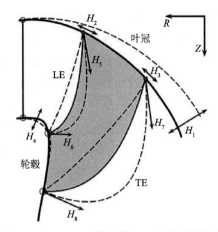

图 4.152　Francis 转轮的 *RZ* 投影面的变化

［资料来源：经 Lyutov 等（2015）许可转载，版权所有ⓒ2015 美国机械工程师协会］

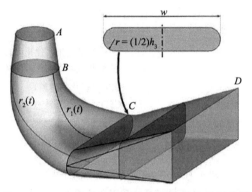

图 4.153　Francis 水轮机尾水管（DT）的外形设计

［资料来源：经 Lyutov 等（2015）许可转载，版权所有ⓒ2015 美国机械工程师协会］

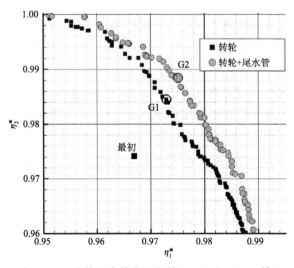

图 4.154　在 Francis 水轮机中优化运行的 Opt01 和 Opt02 的 Pareto 前沿

［资料来源：经 Lyutov 等（2015）许可转载，版权所有ⓒ2015 美国机械工程师协会］

Enomoto 等(2012)使用结合 RNG k-ε 模型的三维 RANS 分析和传统的 DOE 优化方法对 Francis 水轮机转轮进行了优化。优化的计算域仅限于从转轮到尾水管的区域。同时,在从蜗壳到尾水管的流动域中,将采用雷诺应力湍流模型的 RANS 分析得到的速度分布作为转轮入口的边界条件。在优化过程中,将与转轮形状相关的 8 个几何参数作为设计变量。选择总加权平均效率作为目标函数,其定义为从部分负荷到超负荷、从高水头到低水头的 12 个工作点的水轮机效率的线性组合。采用转轮上的压力系数作为约束。通过优化,在整个流量范围内,Francis 水轮机的效率比参考水轮机的效率有更大的提高,如图 4.155 所示。

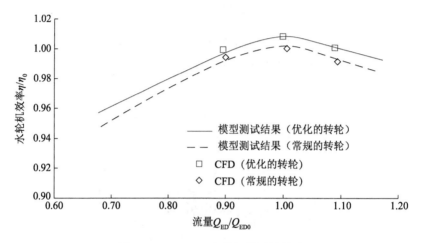

图 4.155 Francis 水轮机模型的性能

〔资料来源:经 Enomoto 等(2012)许可转载,IOP 会议系列:地球与环境科学,第 15 卷,第 3 期,032010,2012,IOP 出版社〕

Obrovsky 和 Krausová(2013)利用 GA 和单纯形法结合三维 CFD 分析进行优化,以提高 Francis 水轮机的水力性能。在转轮参数化方面,采用了"BladeGen",并将与转轮几何形状有关的 36 个参数作为设计变量。他们使用的目标函数被定义为与水头、效率、空化和涡流强度有关的 4 个性能函数的加权线性组合。优化过程是一个全自动循环。第一步采用具有 10 个个体的种群的 GA,计算出了大约 700 个转轮的变体。在接下来的 300 个变体之后,使用单纯形 Nelder - Mead 算法(Nelder 和 Mead,1965)找到最终的解决方案。对优化后的 Francis 水轮机进行了空化分析,如图 4.156 所示,其中等值面表示了不同空化系数下转轮内的空化面积。

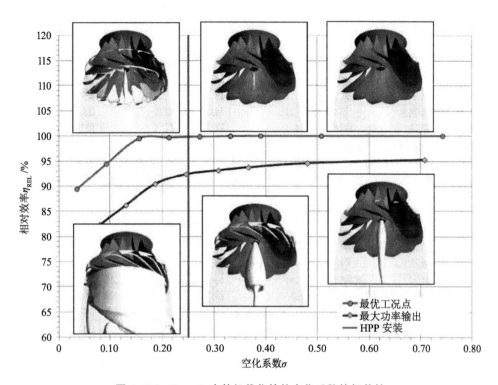

图 4.156　Francis 水轮机优化转轮空化系数的相关性

［资料来源：经 Obrovsky 和 Krausová(2013)许可转载，SpringerOpen］

Grafenberger 等(2008)采用分层元模型辅助进化算法(HMAEA)对 Francis 水轮机转轮进行了多目标优化，以提高水力性能(Georgopoulou 等，2008)。他们使用了内部代码(三维设计工具、网格生成器和 CFD 求解器)。图 4.157 显示了该研究中使用的设计优化过程。选取压力系数和空化系数作为两个相互冲突的目标函数，选取与叶型相关的 50 个参数作为设计变量。建立两级优化平台，如图 4.158 所示，并采用两级 HMAEA 求解。在较低的层次，使用粗网格的欧拉方程求解器对设计空间进行粗略的探索，更准确和耗时的模拟过程(通过使用细网格求解欧拉或 N－S 方程)用于较高的层次，关注通过低水平确定的设计空间的最佳性能区域。结果表明，POS 是多目标优化最优结果。

Derakhshan 和 Mostafavi(2011)利用 GA(Goldberg，1989)和 ANN(Hsu 等，1995)对 Francis 水轮机转轮进行了多目标优化，以提高效率和水头。他们使用 CFD 求解器 FINE™/Turbo 和网格生成器 AutoGrid5™ 进行三维 RANS 分析。转轮由从轮毂到叶冠的 5 个部分组成。选取各截面的弯度线和叶片厚度作为设计变量。采用由 5 个参数定义的 B 样条曲线对弯度线进行修正，并在每一截面采用 5 阶贝塞尔曲线对叶片厚度进行修正。他们的工作中使用的目标函数定义如下：

$$F = m\left(\frac{E_t - E}{E_t}\right)^2 + n\left(\frac{\Delta P_i - \Delta P}{\Delta P_i}\right)^2, K_e = \frac{m}{n} \tag{4.125}$$

其中，E 和 ΔP 分别是效率和压降，$E_t = 1.0$ 是目标效率，$\Delta P_i = -54\,000\ \text{Pa}$ 是初始总压降，m 和 n 是加权因子。通过 $K_e = 1\,000$ 的优化，效率和总压降分别提高了约 1.1% 和 2.9%。

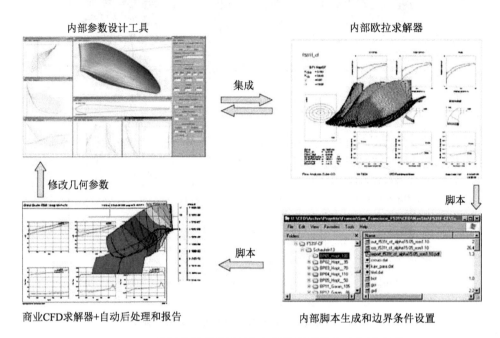

图 4.157　使用分层元模型的"手动"设计优化方法的示意图

[资料来源：Grafenberger 等(2008)]

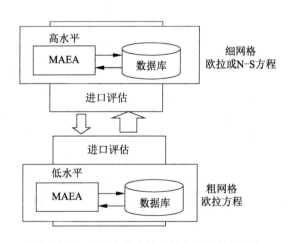

图 4.158　所提出的水轮机叶片两级优化平台

[资料来源：Grafenberger 等(2008)]

4.4.4.3　尾水管及其他部件

水轮机尾水管由于具有不稳定、湍流、二次流等复杂的流动特性,其数值分析具有一定的挑战性且费时。Eisinger 和 Ruprecht(2001)是第一个对尾水管进行优化的学者。通过 3 种优化算法,即 EXTREM(Jacob,1982)、SIMPLEX(Nelder 和 Mead,1965)和 GA,最大限度地提高了尾水管的压力恢复系数。选取沿流线的 6 个横截面面积作为设计变量。结果表明,EXTREM 和 SIMPLEX 方法在初始猜测正确的情况下,可以快速完成优化。另一方面,GA 在优化过程中表现出较强的稳定性,但相比其他算法需要更多的计算时间。通过优化,压力恢复系数提高了 13%。

Marjavaara 和 Lundstrom(2006)以及 Hellstrom 等(2007)研究了将水轮机的尖尾水管改为具有不同弯头半径的光滑尾水管。优化时采用弯头半径作为设计变量。采用简单的梯度法寻找最优弯头半径。Marjavaara(2006)还对尾水管进行了基于代理模型的优化,以提高 Francis 水轮机的水力性能。采用 CFD 软件 ANSYS CFX‐5 对水轮机的流动特性进行了数值模拟。以最大压力恢复系数与能量损失系数的线性组合作为目标函数。通过对尾水管形状的优化,平均压力恢复系数和能量损失系数分别提高了 0.1% 和 3.4%。

Sales 等(2009)报道了一种用于失速调节水平轴水轮机转子设计的优化方法。该优化方法结合了 GA 和叶片元件动量性能代码。优化是为了最大限度地提高水力效率,并确保转子根据弦、扭曲、水翼分布和转子转速等产生理想的功率曲线及避免空化。

Fares 等(2011)使用由 Java 代码开发的 GA,结合商用 CFD 求解器,对水轮机扩压器和尾水管进行了形状优化,创建了一种全自动优化算法。他们使用 FLUENT 6.3.26 和网格生成软件 GAMBIT 对水轮机进行了分析。为了优化扩压器,采用具有 18 个控制点的贝塞尔曲线对扩压器入口曲线壁进行参数化。为了降低水轮机的能量损失,将压力恢复系数作为目标函数优化尾水管。在优化尾水管时,将进口处的压力降至最低。通过 GA 对形状的优化,扩压器的压力恢复系数提高了 0.14%,尾水管进口处的静压降低了 1.65%。

4.4.4.4　水泵水轮机

Yang 和 Xiao(2014)利用三维 RANS 分析对一台水泵水轮机进行了多目标优化,以提高效率。使用 MOGA 和 RSA(或 RSM)代理模型,采用正交 DOE 法进行优化。采用 BladeGen 作为三维几何建模器,ANSYS ICEM CFD 作为网格生成器,ANSYS CFX 作为 CFD 求解器,MATLAB 作为代理建模器。图 4.159 展示了整个设计过程。通过将所有必要的软件集成到"Isight"平台中,实现了自动优化。叶片几何参数化考虑了叶片上的载荷分布和堆积条件。采用 8 个叶片形状参数作为设计变量。将设计质量流量下泵和水轮机模式的效率(如 η_p 和 η_t)和 80% 设计质量流量下泵和水轮机模式的效率(如 $\eta_{p,80}$ 和 $\eta_{t,80}$)都选作目标函数。通过优化得到的 Pareto 前沿曲线如图 4.160 所示。通过试验测试验证了最终设计的结果。在 80% 设计质量流量下,泵和水轮机模式的效率分别提高了 1.18% 和 0.24%。

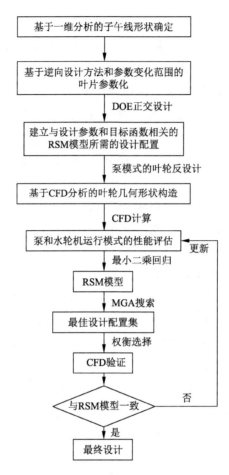

图 4.159　水泵水轮机的设计过程

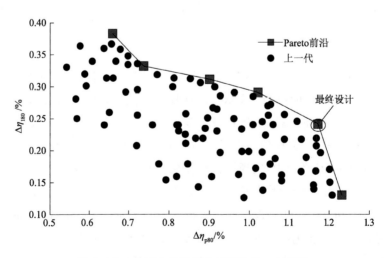

图 4.160　水泵水轮机优化结果的 Pareto 前沿

4.5　其他机械

4.5.1　蓄热式鼓风机

蓄热式鼓风机具有流量小、压力大、运行稳定、结构简单、制造成本低等优点,已广泛应用于汽车燃料电池、供气系统和废水循环系统中。然而,由于蓄热式鼓风机噪声大、效率低,因此提高效率和降低噪声在其设计中具有重要意义。

Badami 和 Mura(2010,2012a,b)对质子交换膜燃料电池中用于氢再循环的蓄热式鼓风机进行了一系列的空气动力学性能研究,如图 4.161 所示。首先,Badami 和 Mura(2010)对 Badami(1997)在动量交换理论的基础上提出的蓄热式泵理论模型稍加修改后进行了一维模型理论分析。在工作流体可压缩和沿侧流道角速度恒定的假设下,根据图 4.162 所示的几何参数,推导出蓄热式鼓风机的效率、扬程系数和流量系数。通过一维理论模型得到了蓄热式鼓风机的性能图,并与试验数据进行了对比验证。此外,作者Badami 和 Mura(2012b)通过试验测试研究了泄漏对蓄热式鼓风机性能的影响。他们在研究中考虑了叶轮和蜗壳之间 0.3 mm 和 0.5 mm 两种不同的间隙。他们估算了从零流

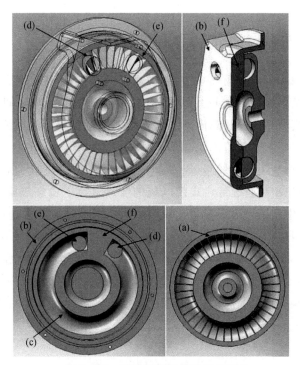

图 4.161　蓄热式鼓风机的三维图片

[资料来源:转载自 Badami 和 Mura(2010),经爱思唯尔许可]

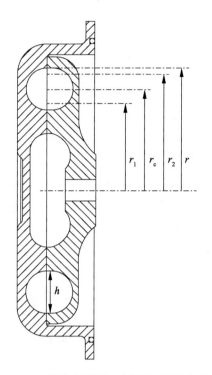

图 4.162　蓄热式鼓风机叶轮的主要几何参数

[资料来源:转载自 Badami 和 Mura(2010),经爱思唯尔许可]

量到最大流量范围内的效率和扬程系数,并与之前的工作(Badami 和 Mura,2010)中获得的一维理论模型的结果进行了比较。结果表明,效率和扬程系数随间隙的增大而急剧下降。利用一维理论模型对两种间隙模型的试验结果进行了较好的预测,如图 4.163 所示。为了了解蓄热式鼓风机的内部流动机理,Badami 和 Mura(2012a)还对其进行了三维 RANS 分析,并与一维理论分析结果(Badami 和 Mura,2010)进行了对比分析。他们使用 CFD 代码 ANSYS CFX 对通过蓄热式鼓风机的流动进行了稳态三维 RANS 分析。为了简化计算域,在分析中没有考虑泄漏流。采用四面体网格对计算域进行离散化,并通过网格无关性检验确定网格数。扬程和效率曲线的三维 RANS 分析结果与一维理论分析结果吻合较好,除了图 4.164 所示的高流量下的效率外。对于侧流道横截面上的径向速度剖面,三维 RANS 分析结果与一维理论分析结果有明显的差异。由于一维理论模型的推导采用了沿侧流道角速度恒定的假设,一维理论模型得到了径向速度的线性剖面,这与三维 RANS 分析的结果不同。

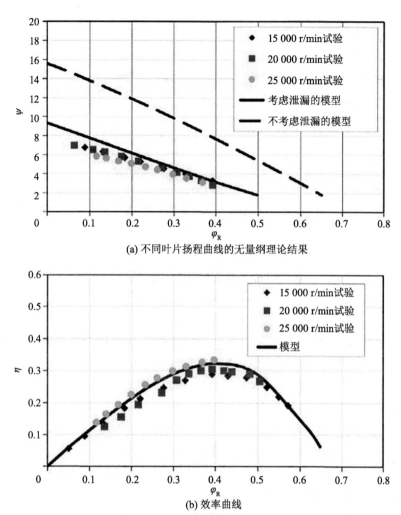

(a) 不同叶片扬程曲线的无量纲理论结果

(b) 效率曲线

图 4.163　0.5 mm 间隙的蓄热式鼓风机的模型结果与试验数据的对比

［资料来源：转载自 Badami 和 Mura(2012b)，经爱思唯尔许可］

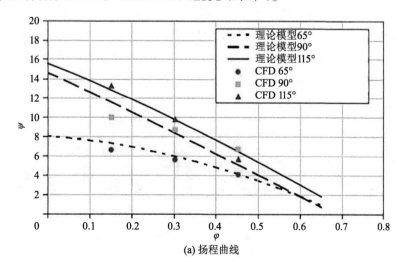

(a) 扬程曲线

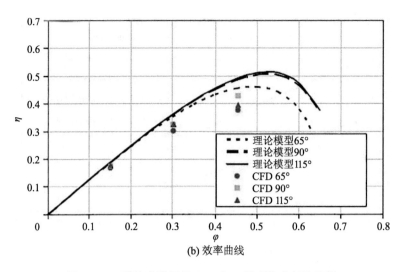

(b) 效率曲线

图 4.164　蓄热式鼓风机 CFD 与一维理论分析的比较

[资料来源:转载自 Badami 和 Mura(2012a),经爱思唯尔许可]

Jang 和 Jeon(2014)使用三维 RANS 分析结合 SST 湍流模型对蓄热式鼓风机进行了参数化研究。他们使用商业 CFD 代码 ANSYS CFX 对蓄热式鼓风机中的流动进行了稳态三维 RANS 分析。数值结果表明,在进、出口附近(平面 1 和 3)的叶片流道内存在非对称回流流动,而在中部(平面 2)存在对称回流流动,如图 4.165 所示。为了找出叶轮叶尖厚度和叶轮弯曲角对蓄热式鼓风机气动性能的影响,通过改变如图 4.166 所示的两个参数值进行数值计算。通过参数化研究可以发现,与参考鼓风机相比,设计流量下压力成功提高 2.8%,效率提高 2.98%。如图所示,在最高效率点鼓风机出口处的流动较为均匀,从而减小了由速度减小造成的压力损失。

Mekhail 等(2015)采用理论、试验和数值方法研究了进口叶片角对蓄热式鼓风机性能的影响。与 Badami 和 Mura(2010)之前的研究类似,基于动量交换理论推导出了一维理论模型。为了进行数值分析,他们使用了商用 CFD 代码 ANSYS CFX 16.1,基于三维 RANS 方程对蓄热式鼓风机进行了内部流动分析。对 90°,115°,125°,135°四个不同进口叶片角的蓄热式鼓风机进行了试验研究。利用一维理论模型对蓄热式鼓风机的性能进行了预测,与三维 RANS 分析和试验结果吻合较好。结果表明,蓄热式鼓风机的压力和效率与进口叶片角有很大的关系,在进口叶片角为 125°时性能最佳。

图 4.165　参考蓄热式鼓风机的切向速度矢量

[资料来源:经 Jang 和 Jeon(2014)许可转载]

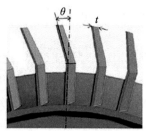

(a) 叶轮的透视图   (b) 设计变量(A的详细视图)

图 4.166　蓄热式鼓风机设计变量的定义(θ, t)

[资料来源:经 Jang 和 Jeon(2014)许可转载]

Heo 等(2015b)对蓄热式鼓风机进行了气动和气动声学分析。采用三维定常和非定常 RANS 方程结合 SST 湍流模型进行气动分析,并基于非定常 RANS 分析得到的气动源,采用 Lighthill 声比拟变量公式进行气动声学分析。该文研究了如图 4.167 所示的叶片(或腔)的高度(H)和宽度(W)以及进口和出口端口之间的角度(θ)对气动和气动声学性能的影响。结果表明,在所测试的参数中,效率和总 SPL 对 H/D 最敏感,其中 D 为叶轮直径。在 $H/D=0.047$ 时,最大效率值为 37.5%。总 SPL 随着 H/D 和 θ 的增大而增大,随着 W/D 的减小而增大。在 $H/D=0.032$ 时,最小总 SPL 为 106.6 dB。

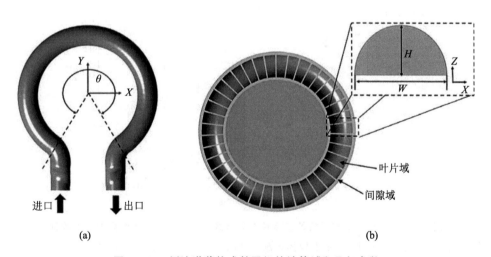

(a)   (b)

图 4.167　侧流道蓄热式鼓风机的计算域和几何参数

[资料来源:经 Heo 等(2015b)许可转载,版权所有©2015 美国机械工程师协会]

近来,对蓄热式鼓风机进行了一些优化研究(Jang 和 Lee,2012;Heo 等,2016)。Jang 和 Lee(2012)使用三维 RANS 分析和 RSA 代理模型对蓄热式鼓风机进行了优化。他们使用商用 CFD 软件 ANSYS CFX 对通过蓄热式鼓风机的流动进行了稳态 RANS 计算。执行了两种不同的优化方案:方案 1 和方案 2 分别最大化了蓄热式鼓风机出口的效率和压力。在质量流量不变的情况下,通过改变叶轮数量和延伸角进行优化。延伸角定义为进、出口端口之间的夹角。通过优化,在方案 1 中效率提高了 1.4%,在方案 2 中压力提高了 3.1%。

Heo 等(2016)对侧流道型蓄热式鼓风机进行了多目标(也是多学科)优化,以同时改善气动和气动声学性能。该优化基于使用非定常 RANS 方程和 Lighthill 声比拟变量公式进行的三维气动和气动声学分析以及由 Heo(2015b)发表的参数化研究结果。初步设计系统预测的效率和压升(Lee 等,2013)与 RANS 分析结果在质量上有较好的一致性,如图 4.168 所示。将叶片高度与叶轮直径的比值(H/D)、叶片宽度与叶轮直径的比值(W/D)、进口和出口之间的角度(θ)作为设计变量(见图 4.167)。在设计空间内 LHS 选取的试验点上计算两个目标函数的值,即设计点的效率和 SPL,为目标函数构建 RBNN 代理模型。使用混合 MOEA 寻找 POS,如图 4.169 所示。从 POS 中随机选择的 3 种 Pareto 最优设计,与参考设计相比,效率分别提高了 0.23%,1.50% 和 3.77%,总 SPL 分别降低了 13.97 dB,13.38 dB 和 5.13 dB。为了验证优化设计的性能,对任意选择的设计方案进行了性能试验。试验测试结果验证了预测的效率和总 SPL,相对误差分别为 7.32% 和 6.52%。

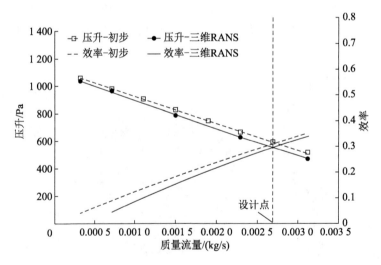

图 4.168 对蓄热式鼓风机的初步性能分析结果与 RANS 分析结果进行的验证

[资料来源:经施普林格科学＋商业媒体善意许可,©2016,1197－1208,Heo 等(2016)]

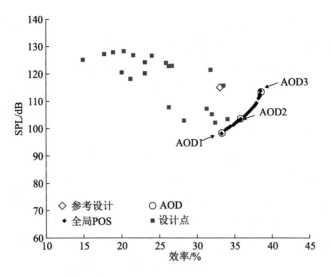

图 4.169 蓄热式鼓风机的全局 POS

[资料来源:经施普林格科学+商业媒体善意许可,ⓒ2016,1197－1208,Heo 等(2016)]

4.5.2 其他机械

Ooi(2005)利用 Ooi 和 Chai(1998)提出的数学模型优化了冰箱用的滚动活塞压缩机的性能(图 4.170)。定义了 6 个与滚动活塞压缩机的气缸、滚柱和叶片有关的几何参数作为设计变量。这项工作的目的是最大限度地降低压缩机各部件引起的总摩擦功率损失。该文采用 Box(1965) 提出的一种基于直接搜索方法的复杂优化方法来寻找最优解。结果表明,优化后的目标函数值提高了 2.4 倍,机械损失的显著降低使机械效率比参考设计提高了 14%。

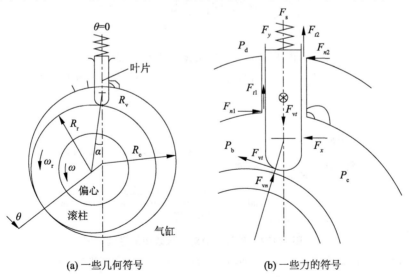

图 4.170 滚动活塞压缩机的一些符号

[资料来源:转载自 Ooi(2005),经爱思唯尔许可]

Casoli 等(2008)对外齿轮泵进行了数值分析和优化。数值分析使用了为模拟齿轮泵和电机而开发的内部代码。优化特别集中在轴套上机械零件的几何形状上。目标函数被定义为啮合过程中与容积效率、压力脉动、空化初生和最大压力峰值相关的参数的线性组合。该文采用了 Vacca 和 Cerutti(2007)提出的基于 RSA 模型和最速下降法的优化算法。提出了泵腔的优化设计方案,并对采用该方案的泵样机进行了试验。通过容积效率和输送压力脉动的试验验证了该设计的有效性。

Huang 和 Tsay(2009)利用数学分析优化了一台滑片式旋转压缩机的机械性能(图 4.171)。设计变量包括叶片尺寸、转子转速和进出口角的位置。以考虑空气压缩功率和叶片载荷的机械效率为目标函数。这种遗传算法是一种基于概率的搜索方法,用于寻找最优解。他们评估了种群规模、突变率、交叉率等遗传算法参数对优化解的影响,结果表明,遗传算法参数对优化解的影响显著,如图 4.172 至图 4.174 所示。研究结果表明,遗传算法参数的合理取值提高了优化解的可靠性。基于这些分析,与 Huang(1999)的计算结果相比,该文计算的压缩机机械效率提高了 12%。

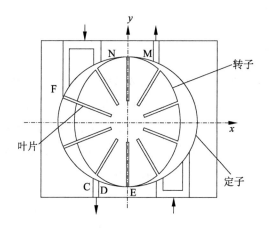

图 4.171　滑片式旋转压缩机原理图

[资料来源:经 Huang 和 Tsay(2009)许可转载,版权所有©2009 美国机械工程师协会]

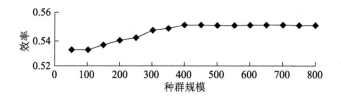

图 4.172　种群规模对机械效率的影响

[资料来源:经 Huang 和 Tsay(2009)许可转载,版权所有©2009 美国机械工程师协会]

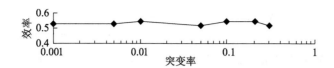

图 4.173 突变率对机械效率的影响

[资料来源:经 Huang 和 Tsay(2009)许可转载,版权所有©2009 美国机械工程师协会]

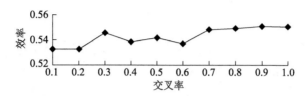

图 4.174 交叉率对机械效率的影响

[资料来源:经 Huang 和 Tsay(2009)许可转载,版权所有©2009 美国机械工程师协会]

Liu 等(2010a)利用数学模型对涡旋压缩机(图 4.175)进行了单目标优化。以压缩机的机械损失为目标函数,选取与滑动轴承相关的 6 个几何参数和推力轴承的 2 个几何参数(共 8 个几何参数)作为设计变量。确定了润滑和允许强度的 8 个约束条件,保证了理想的工作状态。采用基于梯度的搜索方法 SQP(Arora,2004)来寻找最优解。结果发现,与参考设计相比,优化设计可使机械损失减少 15.8%。

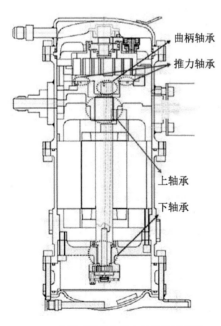

(a)3个滑动轴承和推力轴承的示意图

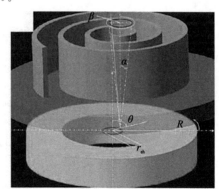

(b) 推力轴承的参数

(c) 油膜的标称高度

图 4.175 轴承部件

[资料来源:转载自 Liu 等(2010a),经爱思唯尔许可]

　　Shi 等(2014)使用设计优化技术对轴向活塞泵(见图4.176)进行了优化。优化的目的是避免油液冲击,使压力梯度保持稳定。优化时,建立了活塞腔动态压力和油液冲击的数学模型。他们通过实际的泵流量试验验证了分析结果。采用粒子群优化(PSO)算法(Kennedy 和Eberhart,1997)对活塞泵的形状进行了优化,优化过程如图4.177所示。通过优化,最大压力梯度仅比最小压力梯度大1.9倍,与初始值相比减小了70.8%,流量波动下降了21.4%。

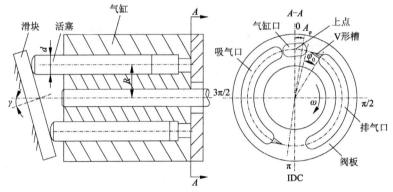

图 4.176　活塞泵和阀板结构的剖视图

[资料来源:经 Shi 等(2014)许可转载,Hindawi]

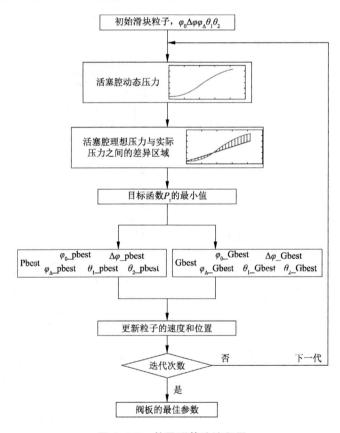

图 4.177　粒子群算法流程图

[资料来源:经 Shi 等(2014)许可转载,Hindawi]

Yu 等(2014)基于一种数学模型提出了活塞式压缩空气发动机工作过程的数学模型，并对活塞式压缩空气发动机进行了多目标优化(见图 4.178)。在此基础上，利用商业软件 MATLAB 和 Simulink 对活塞式发动机进行了性能评估。在参数化研究的基础上，选取进气压力、阀升程等运行参数作为设计变量，以输出功率和能源效率为目标函数。该文引入改进的 NSGA-Ⅱ(Deb 等,2002)作为优化算法。结果表明，改进后的 NSGA-Ⅱ模型在接近性和多样性方面均优于 NSGA-Ⅱ模型。随着进气压力或阀升程的增大，输出功率增大，而能源效率降低。他们建议，由于调节进气压力的主要作用是满足变速和路况，因此适当调整进气阀升程可以提高能源效率。

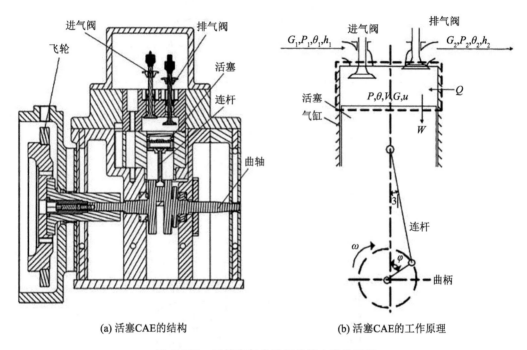

(a) 活塞CAE的结构　　　　　　　(b) 活塞CAE的工作原理

图 4.178　压缩空气发动机的热力学分析图

［资料来源：经 Yu 等(2014)许可转载］

Liu 等(2015)利用三维 RANS 分析结合 SST 湍流模型对变矩器进行了多目标优化。进口偏转角(图 4.179 中 θ_p,θ_t,θ_s)与变矩器的 3 个组件(泵、涡轮和定子)相关，被作为这项工作的设计变量。优化时，定义了 3 个性能参数作为目标函数：峰值效率、失速转矩比和失速泵容量因子(Heldt,1955)。为了寻找多目标优化解，该文使用了基于归档的微遗传算法(AMGA)(Tiwari 等,2008)。AMGA 利用一个基于多样性信息的大型外部归档文件库，以较小的种群数来减少计算时间，从而找到了 Pareto 最优解。

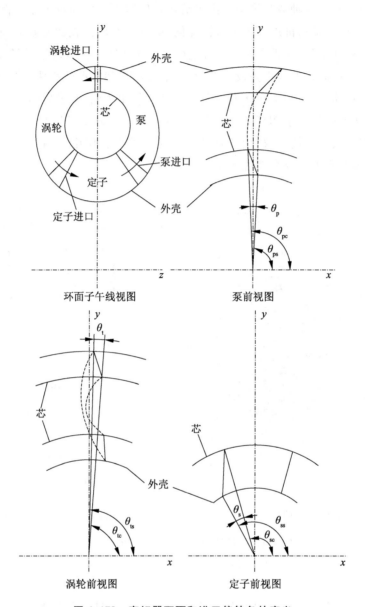

图 4.179　变矩器环面和进口偏转角的定义

[资料来源:经 Liu 等(2015)许可转载,版权所有◯2015 美国机械工程师协会]

参考文献

[1] AFNOR (1999). ISO 5801: Industrial fans, performance testing using standardized airways.

[2] Ainley, D. G., and Mathieson, G. C. (1951). *A method of performance estimation for axial-flow turbines* (No. ARC-R/M-2974). Aeronautical Research

Council London (UK).

［3］Al-Zubaidy, S. N. J. (1990). *Toward Automating the Design of Centrifugal Impellers*, ASME Fluid Machinery Forum, Spring Meeting of the Fluids Engineering Division, June 4 – 7, Toronto, Ontario, Canada, pp. 41 – 47.

［4］AMCA (1999). AMCA Standard 210-99/ASHRAE Standard 51-1999, Laboratory Methods of Testing Fans for Aerodynamic Performance Rating, AMCA and ASHRAE.

［5］Anderson, M. (1997). Design of Experiments. *American Institute of Physics* 3(3): 24 – 26.

［6］Arad, N. and Reisfeld, D. (1995). Image warping using few anchor points and radial functions. *Computer Graphics Forum* 14 (1): 35 – 46. https://doi. org/10. 1111/1467-8659 .1410035.

［7］Arnone, A. (1994). Viscous analysis of three-dimensional rotor flow using a multigrid method. *ASME Journal of Turbomachinery* 116 (3): 435 – 445.

［8］Arnone, A. , Marconcini, M. Rubechini, F. Schneider, A. , and Alba, G. (2009). Kaplan turbine performance prediction using CFD: An artificial neural network approach, *HYDRO* 2009 *Conference Paper* no. 263, Lyon, France.

［9］Arora, J. S. (2004). *Introduction to Optimum Design*. New York: McGraw-Hill.

［10］Aulich, A. L. , Goerke, D. , Blocher, M. , Nicke, E. , and Kocian, F. (2013). Multidisciplinary automated optimization strategy on a counter rotating fan, Proceedings of ASME Turbo Expo 2013: Turbine Technical Conference and Exposition, June 3 – 7, 2013, San Antonio, Texas, USA. GT2013-94259.

［11］Avellan, F. (2004). Introduction to cavitation in hydraulic machinery, *The 6th International Conference on Hydraulic Machinery and Hydrodynamics*, Timisoara, Romania.

［12］Badami, M. (1997). Theoretical and experimental analysis of traditional and new periphery pumps, *SAE Technical Paper* 971074.

［13］Badami, M. and Mura, M. (2010). Theoretical model with experimental validation of a regenerative blower for hydrogen recirculation in a PEM fuel cell system. *Energy Conversion and Management* 51: 553 – 560.

［14］Badami, M. and Mura, M. (2012a). Comparison between 3D and 1D simulations of a regenerative blower for fuel cell applications. *Energy Conversion and Management* 55: 93 – 100.

［15］Badami, M. and Mura, M. (2012b). Leakage effects on the performance characteristics of a regenerative blower for the hydrogen recirculation of a PEM fuel cell. *Energy Conversion and Management* 55: 93 – 100.

[16] Ballesteros, R., Velarde, S., and Santolaria, C. (2002). Turbulence intensity measurements in a forward-curved blades centrifugal fan, Proceedings of the XXIst IAHR Symposium on Hydraulic Machinery and Systems, September 9 – 12, Lausanne.

[17] Ballesteros-Tajadura, R., Velarde-Suárez, S., Hurtado-Cruz, J. P., and Santolaria-Morros, C. (2006). Numerical calculation of pressure fluctuations in the volute of a centrifugal fan. *ASME Journal of Fluids Engineering* 128 (3): 359 – 369.

[18] Banaszek, M. and Tesch, K. (2010). Rotor blade geometry optimization in Kaplan turbine. *TASK Quarterly* 14 (3): 209 – 225.

[19] Baskharone, E. A. (2006). *Principles of Turbomachinery in Air-Breathing Engines*. Cambridge University Press 9780511616846.

[20] Benini, E. (2004). Three-dimensional multi-objective design optimization of a transonic compressor rotor. *Journal of Propulsion and Power* 20 (3): 559 – 565.

[21] Benini, E. (ed.) (2013). Advances in aerodynamic design of gas turbine compressors. In: *Progress in Gas Turbine Performance*, *IntechOpen*. https://doi.org/10.5772/2797, ISBN: 978-953-51-1166-5.

[22] Benini, E. and Cenzon, M. (2009). Calibration of a meanline centrifugal pump model using evolutionary algorithms. *Proceedings of the Institution of Mechanical Engineers*, *Part A: Journal of Power and Energy* 223 (7): 835 – 847.

[23] Benini, E. and Toffolo, A. (2001). A parametric method for optimal design of two-dimensional cascades. *Proceedings of the Institution of Mechanical Engineers*, *Part A: Journal of Power and Energy* 215 (4): 465 – 473. https://doi.org/10.1243/0957650011538721.

[24] Benini, E. and Toffolo, A. (2002). Development of high-performance airfoils for axial flow compressors using evolutionary computation. *Journal of Propulsion and Power* 18 (3): 544 – 554. https://doi.org/10.2514/2.5995.

[25] Benini, E., and Tourlidakis, A. (2001, June). Design optimization of vaned diffusers for centrifugal compressors using genetic algorithms. In 15*th AIAA Computational Fluid Dynamics Conference*, p. 2583.

[26] Benini, E., Boscolo, G., and Garavello, A. (2008, January). Assessment of loss correlations for performance prediction of low reactiongas turbine stages. In: *ASME* 2008 *International Mechanical Engineering Congress and Exposition*, 177 – 184. American Society of Mechanical Engineers.

[27] Bitter, J. (2007). One-Dimensional Modeling of Centrifugal Flow Vaned Diffusers. MSc Thesis, Brigham Young University, Provo, UT.

[28] Bonaiuti, D. and Pediroda, V. (2001). Aerodynamic optimization of an industrial

centrifugal compressor impeller using genetic algorithms. In: *Evolutionary Methods for Design, Optimization and Control, CIMNE, Barcelona, Spain*, 467 – 472.

[29] Bonaiuti, D., Arnone, A., Ermini, M., and Baldassarre, L. (2002). *Analysis and Optimization of Transonic Centrifugal Compressor Impellers Using the Design of Experiments Technique*, ASME Paper GT-2002-30619.

[30] Box, M. J. (1965). A new method of constraint optimization and comparison with other methods. *The Computer Journal* 8: 33 – 41.

[31] Braun, O., Kueny, J. L., and Avellan, F. (2005). Numerical analysis of flow phenomena related to the unstable energy-discharge characteristic of a pump-turbine in pump mode, *ASME Fluids Engineering Division Summer Meeting and Exhibition*, Huston, Texas.

[32] Cai, N., and Xu, J. (2001). Aerodynamic-aeroacoustic performance of parametric effects for skewed-swept rotor, Proceedings of ASME Turbo Expo 2001, June 4 – 7, New Orleans, Louisiana, USA, 2001-GT-0354.

[33] Cai, N., Xu, J., and Benaissa, A. (2003). Aerodynamic and aeroacoustic performance of a skewed rotor, Proceedings of ASME Turbo Expo, GT-2003-38592, June 16 – 19, 2003, Atlanta, Georgia, USA.

[34] Casey, M. V. (1983). A computational geometry for the blades and internal flow channels of centrifugal compressors. *ASME Journal for Engineering for Power* 105 (2): 288 – 295.

[35] Casoli, P., Vacca, A., and Berta, G. L. (2008). Optimization of relevant design parameters of external gear pumps. In: *Proceedings of the 7th JFPS International Symposium on Fluid Power, September* 15 – 18, 277 – 282.

[36] Checcucci, M., Sazzini, F., Marconcini, M. et al. (2011). Assessment of a neural-network-based optimization tool: a low specific-speed impeller application. *International Journal of Rotating Machinery* 817547.

[37] Chen, X., Kim, K. Y., and Kim, S. Y. (1996). Numerical simulation on three-dimensional viscous flow in a multiblade centrifugal fan. In: *ASME FED Conference*, vol. 238, 647 – 652.

[38] Chen, L., Sun, F., and Wu, F. C. W. (2005). Optimum design of a subsonic axial-flow compressor stage. *Applied Energy* 80 (2): 187 – 195.

[39] Chen, S., Wang, D., and Sun, S. (2011). Bionic fan optimization based on taguchi method. *Engineering Applications of Computational Fluid Mechanics* 5(3): 302 – 314.

[40] Cherny, S. G., Sharov, S. V., Skorospelov, V. A., and Turuk, P. A. (2003). Methods for three-dimensional flows computation in hydraulic turbines. *Russian*

Journal of Numerical Analysis Mathematical Modeling 18 (2): 87 – 104.

[41] Cherny, S. G. , Chirkov, D. V. , Lapin, V. N. et al. (2005). 3D Euler flow simulation in hydro turbines: unsteady analysis and automatic design. In: *Notes on Numerical Fluid Mechanics and Multidisciplinary Design*, vol. 93, 33 – 51. Heidelberg: Springer.

[42] Chirkov, D. , Avdyushenok, A. , Panov, L. et al. (2012). CFD simulation of pressure and discharge surge in Francis turbine at off-design conditions. *IOP Conference Series: Earth and Environmental Science* 15 (3): https://doi. org/10. 1088/1755-1315/15/3/032038.

[43] Choi, J. H. , Kim, K. Y. , and Chung, D. S. (1997). *Numerical Optimization for Design of an Automobile Cooling Fan*, 73 – 77. SAE International.

[44] Chung, K. N. , Kim, Y. I. , Sung, J. H. et al. (2005). A study of optimization of blade section shape for a steam turbine. In: *ASME* 2005 *Fluids Engineering Division Summer Meeting*, 53 – 57. American Society of Mechanical Engineers.

[45] Chunxi, L. , Ling, W. S. , and Yakui, J. (2011). The performance of a centrifugal fan with enlarged impeller. *Energy Conversion and Management* 52: 2902 – 2910.

[46] Collette, Y. and Siarry, P. (2003). *Multiobjective Optimization: Principles and Case Studies*. New York: Springer.

[47] Corsini, A. and Rispoli, F. (2005). Flow analyses in a high-pressure axial ventilation fan with a non-linear eddy-viscosity closure. *International Journal of Heat and Fluid Flow* 26: 349 – 361.

[48] Cosentino, R. , Alsalihi, Z. , and Van den Braembussche, R. A. (2001). Expert system for radial impeller optimization. In: *Proceedings of the Fourth European Conference on Turbomachinery*, 481 – 490.

[49] Craig, H. R. M. and Cox, H. J. A. (1970). Performance estimation of axial flow turbines. *Proceedings of the Institution of Mechanical Engineers* 185 (1): 407 – 424.

[50] Cumpsty, N. A. (1989). *Compressor Aerodynamics*. Longman.

[51] Deb, K. , Pratap, A. , Agarwal, S. , and Meyarivan, T. (2002). A fast and elitist multiobjective genetic algorithm: NSGA-II. *IEEE Transactions on Evolutionary Computation* 6 (2): 182 – 197.

[52] Denton, J. D. (1978). Throughflow calculations for transonic axial flow turbines. *Journal of Engineering for Power* 100 (2): 212. https://doi. org/10. 1115/ 1. 3446336.

[53] Derakhshan, S. and Mostafavi, A. (2011). Optimization of GAMM Francis turbine runner. *International Journal of Mechanical*, *Aerospace*, *Industrial*,

Mechatronic and Manufacturing Engineering 5 (11): 2139 – 2145.

[54] Dixon, S. L. and Hall, C. A. (2014). *Fluid Mechanics and Thermodynamics of Turbomachinery*. Amsterdam: Butterworth-Heinemann/Elsevier.

[55] Downie, R. J., Thompson, M. C., and Wallis, R. A. (1993). An engineering approach to blade designs for low to medium pressure rise rotor-only axial fans. *Experimental Thermal Fluid Science* 6: 376 – 401.

[56] Drela, M. (1986). *Two-Dimensional Transonic Aerodynamic Design and Analysis Using the Euler Equations*. Cambridge, MA: Gas Turbine Laboratory, Massachusetts Institute of Technology.

[57] Drela, M., and Youngren, H. (1995). A user's guide to MISES 2.3. MIT Laboratory Computational Aerospace Science Laboratory report.

[58] Drela, M., and Youngren, H. (2008). A user's guide to MISES 2.63. MIT Laboratory Computational Aerospace Science Laboratory report.

[59] Drtina, P. and Sallaberger, M. (1999). Hydraulic turbines-basic principles and state-of-theart computational fluid dynamics applications. *Proceedings of the Institution of Mechanical Engineers: Part C* 213 (1): 85 – 102.

[60] Dunham, J. (1997). Modelling of spanwise mixing in compressor through-flow computations. *Proceedings of the Institution of Mechanical Engineers, Part A: Journal of Power and Energy* 211 (3): 243 – 251.

[61] Eck, B. (1973). *Fans*. Oxford, UK: Pergamon Press.

[62] Eckardt, D. (1975). Instantaneous measurements in the jet-wake discharge flow of a centrifugal compressor impeller. *ASME Journal of Engineering for Power* 3: 337 – 346.

[63] Eckardt, D. (1979). Flow field analysis of radial and backswept centrifugal compressor impellers. I-Flow measurements using a laser velocimeter. In: *Performance Prediction of Centrifugal Pumps and Compressors*, 77 – 86. New York: ASME.

[64] Eckardt, D. (1987). *Centrifugal Compressor Data Book*. Munich, Germany: MTU.

[65] Eckardt, D., and Trültzsch, B. R. (1977). Vergleichende Stromungsunter-suchungen an Drei Radialverdichter-Laufra dern mit Konventio-nellen Messverfahren, FVV Research Report (Forschungsberichte) #237.

[66] Eisinger, R. and Ruprecht, A. (2001). Automatic shape optimization of hydro turbine components based on CFD. *TASK Quarterly* 6: 101 – 111.

[67] Enomoto, Y., Kurosawa, S., and Kawajiri, H. (2012). Design optimization of a high specific speed Francis turbine runner, *Proceedings of the 26th IAHR Symposium on Hydraulic Machinery and Systems*, 19 – 23 *August, Beijing, China*.

[68] Envia, A. and Kerschen, E. J. (1986). Noise generated by convected gusts interacting with swept airfoil cascades. *AIAA Journal* 86, *Proceedings of AIAA 10th Aeroacoustics Conference, July* 9 – 11, *Seattle, Washington*, AIAA-86-1872.

[69] Estevadeordal, J., Gogineni, S., Goss, L. et al. (2000). Study of flow field interactions in a transonic compressor using DPIV. In: *Proceedings of the 38th Aerospace Sciences Meeting and Exhibit, Reno, NV*, 10 – 13. (AIAA Paper 00-03).

[70] Fares, R., Chen, X., and Agarwal, R. (2011). Shape optimization of an axisymmetric diffuser and a 3D hydro-turbine draft tube using a genetic algorithm, *49th AIAA Aerospace Sciences Meeting including the New Horizons Forum and Aerospace Exposition, Orlando, Florida*.

[71] Farlow, S. J. (1984). *Self-Organizing Method in Modeling: GMDH Type Algorithm*. Marcel Dekker Inc.

[72] Fedala, D., Koudri, S., Rey, R. et al. (2006). Incident turbulence interaction noise from an axial fan. In: *Collection of Technical Papers*, *12th AIAA/CEAS Aeroacoustics Conference*, vol. 2, 1003 – 1013.

[73] Fletcher, R. (1987). *Practical Methods of Optimization*. Chichester: Wiley https://doi.org/ 10.1097/00000539 – 200101000 – 00069.

[74] Fottner, L. (1990). *Test Cases for Computation of Internal Flows in Aero Engine Components*. (*Propulsion and Energetics Panel Working Group*) (*Exemples de Tests pour le Calcul des Ecoulements Internes dans les Organes des Moteurs d'Avion*) (No. AGARD – AR – 275). Advisory Group For Aerospace Research and Development Neuilly-Sur-Seine (France).

[75] Francis, J. B. (1909). *Lowell Hydraulic Experiments, 5th Edition, Hydraulic Losses in the Spiral Casing of a Francis Turbine*. Princeton, NJ: Van Nostrand.

[76] Fukano, T., Kodama, Y., and Senoo, Y. (1977). Noise generatedby low pressure axial flow fans. I: Modeling of the turbulent noise. *Journal of Sound and Vibration* 50: 63 – 74.

[77] Genter, C., Sallaberger, M., Widmer, C., Braun, O., and Staubli, T. (2012). Numerical and experimental analysis of instability phenomena in pump turbines, *26th IAHR Symposium on Hydraulic Machinery and Systems, Beijing, China*.

[78] Georgopoulou, H., Kyriacou, S., Giannakoglou, K., Grafenberger, P., and Parkinson, E. (2008). Constrained multi-objective design optimization of hydraulic components using a hierarchical metamodel assisted evolutionary algorithm. Part 1: Theory, *24th IAHR Symposium on Hydraulic Machinery and Systems, Foz do Iguassu, Brazil*.

[79] Giles, M. B. and Drela, M. (1987). Two-dimensional transonic aerodynamic

design method. *AIAA Journal* 25（9）：1199 – 1206. https：//doi. org/10. 2514/3. 9768.

[80] Göde，E. ，and Ryhming，I. L. (1987). 3D-Computation of the flow in a Francis runner. Sulzer Technical Review No. 4.

[81] Göde，E. ，Cuénod，R. ，and Pestalozzi，J. （1989）. Visualization of flow phenomena in a hydraulic turbine based on 3D flow computations，*Proceedings of the Waterpower '89，August 23 – 25，Niagara Falls，New York，USA*.

[82] Goel，T. ，Haftka，R. T. ，Shyy，W. ，and Queipo，N. V. （2007）. Ensemble of surrogates. *Structural and Multidisciplinary Optimization* 33 (3)：199 – 216.

[83] Goldberg，D. E. (1989). *Genetic Algorithms in Search，Optimization and Machine Learning*. Addison-Wesley https：//doi. org/10. 5860/CHOICE. 27-0936.

[84] Gomes，J. (1999). *Warping and Morphing of Graphical Objects*，vol. 1. Morgan Kaufmann.

[85] González，J. ，Fernández，J. ，Blanco，E. ，and Santolaria，C. （2002）. Numerical simulation of the dynamic effects due to impeller-volute interaction in a centrifugal pump. *ASME Journal of Fluids Engineering* 124：348 – 355.

[86] Grafenberger，P. ，Parkinson，E. ，Georgopoulou，H. ，Kyriacou，S. ，and Giannakoglou，K. （2008）. Constrained multi-objective design optimization of hydraulic components using a hierarchical metamodel assisted evolutionary algorithm. Part 2：Applications，*24th IAHR Symposium on Hydraulic Machinery and Systems*，Foz do Iguassu，Brazil.

[87] Grekula，M. ，and Bark，G. (2001). Experimental study of cavitation in a Kaplan model turbine，*CAV*2001：session B9. 004.

[88] Gu，C. (1984). Theory and applications of finite element approximate solution method (FEASM). *ACTA Mechanica Sinica* 16 (6)：1 – 11.

[89] Gui，L. ，Gu，C. ，and Chang，H. (1989). Influence of Splitter Blades on the Centrifugal Fan Performances，ASME Turbo Expo. 89，GT-33.

[90] Guo，E. M. and Kim，K. Y. （2004）. Three-dimensional flow analysis and improvement of slip factor model for forward-curved blades centrifugal fan. *KSME International Journal* 18 (2)：302 – 312.

[91] Han，S. Y. and Maeng，J. S. (2013). Shape optimization of cutoff in a multi-blade fan/scroll system using neural network. *International Journal of Heat and Mass Transfer* 46：2833 – 2839.

[92] Han，S. Y. ，Maeng J. S. ，and Yoo，D. H. (2003). Shape optimization of cutoff in a multiblade fan/scroll system using response surface methodology. Numerical Heat Transfer，B. 43，87 – 98.

[93] Hasmatuchi, V., Farhat, M., Maruzewski, P., and Avellan, F. (2009). Experimental investigation of a pump-turbine at off-design operation conditions, *Proceedings of the 3rd International Meeting of the Workgroup on Cavitation and Dynamic Problems in Hydraulic Machinery and Systems*, Brno, Czech Republic.

[94] Heldt, P. M. (1955). *Torque Converters or Transmissions*. New York: Childon Company.

[95] Hellstrom, J., Marjavaara, B., and Lundstrom, T. (2007). Parallel CFD simulations of an original and redesigned hydraulic turbine draft tube. *Advances in Engineering Software* 38 (5): 338 – 344.

[96] Heo, M. W., Kim, J. H., and Kim, K. Y. (2015a). Design optimization of a centrifugal fan with splitter blades. *International Journal of Turbo and Jet Engines* 32 (2): 143 – 154.

[97] Heo, M. W., Seo, T. W., Lee, C. S., and Kim, K. Y. (2015b). Aerodynamic and aeroacoustic analyses of a regenerative blower, Proceedings of ASME Turbo Expo 2015, *June 15 – 19*, 2015, *Montréal*, *Canada*, GT2015-42050.

[98] Heo, M. W., Seo, T. W., Shim, H. S., and Kim, K. Y. (2016). Optimization of a regenerative blower to enhance aerodynamic and aeroacoustic performance. *Journal of Mechanical Science and Technology* 30 (3): 1197 – 1208.

[99] Herrig, J. L., Emery, J. C., and Erwin, J. R. (1957). Systematic two-dimensional cascade tests of Naca 65-series compressor blades at low speeds. In: *NACA Technical Note*, 226. https://doi.org/10.1063/1.1715007.

[100] Horlock, J. H. (1966). *Axial Flow Turbines*. Krieger Publishing Company.

[101] Howard, M. A. and Gallimore, S. J. (1993). Viscous throughflow modeling for multistage compressor design. *Journal of Turbomachinery* 115 (2): 296 – 304.

[102] Hsu, K., Gupta, H. V., and Sorroshian, S. (1995). Artificial neural network modeling of the rainfall-runoff process. *Water Resources Research* 31 (10): 2517 – 2530.

[103] Huang, Y. M. (1999). The performance and fluid properties of a rotary compressor. *ASME Journal of Pressure Vessel Technology* 396: 99 – 104.

[104] Huang, Y. M. and Tsay, S. N. (2009). Mechanical efficiency optimization of a sliding vane rotary compressor. *ASME Journal of Pressure Vessel Technology* 131 (4), Article ID: 061601: 8.

[105] Huang, J., Corke, T. C., and Thomas, F. O. (2006). Plasma actuators for separation control of low-pressure turbine blades. *AIAA Journal* 44 (1): 51 – 57.

[106] Hurault, J., Kouidri, S., Bakir, F., and Rey, R. (2010). Experimental and

numerical study of the sweep effect on three-dimensional flow downstream of axial flow fans. *Flow Measurement and Instrumentation* 21: 155 - 165.

[107] Iliescu, M. S., Ciocan, G. D., and Avellan, F. (2003). Two phase PIV measurements at the runner outlet in a Francis turbine, Proceedings of FEDSM' 03, 4TH ASME _ JSME Joint Fluids Engineering Conference, Honolulu, Hawaii, USA.

[108] Iliescu, M. S., Ciocan, G. D., and Avellan, F. (2008). Analysis of the cavitating draft tube vortex in a Francis turbine using particle image velocimetry measurements in two-phase flow. *ASME Journal of Fluids Engineering* 130: 021105.

[109] Jacob, H. G. (1982). *Rechnergestützte Optimierung statischer und dynamischer Systeme*. Berlin: Springer-Verlag.

[110] Jang, C. M. and Jeon, H. J. (2014). Performance enhancement of 20 kW regenerative blower using design parameters. *International Journal of Fluid Machinery and Systems* 7 (3): 86 - 93.

[111] Jang, C. M. and Lee, J. S. (2012). Shape optimization of a regenerative blower used for building fuel cell system. *Open Journal of Fluid Dynamics* 2: 208 - 214.

[112] Jang, C. M., Sato, D., and Fukano, T. (2005). Experimental analysis on tip leakage and wake flow in an axial flow fan according to flow rates. *ASME Journal of Fluids Engineering* 127 (2): 322 - 329.

[113] Jang, C. M., Choi, S. M., and Kim, K. Y. (2008). Effects of inflow distortion due to hub Cap's shape on the performance of axial flow fan. *Journal of Fluid Science and Technology* 3 (5): 598 - 609.

[114] Japikse, D. (1996). *Centrifugal Compressor Design and Performance*. White River Junction, VT: Concepts NREC.

[115] Japikse, D. (2000). Decisive factors in advanced centrifugal compressor design and development. In: *Proceedings of the International Mechanical Engineering Congress & Exposition (IMechE)*, 1 - 14.

[116] Japikse, D. (2001). *Enhanced TEIS and Secondary Flow Modeling for Diverse Compressors*. White River Junction, VT: Concepts NREC.

[117] Japikse, D. and Baines, N. C. (1997). *Introduction to Turbomachinery*. Norwich, VT: Concepts ETI.

[118] Japikse, D., Marscher, W. D., and Furst, R. B. (2006). *Centrifugal Pump Design and Performance*. White River Junction, VT: Concepts NREC.

[119] Jeon, W. H., and Lee, D. J. (1997). An analysis of the flow and sound source of an annular type centrifugal fan, Fifth International Congress on Sound and

Vibration. *December* 15 – 18, *Adelaide*, *South Australia*.

[120] Karanth, K. V. and Sharma, N. Y. (2009). CFD analysis on the effect of radial gap on impeller-diffuser flow interaction as well as on the flow characteristics of a centrifugal fan. *International Journal of Rotating Machinery*. Article ID: 293508 8.

[121] Keck, H. and Sick, M. (2008). Thirty years of numerical flow simulation in hydraulic turbomachines. *Acta Mechanica* 201 (1): 211 – 229.

[122] Keck, H., Drtina, P., and Sick, M. (1996). Numerical hill chart prediction by means of CFD stage simulation for a complete francis turbine, *Proceedings of the XVIII IAHR Symposium*, *Valencia*, *Spain*.

[123] Kennedy, J. and Eberhart, R. C. (1997). Discrete binary version of the particle swarm algorithm. In: *Proceedings of the IEEE International Conference on Systems*, *Man*, *and Cybernetics*, 4104 – 4108. FL, USA: Orlando.

[124] Kergourlay, G., Kouidri, S., Rankin, G. W., and Rey, R. (2006). Experimental investigation of the 3D unsteady flow field downstream of axial fans. *Flow Measurement and Instrumentation* 17: 303 – 314.

[125] Khalkhali, A., Farajpoor, M., and Safikhani, H. (2011). Modeling and multi-objective optimization of forward-curved blade centrifugal fans using CFD and neural networks. *Transactions of the Canadian Society for Mechanical Engineering* 35 (1): 63 – 79.

[126] Khelladi, S., Kouidri, S., Bakir, F., and Rey, R. (2005). Flow study in the impeller-diffuser interface of a vaned centrifugal fan. *ASME Journal of Fluids Engineering* 127 (5): 495 – 502.

[127] Kim, J. K. and Kang, S. H. (1997). *Effects of the Scroll on the Flow Field of a Sirroco Fan*, 1318 – 1327. Hawaii: ISROMAC-7.

[128] Kim, K. Y. and Seo, S. J. (2004). Shape optimization of forward-curved-blade centrifugal fan with Navier – Stokes analysis. *ASME Journal of Fluids Engineering* 126: 735 – 742.

[129] Kim, K. Y. and Seo, S. J. (2006). Application of numerical optimization technique to design of forward-curved blades centrifugal fan. *JSME International Journal: Series B* 49 (1): 152 – 158.

[130] Kim, J. H., Choi, J. H., Husain, A., and Kim, K. Y. (2010). Performance enhancement of axial fan blade through multi-objective optimization techniques. *Journal of Mechanical Science and Technology* 24 (10): 2059 – 2066.

[131] Kim, J. H., Kim, J. W., and Kim, K. Y. (2011). Axial-flow ventilation fan design through multi-objective optimization to enhance aerodynamic performance. *ASME Journal of Fluids Engineering* 133: 101101, 12.

[132] Kim, J. H. , Cha, K. H. , Kim, K. Y. , and Jang, C. M. (2012a). Numerical investigation on aerodynamic performance of a centrifugal fan with splitter blades. *International Journal of Fluid Machinery and Systems* 5 (4): 168 – 173.

[133] Kim, J. H. , Kim, J. H. , Kim, K. Y. et al. (2012b). High-efficiency design of a tunnel ventilation jet fan through numerical optimization techniques. *Journal of Mechanical Science and Technology* 26 (6): 1793 – 1800.

[134] Kim, J. H. , Cha, K. H. , and Kim, K. Y. (2013). Parametric study on a forward-curved blades centrifugal fan with an impeller separated by an annular plate. *Journal of Mechanical Science and Technology* 27 (6): 1589 – 1595.

[135] Kim, J. H. , Ovgor, B. , Cha, K. H. et al. (2014). Optimization of the aerodynamic and aeroacoustic performance of an axial-flow fan. *AIAA Journal* 52 (9): 2032 – 2043.

[136] Korpela, S. A. (2012). *Principles of Turbomachinery*. Wiley.

[137] Kouidri, S. , Fedala, D. , Belamri, T. , and Rey, R. (2005). Comparative study of the aeroacoustic behavior of three axial flow fans with different sweeps. Proceedings of the ASME FEDSM'05, *Huston*, *TX*, *USA*.

[138] Kubo, T. and Murata, S. (1976). Unsteady flow phenomena in centrifugal fans. *Bulletin of the JSME* 19 (135): 1039 – 1046.

[139] Kumar, P. and Saini, R. P. (2010). Study of cavitation in hydro turbines-a review. *Renewable and Sustainable Energy Reviews* 14 (1): 374 – 383.

[140] Kurokawa, J. , and Kitahora, T. (1994). Accurate determination of volumetric and mechanical efficiencies and leakage behavior of Francis turbine and Francis pump turbine, XVII IAHR Symposium, *Beijing*, *China*.

[141] Kurokawa, J. and Sakuma, M. (1988). Flow in a narrow gap along an enclosed rotating disk with through-flow. *JSME International Journal* 31 (2): 243 – 251.

[142] Kurokawa, J. and Toyoura, T. (1976). Axial thrust, disk friction torque and leakage loss of radial flow turbomachinery. In: *Proceedings of Pumps and Trubines Conference*, vol. 1. Glasgow, UK.

[143] Kurokawa, J. , Toyoukura, T. , Shinjo, M. , and Matsuo, K. (1978). Roughness effects on the flow along an enclosed rotating disk. *Bulletin of JSME* 21 (2): 1725 – 1732.

[144] Lampart, P. (2004a). Numerical optimization of a high pressure steam turbine stage. *Journal of Computational and Applied Mechanics* 5 (2): 311 – 321.

[145] Lampart, P. (2004b). Numerical optimisation of a high pressure steam turbine stage. In: *Modelling Fluid Flow*, 323 – 334. Berlin, Heidelberg: Springer.

[146] Lee, S.-Y. and Kim, K. Y. (2000). Design optimization of axial flow compressor

blades with three-dimensional Navier – Stokes Solver. *KSME International Journal* 14 (9): 1005 – 1012.

[147] Lee, K. S., Kim, K. Y., and Samad, A. (2008). Design optimization of low-speed axial flow fan blade with three-dimensional RANS analysis. *Journal of Mechanical Science and Technology* 22: 1864 – 1869.

[148] Lee, Y. T., Ahuja, V., Hosangadi, A. et al. (2011). Impeller design of a centrifugal fan with blade optimization. *International Journal of Rotating Machinery* 2011, Article ID: 537824:16.

[149] Lee, C., Kil, H. G., Kim, G. C. et al. (2013). Aero-acoustic performance analysis method of regenerative blower. *Journal of Fluid Machinery* 16 (2): 15 – 20. (in Korean).

[150] Li, H. M. (2009). Fluid flow analysis of a single-stage centrifugal fan with a ported diffuser. *Engineering Applications of Computational Fluid Mechanics* 3(2): 147 – 163.

[151] Lipej, A. and Poloni, C. (2000). Design of Kaplan runner using multiobjective genetic algorithm optimization. *Journal of Hydraulic Research* 38: 73 – 79.

[152] Liu, X., Dang, Q., and Xi, G. (2008). Performance improvement of centrifugal fan by using CFD. *Engineering Applications of Computational Fluid Mechanics* 2 (2): 130 – 140.

[153] Liu, Y., Hung, C., and Chang, Y. (2010a). Design optimization of scroll compressor applied for frictional losses evaluation. *International Journal of Refrigeration* 33: 615 – 624.

[154] Liu, S. H., Huang, R. F., and Lin, C. A. (2010b). Computational and experimental investigations of performance curve of an axial flow fan using downstream flow resistance method. *Experimental Thermal and Fluid Science* 34: 827 – 837.

[155] Liu, C., Untaroiu, A., Wood, H. G. et al. (2015). Parametric analysis and optimization of inlet deflection angle in torque converters. *ASME Journal of Fluids Engineering* 137 (1), Article ID: 031101: 10.

[156] Lootsma, F. A. (1972). *Numerical Methods for Nonlinear Optimization*, 69 – 97. New York: Academic Press.

[157] Lotfi, O., Teixeira, J. A., Ivey, P. C., Kinghorn, I. R., and Sheard, A. G. (2006). Shape optimisation of axial fan blades using genetic algorithms and a 3D Navier – Stokes solver, Proceedings of ASME Turbo Expo 2006: Power for Land, Sea and Air, 8 – 11 *May*, *Barcelona*, *Spain*, GT2006-90659.

[158] Lu, F. A., Qi, D. T., Wang, X. J. et al. (2012). A numerical optimization on

the vibroacoustics of a centrifugal fan volute. *Journal of Sound and Vibration* 331: 2365 – 2385.

[159] Lyutov, A. E., Chirkov, D. V., Skorospelov, V. A. et al. (2015). Coupled multipoint shape optimization of runner and draft tube of hydraulic turbines. *ASME Journal of Fluids Engineering* 137: 111302.

[160] Marjavaara, B. D. (2006). CFD Driven Optimization of Hydraulic Turbine Draft tubes using Surrogate Models, PhD thesis. Luleå University of Technology, Sweden.

[161] Marjavaara, B. D. and Lundstrom, T. (2006). Redesign of a sharp heel draft tube by a validated CFD optimization. *International Journal for Numerical Methods in Fluids* 50 (8): 911 – 924.

[162] Marsh, H. (1968). *A digital computer program for the through-flow fluid mechanics in an arbitrary turbomachine, using a matrix method*, ARC, R&M, 3509. London: HMSO/Ministry of Technology.

[163] Massardo, A. S., Satta, A., and Marini, M. (1990). Axial flow compressor design optimization: part II – throughflow analysis. *Journal of Turbomachinery* 112 (3): 405 – 410.

[164] McKay, M. D., Beckman, R. J., and Conover, W. J. (1979). A comparison of three methods for selecting values of input variables in the analysis of output from a computer code. *American Statistical Association* 21 (2): 239 – 245. https://doi.org/10.2307/1268522.

[165] Mekhail, T. A. M., Dahab, O. M., Sadik, M. F. et al. (2015). Theoretical, experimental and numerical investigations of the effect of inlet blade angle on the performance of regenerative blowers. *Open Journal of Fluid Dynamics* 5: 224 – 237.

[166] Mengistu, T. and Ghaly, W. (2008). Aerodynamic optimization of turbomachinery blades using evolutionary methods and ANN-based surrogate models. *Optimization and Engineering* 9 (3): 239 – 255. https://doi.org/10.1007/s11081-007-9031-1.

[167] Menter, F. R. (1992). Improved two-equation k-omega turbulence models for aerodynamic flows. *NASA Technical Memorandum* 103978: 1 – 31. https://doi.org/10.2514/6.1993 – 2906.

[168] Menter, F. R. (1994). Two-equation eddy-viscosity turbulence models for engineering applications. *AIAA Journal* 32 (8): 1598 – 1605. https://doi.org/10.2514/3.12149.

[169] Menter, F. R., Kuntz, M., and Langtry, R. (2003). Ten years of industrial

experience with the SST turbulence model. *Turbulence Heat and Mass Transfer* 4(4): 625 – 632. https://doi . org/10. 4028/www. scientific. net/AMR. 576. 60.

[170] Menter, F. R. , Langtry, R. B. , Likki, S. R. et al. (2006). A correlation-based transition model using local variables – part Ⅰ: model formulation. *Journal of Turbomachinery* 128 (3): 413. https://doi. org/10. 1115/1. 2184352.

[171] Meyer, C. J. and Kröger, D. G. (2001). Numerical simulation of the flow field in the vicinity of an axial flow fan. *International Journal for Numerical Methods in Fluids* 36: 947 – 969.

[172] Montgomery, D. C. (2012). Design and analysis of experiments. *Design* 2: https://doi. org/10 . 1198/tech. 2006. s372.

[173] Mortier, P. (1893). Fan or blowing apparatus. US Pat. No. 507,445.

[174] Mortenson, M. E. (1997). *Geometric Modeling* , 2nd Edition. Wiley.

[175] Muntean, S. , Balint, D. , Susan-Resiga, R. , Anton, I. , and Darzan, C. (2004). 3D flow analysis in the spiral case and distributor of a Kaplan turbine, Proceedings of the 22nd IAHR Symposium, *Stockholm , Sweden* .

[176] Murthy, K. N. S. and Lakshminarayana, B. (1986). Laser Doppler velocimeter measurement in the tip region of a compressor rotor. *AIAA Journal* 24 (5): 807 – 814.

[177] Myers, R. H. and Montgomery, D. C. (1995). *Response Surface Methodology: Process and Product Optimization Using Designed Experiments.* New York: Wiley.

[178] Nakamura, K. and Kurosawa, S. (2009). Design optimization of a high specific speed Francis turbine using multi-objective genetic algorithm. *International Journal of Fluid Machinery and Systems* 2 (2): 102 – 109.

[179] Nelder, J. A. and Mead, R. (1965). A simplex method for function minimization. *Computer Journal* 7: 308 – 313.

[180] Nilsson, H. , and Davidson, L. (2000). A numerical comparison of four operating conditions in a Kaplan water turbine, focusing on tip clearance flow, Proceedings of the 20th IAHR Symposium on Hydraulic Machinery and Systems. Charlotte, USA.

[181] Novak, R. A. (1967). Streamline curvature computing procedures for fluid-flow problems. *ASME Journal of Engineering for Power* 89: 478 – 490.

[182] Novak, R. A. and Hearsey, R. M. (1977). A nearly three-dimensional intrablade computing system for turbomachinery. *Journal of Fluids Engineering* 99 (1): 154 – 166.

[183] Obrovsky, J. and Krausová, H. (2013). Development of high specific speed Francis turbine for low head HPP. *Engineering Mechanics* 20 (2): 139 – 148.

[184] Oksuz, O., Akmandor, I. S., and Kavsaoglu, M. S. (2002). Aerodynamic optimization of turbomachinery cascades using Euler/boundary-layer coupled genetic algorithms. *Journal of Propulsion and Power* 18 (3): 652 – 657.

[185] Ooi, K. T. (2005). Design optimization of a rolling piston compressor for refrigerators. *Applied Thermal Engineering* 25: 813 – 829.

[186] Ooi, K. T. and Chai, G. B. (1998). An analytical model for a vane spring design. *International Journal of Computer Applications in Technology* 11 (1/2): 98 – 108.

[187] Oro, J. M. F., Díaz, K. M. A., Morros, C. S., and Marigorta, E. B. (2007). Unsteady flow and wake transport in a low-speed axial fan with inlet guide vanes. *ASME Journal of Fluids Engineering* 129: 1015 – 1029.

[188] Osborne, W. C. (1973). *Fans.* Oxford, UK: Pergamon Press.

[189] Oyama, A. and Liou, M. S. (2002a). Multiobjective optimization of rocket engine pumps using evolutionary algorithm. *Journal of Propulsion and Power* 18(3): 528 – 535.

[190] Oyama, A., and Liou, M. S. (2002b), Multiobjective Optimization of a Multi-Stage Compressor Using Evolutionary Algorithm, AIAA paper 2002-3535.

[191] Pawlak, Z. (1982). Rough sets. *International Journal of Computer and Information Sciences* 11 (5): 341 – 356.

[192] Pellegrini, A. and Benini, E. (2013). Multi-objective optimization of a steam turbine stage. *World Academy of Science, Engineering and Technology, International Journal of Mechanical, Aerospace, Industrial, Mechatronic and Manufacturing Engineering* 7 (7): 1514 – 1527.

[193] Pelton, R. J. (2007). One-Dimensional Radial Flow Turbomachinery Performance Modeling. MSc Thesis, Brigham Young University, Provo, UT.

[194] Peng, G., Fujikawa, S., Cao, S., and Lin, R. (1998a). An advanced three-dimensional inverse model for the design of hydraulic machinery runner, Proceedings of the ASME/JSME Joint Fluid Engineering Conference, ASME FED-vol. 245, FEDSM98-4867.

[195] Peng, G., Fujikwa, S., and Cao, S. (1998b). An advanced quasi-three-dimensional inverse computation model for axial flow pump impeller design. In: *Proceedings of the XIX IAHR Symposium in Hydraulic Machinery and Cavitation*, 722 – 733. Singapore: World Scientific.

[196] Peng, G., Cao, S., Ishizuka, M., and Hayama, S. (2002). Design optimization of axial flow hydraulic turbine runner part I: an improved Q3D inverse method. *International Journal for Numerical Methods in Fluids* 39 (6): 533 – 548.

[197] Perie, F., and Buell, J. C. (2000). Combined CFD/CAA method for centrifugal fan simulation, The 29th International Congress and Exhibition on Noise Control Engineering, 27 – 30 *August*, *Nice*, *France*.

[198] Petit, O., Mulu, B., Nilsson, H., and Cervantes, M. J. (2010). Comparison of numerical and experimental results of the flow in the U9 Kaplan turbine model, Proceedings of the 25th IAHR Symposium on Hydraulic Machinery and Systems, *Timisoara*, *Romania*.

[199] Pfleiderer, C. (1952). *Turbomachines*. New York: Springer-Verlag.

[200] Powell, M. J. (1978). A fast algorithm for nonlinearly constrained optimization calculations. In: *Numerical Analysis*, 144 – 157. Berlin, Heidelberg: Springer.

[201] Robert, C. P. and Casella, G. (2005). *Monte Carlo Statistical Methods*. New York: Springer.

[202] Rodgers, C. (1980) Efficiency of centrifugal compressor impellers, AGARD Conference Proceedings, Centrifugal Compressors, Flow Phenomena and Performance, *Brussels*.

[203] Ross, P. J. (1996). *Taguchi Techniques for Quality Engineering*. New York: McGraw-Hill.

[204] Sale, D., Jonkman, J., and Musial, W. (2009). *Hydrodynamic Optimization Method and Design Code for Stall-Regulated Hydrokinetic Turbine Rotors*. National Renewable Energy Laboratory.

[205] Saltelli, A., Ratto, M., and Andres, T. (2008). *Global Sensitivity Analysis: The Primer*. Hoboken, NJ: Wiley.

[206] Samad, A. and Kim, K. Y. (2009). Surrogate based optimization techniques for aerodynamic design of turbomachinery. *International Journal of Fluid Machinery and Systems* 2 (2): 179 – 188.

[207] Samad, A., Kim, K. Y., Goel, T. et al. (2008a). Multiple surrogate modeling for axial compressor blade shape optimization. *AIAA Journal of Propulsion and Power* 24 (2): 302 – 310.

[208] Samad, A., Lee, K. S., and Kim, K. Y. (2008b). Multi-objective shape optimization of an axial fan blade. *International Journal of Air-Conditioning and Refrigeration* 16 (1): 1 – 8.

[209] Sarraf, C., Nouri, H., Ravelet, F., and Bakir, F. (2011). Experimental study of blade thickness effects on the overall and local performances of a controlled vortex designed axial-flow fan. *Experimental Thermal and Fluid Science* 35: 684 – 693.

[210] Schobeiri, M. (2005). *Turbomachinery Flow Physics and Dynamic*

Performance. Berlin/Heidelberg: Springer.

[211] Seo, S. J., Kim, K. Y., and Kang, S. H. (2003). Calculations of three-dimensional viscous flow in a multi-blade centrifugal fan by modeling blade forces. *Proceedings of Institution Mechanical Engineers Part A: Journal of Power and Energy* 217: 287 – 297.

[212] Seo, S. J., Choi, S. M., and Kim, K. Y. (2008). Design optimization of a low-speed fan blade with sweep and lean. *Proceedings of Institution Mechanical Engineers Part A: Journal of Power and Energy* 222: 87 – 92.

[213] Shi, J., Li, X., and Wang, S. (2014). Dynamic pressure gradient model of axial piston pump and parameters optimization. *Mathematical Problems in Engineering*, Article ID: 352981 10.

[214] Sieverding, F., Ribi, B., and Casey, M. (2004). Design of industrial axial compressor blade sections for optimal range and performance. *Journal of Turbomachinery* 126 (2): 323 – 332.

[215] Singh, O. P., Khilwani, R., Sreenivasulu, T., and Kannan, M. (2011). Parametric study of centrifugal fan performance: experiments and numerical simulation. *International Journal of Advances in Engineering & Technology* 1(2): 33 – 50.

[216] Singhal, A. K., Vaidya, N., and Leonard, A. D. (1997). Multi-dimensional simulation of cavitation flows using a PDF model for phase change, Proceedings of ASME FEDSM, June 22 – 26, Vancouver, Canada, FEDSM97-3272.

[217] Skotak, A., Mikulasek, J., and Obrovsky, J. (2009). Development of the new high specific speed fixed blade turbine runner. *International Journal of Fluid Machinery and Systems* 2 (4): 392 – 399.

[218] Sorensen, D. N. (2001). Minimizing the trailing edge noise from rotor-only axial fans using design optimization. *Journal of Sound and Vibration* 247 (2): 305 – 323.

[219] Sorensen, D. N. and Sorensen, J. N. (2000). Toward improved rotor-only axial fans – part I: a numerically efficient aerodynamic model for arbitrary vortex flow. *ASME Journal of Fluids Engineering* 122 (2): 318 – 323.

[220] Sorensen, D. N., Thompson, M. C., and Sorensen, J. N. (2000). Toward improved rotor-only axial fans – part II: design optimization for maximum efficiency. *ASME Journal of Fluids Engineering* 122 (2): 324 – 329.

[221] Sparlat, P. R., and Allmaras, S. R. (1994). A One-Equation Turbulence Model for Aerodynamic Flows. AIAA Paper 1992-0439.

[222] Stauter, R. C. (1993). Measurement of the three-dimensional tip region flow field

in an axial compressor. *ASME Journal of Turbomachinery* 115: 468 – 476.

[223] Stein, P. , Sick, M. , Doerfler, P. , White, P. , and Braune, A. (2006). Numerical simulation of the cavitating draft tube vortex in a Francis turbine. *Proceedings of the XXIII IAHR Symposium, Yokohama, Japan.*

[224] Stepanoff, A. J. (1948). *Centrifugal and Axial Flow Pumps: Theory, Design and Applications.* New York: Wiley.

[225] Sturmayr, A. and Hirsch, C. (1999). Throughflow model for design and analysis integrated in a three-dimensional Navier – Stokes solver. *Proceedings of the Institution of Mechanical Engineers, Part A: Journal of Power and Energy* 213 (4): 263 – 273.

[226] Sugimura, K. , Jeong, S. , Obayashi, S. , and Kimura, T. (2008). Multi-objective robust design optimization and knowledge mining of a centrifugal fan that takes dimensional uncertainty into account, Proceedings of ASME Turbo Expo 2008: Power for Land, Sea and Air, *June* 9 – 13, 2008, *Berlin, Germany,* GT2008-51301.

[227] Sugimura, K. , Jeong, S. , Obayashi, S. , and Kimura, T. (2009). Kriging-model-based multi-objective robust optimization and trade-off rule mining of a centrifugal fan with dimensional uncertainty. *Journal of Computational Science and Technology* 3 (1): 196 – 211.

[228] Sugimura, K. , Obayashi, S. , and Jeong, S. (2010). Multi-objective optimization and design rule mining for an aerodynamically efficient and stable centrifugal impeller with a vaned diffuser. *Engineering Optimization* 42 (3): 271 – 293.

[229] Sun, J. and Elder, R. L. (1998). Numerical optimization of a stator vane setting in multistage axial-flow compressors. *Proceedings of the Institution of Mechanical Engineers, Part A: Journal of Power and Energy* 212 (4): 247 – 259.

[230] Susan-Resiga, R. , Ciocan, G. D. , Anton, I. , and Avellan, F. (2006). Analysis of the swirling flow downstream a Francis turbine runner. *ASME Journal of Fluids Engineering* 128: 177 – 189.

[231] Susan-Resiga, R. , Muntean, S. , Anton, I. , and Bernad, S. (2003). Numerical investigation of 3D cavitating flow in Francis turbines, Conference on Modelling Fluid Flow (CMFF' 03) The 12th International Conference on Fluid Flow Technologies, *Yokohama, Japan.*

[232] Thakur, S. , Lin, W. , and Wright, J. (2002). Prediction of flow in centrifugal blower using quasi-steady rotor – stator models. *Journal of Engineering Mechanics* 128 (10): 1039 – 1049.

[233] Tiwari, S. , Koch, P. , and Fadel, G. (2008). AMGA: an archive-based micro

genetic algorithm for multi-objective optimization. In: *GECCO Conference*, 729 - 736. Atlanta, GA, July 12 - 16.

[234] Tong, S. S. and Gregory, B. A. (1990, June). Turbine preliminary design using artificial intelligence and numerical optimization techniques. In: *ASME* 1990 *International Gas Turbine and Aeroengine Congress and Exposition*. New York: American Society of Mechanical Engineers.

[235] Tridon, S. , Ciocan, G. D. , Barre, S. , and Tomas, L. (2008). 3D time-resolved PIV measurement in a francis turbine draft tube, Proceedings of the 24th Symposium on Hydraulic Machinery and Systems.

[236] Tridon, S. , Barre, S. , Ciocan, G. D. , and Tomas, L. (2010). Experimental analysis of the swirling flow in a Francis turbine draft tube: focus on radial velocity component determination. *European Journal of Mechanics B/Fluids* 29 (4): 321 - 335.

[237] Trivedi, C. , Cervantes, M. J. , Gandhi, B. K. , and Dahlhaug, O. G. (2013). Experimental and numerical studies for a high head Francis turbine at several operating points. *ASME Journal of Fluids Engineering* 135: 111102.

[238] Tsuei, H. H. , Oliphant, K. , and Japikse, D. (1999). *The Validation of Rapid CFD Modeling for Turbomachinery*. London: Institution of Mechanical Engineers.

[239] Tsurusaki, H. , Imaichi, K. , and Miyake, R. (1987). A study on the rotating stall in vaneless diffusers of centrifugal fans. *JSME International Journal* 30 (260): 279 - 287.

[240] Vacca, A. and Cerutti, M. (2007). Analysis and optimization of a two-way valve using response surface methodology. *International Journal of Fluid Power* 8(3): 43 - 59.

[241] VandeVoorde, J. , Dick, E. , Vierendeels, J. , and Serbmyns, S. (2004). Performance prediction of centrifugal pumps with steady and unsteady CFD-methods. In: *Advances in Fluid Mechanics IV* (ed. M. Rahman, R. Verhoeven and C. A. Brebbia), 559 - 568. Southampton, UK: WIT Press.

[242] Velarde-Suarez, S. , Ballesteros-Tajadura, R. , Santolaria-Morros, C. , and Gonzalez-Perez, J. (2001). Unsteady flow pattern characteristics downstream of a forward-curved blades centrifugal fan. *ASME Journal of Fluids Engineering* 123: 265 - 270.

[243] Veres, J. P. (1994). Centrifugal and axial pump design and off-design performance prediction. *NASA Techincal Memorandum* 106745: 1 - 24.

[244] Von Backstrom, T. W. , and Roos, T. H. (1993). The streamline throughflow

method for axial turbomachinery flow analysis. Presented at the Eleventh International Symposium on Air Breathing Engines, Tokyo, Japan, pp. 347 – 354.

[245] Wallis, R. A. (1961). Axial Flow Fans. In: *Design and Practice*. London: George Newnes Limited.

[246] Wang, W., Zhang, L., Yan, Y., and Guo, Y. (2007). Large-eddy simulation of turbulent flow considering inflow wakes in a Francis turbine blade passage. *Journal of Hydrodynamics*, Series B 19 (2): 201 – 209.

[247] Wang, L. Q., Yin, J. L., Jiao, L. et al. (2011). Numerical investigation on the "S" characteristics of a reduced pump turbine model. *Science China Technological Sciences* 54 (5): 1259 – 1266.

[248] Wei, N. (2000). Significance of Loss Models in Aerothermodynamic Simulation for Axial Turbines. PhD Thesis, Department of Energy Technology, Division of Heat and Power Technology, Royal Institute of Technology, Sweden.

[249] Whitfield, A. and Baines, N. C. (2002). *Design of Radial Turbomachines*. Harlow, Essex: Longman.

[250] Williams, J. E. F. and Hawkings, D. L. (1969). Sound generation by turbulence and surfaces in arbitrary motion. *Philosophical Transactions of the Royal Society of London Series A* 264 (1151): 321 – 342.

[251] Wisler, D. C. and Mossey, P. W. (1973). Gas velocity measurements within a compressor rotor passage using the laser Doppler velocimeter. *ASME Journal of Engineering for Power* 95 (2): 91 – 97.

[252] Witten, I. H. and Frank, E. (2005). *Data mining*, 189 – 199. San Francisco: Morgan Kaufmann, ch. 6.

[253] Wright, T. and Simmons, W. E. (1990). Blade sweep for low-speed axial fans. *Journal of Turbomachinery* 112 (1): 151 – 158.

[254] Wu, C. H. (1952). *A general theory of three-dimensional flow in subsonic and supersonic turbomachines of axial-, radial, and mixed-flow types* (*No. NACA-TN-2604*). Washington DC: National Aeronautics and Space Administration.

[255] Wu, J., Shimmei, K., Tani, K. et al. (2007). CFD based design optimization for hydro turbines. *ASME Journal of Fluids Engineering* 129: 159 – 168.

[256] Wu, Y., Liu, J., Sun, Y. et al. (2013). Numerical analysis of flow in a Francis turbine on an equal critical cavitation coefficient line. *Journal of Mechanical Science and Technology* 27 (6): 1635 – 1641.

[257] Xiao, Y. X., Sun, D. G., Wang, Z. W. et al. (2012). Numerical analysis of unsteady flow behavior and pressure pulsation in pump turbine with misaligned

guide vanes. *IOP Conference Series: Earth and Environmental Science* 15 (3): 032043 – 032051.

[258] Xiao, Y., Wang, Z., Zhang, J., and Luo, Y. (2014). Numerical predictions of pressure pulses in a Francis pump turbine with misaligned guide vanes. *Journal of Hydrodynamics* 26 (2): 250 – 256.

[259] Yamazaki, S. (1986). An experimental study on the aerodynamic performance of multi-blade blowers (1st report). *Transactions of JSME(B)* 52 (484): 3987 – 3992.

[260] Yamazaki, S. (1987a). An experimental study on the aerodynamic performance of multi-blade blowers (2nd report). *Transactions of JSME(B)* 53 (485): 108 – 113.

[261] Yamazaki, S. (1987b). An experimental study on the aerodynamic performance of multi-blade blowers (3rd report). *Transactions of JSME(B)* 53 (490): 1730 – 1735.

[262] Yang, W. and Xiao, R. F. (2014). Multiobjective optimization design of a pump-turbine impeller based on an inverse design using a combination optimization strategy. *ASME Journal of Fluids Engineering* 136: 014501.

[263] Yang, L., Hua, O., and Zhao-Hui, D. (2007a). Optimization design and experimental study of low-pressureaxial fan with forward-skewed blades. *International Journal of Rotating Machinery* 2007, Article ID: 85275: 10. https://doi.org/10.1155/2007/85275.

[264] Yang, L., Ouyang, H., and Zhao-Hui, D. U. (2007b). Experimental research on aerodynamic performance and exitflow field of low pressure axial flow fan with circumferential skewed blades. *Journal of Hydrodynamics* 19 (5): 579 – 586.

[265] Yang, L., Jie, L., Hua, O., and Zhao-Hui, D. (2008). Internal flow mechanism and experimental research of low pressure axial fan with forward-skewed blades. *Journal of Hydrodynamics* 20 (3): 299 – 305.

[266] Yin, J. L., Liu, J. T., Wang, L. Q. et al. (2010). Performance prediction and flow analysis in the vaned distributor of a pump turbine under low flow rate in pump mode. *Science China Technological Sciences* 53 (12): 3302 – 3309.

[267] Yin, J., Wang, D., Wei, X., and Wang, L. (2013). Hydraulic improvement to eliminate S-shaped curve in pump turbine. *ASME Journal of Fluids Engineering* 135: 0711105.

[268] Yiu, K. F. C. and Zangeneh, M. (1998, June). A 3D automatic optimization strategy for design of centrifugal compressor impeller blades. In: *ASME 1998 International Gas Turbine and Aeroengine Congress and Exhibition*. American Society of Mechanical Engineers.

[269] Younsi, M., Bakir, F., Kouidri, S., and Rey, R. (2007). Influence of impeller

geometry on the unsteady flow in a centrifugal fan: numerical and experimental analyses. *International Journal of Rotating Machinery* 2007, Article ID: 34901: 10.

[270] Yu, Z. , Li, S. , He, W. et al. (2005). Numerical simulation of flow field for a whole centrifugal fan and analysis of the effects of blade inlet angle and impeller gap. *HVAC & R Research* 11 (2): 263 – 283.

[271] Yu, Q. , Cai, M. , Shi, Y. , and Fan, Z. (2014). Optimization of the energy efficiency of a piston compressed air engine. *Journal of Mechanical Engineering* 60 (6): 395 – 406.

[272] Zangeneh, M. , Goto, A. , and Harada, H. (1999). On the role of three-dimensional inverse design methods in turbomachinery shape optimization. *Proceedings of the Institution of Mechanical Engineers*, *Part C*: *Journal of Mechanical Engineering* 213 (1): 27 – 42. https:// doi. org/10. 1243/0954406991522167.

[273] Zangeneh, M. , Vogt, D. , and Roduner, C. (2002). Improving a Vaned Diffuser for a Given Centrifugal Impeller by 3D Inverse Design, ASME Paper GT-2002-30621.

[274] Zhang, R. , Mao, F. , Wu, J. Z. et al. (2009). Characteristics and control of the draft-tube flow in part-load Francis turbine. *ASME Journal of Fluids Engineering* 131: 021101.

[275] Zhou, D. , Zhou, J. , and Song, J. (1996). Optimization Design of an axial-flow fan used for mining local-ventilation. *Computers & Industrial Engineering* 31 (3/4): 691 – 696.

[276] Zhu, X. , Lin, W. , and Du, Z. (2005). Experimental and numerical investigation of the flow field in the tip region of an axial ventilation fan. *ASME Journal of Fluids Engineering*.

[277] Zobeiri, A. , Kukny, J-L. , Farhat, M. , and Avellan, F. (2006). Pump-turbine rotor-stator interactions in generating mode: pressure fluctuation in distributer channel, 23rd IAHR Symposium, *Yokohama*, *Japan*.

⑤

可再生能源系统流体机械的优化

可再生能源是指在使用过程中自然补充的能源。风、潮汐、波浪、阳光、洋流、地热、生物质、盐度梯度等是可再生能源的主要来源。可再生能源一般是清洁、无排放的电力生产资源。本章讨论了几种可再生能源，其中，许多人以这样或那样的形式使用涡轮机械。例如，在夜间使用太阳能时，泵用于将能量储存在较高的位置，涡轮机则在夜间获取能量。泵和涡轮机从本质上来说都是涡轮机械。

5.1 风能

风力涡轮机是一类非常特殊的涡轮机械。近十年来，由于风能开发呈指数级增长，它们的应用和相关的工程课题，包括气动设计和优化，在世界范围内引发了越来越多的关注。事实上，在所有所谓的可再生能源中，风力涡轮机技术在全球装机容量方面增长最快〔从 2000 年的 17 GW 增长到 2015 年的 430 GW 以上（Council，2016），仅中国就不低于30.8 GW〕。

风力涡轮机技术主要由超大型水平轴式的开式转子（水平轴风力涡轮机——HAWT）控制。在这些机器中，风通过转子，转子通常有 3 个叶片，其角速度与吹来的风方向相同（Spera，1994）。据估计，全球 95% 以上的风能来自 HAWT。剩下的部分则是使用垂直轴风力涡轮机（VAWT），与 HAWT 相比，VAWT 通常效率略低，成本更高，但人们仍在研究其特定的应用，包括分布式发电、建筑集成和城市环境中的小功率生产。在 VAWT 中，角速度在一定程度上垂直于风向，这已被证明在湍流风和风向快速变化的场地中相比HAWT 有一些潜在的好处。尽管如此，VAWT 技术到目前为止在实际应用中仍很少受到关注，但它在理论研究和学术探索层面都得到了大量的研究。无论哪种类型，评价每台风力涡轮机的最重要的物理量几乎总是(i)单位发电量的（年）生产成本（COE）和(ii)（年）发电量（AEP）。两者都在很大程度上取决于涡轮机的几何形状，反过来又决定了涡轮机的气动效率。将涡轮机实际发电量与涡轮机转子截气流管内的最大理论功率（实际上是来流风的动能）进行比较，以此来评估效率，这是一种常见的做法：

$$C_p = \frac{P}{0.5\rho A U^3} \tag{5.1}$$

其中，P = 获得的功率，ρ = 空气密度，A = 转子扫掠面积，U = 环境空气速度。

上述量称为涡轮机功率系数。实际上，最大功率系数有一定的限制，这些限制取决于风力涡轮机的类型。在传统的 HAWT 中，扫掠区域内的简单动量交换平衡表明，理论上的最大 C_p 略高于 59%。C_p 的实际峰值略高于现代多兆瓦级涡轮机的 0.50（如今，对于非常大型的机器而言，C_p 的最高峰值为 0.52，且平均峰值保持在 0.48～0.50），而大多数 VAWT 的 C_p 的峰值在 0.35～0.40，即至少低 20%。

COE 和 AEP 都是 C_p 的函数，而 C_p 又是风速的非平凡函数。最有意义的不是风速，而是将 C_p 的变化作为所谓的叶尖速比的函数，即转子叶尖速度与风速的比值：

$$\lambda = \frac{U_{tip}}{U} \tag{5.2}$$

由于 C_p 随风速的变化而变化，而风速又随着时间的推移而变化，因此将某一特定位置的年发电量作为衡量涡轮机效率的有效指标。为了计算 AEP，必须提供风机安装现场特有的风速分布（通常是威布尔型）。连续概率密度威布尔函数定义为

$$f_W = \left(\frac{k}{c}\right)\left(\frac{U}{c}\right)^{k-1} \exp\left[-\left(\frac{U}{c}\right)^k\right] \tag{5.3}$$

其中，c 为以 m/s 为单位的比例参数，k 为威布尔曲线无量纲形状参数。对于一个给定的位置，威布尔函数可以在离散时间 Δt_i 内计算。因此，AEP 使用以下公式计算，其中 n 代表超过一年时间的时间步长：

$$\text{AEP} = \sum_{i=1}^{n} P_i f_W(U_i) N \Delta t_i = \sum_{i=1}^{n} C_{p,i} 0.5 \rho A U_i^3 f_W(U_i) N \Delta t_i \tag{5.4}$$

为了获得更具有一般代表性的设计指标，在优化过程中应研究转子半径和额定功率的影响。在这种情况下，AEP 的最大化确实可以将搜索方向转向具有非常薄叶片的非常大的转子。因此，由于其不可行性，工程研究的结果受到了有限的关注。为了获得更通用、更有效的设计准则，应采用每单位转子扫掠面积的 AEP（与 AEP/R^2 成比例，R 为转子叶尖半径），而不是单独使用 AEP。

准确估计能源成本是相当困难的。使用 Giguère 等给出的以下表达式计算一个简单而有效的成本模型。

$$\text{COE} = \frac{\text{TC} + \text{BOS}}{\text{AEP}}\text{FCR} + \text{O\&M}[\$/\text{kWh}] \tag{5.5}$$

其中，TC 为与叶片重量成比例的涡轮机成本，BOS 为与涡轮机额定功率成比例的电站收支，FCR 为固定充电费率，O&M 为运维成本。一些资料来源指出了这些数字的当前值。Giguère 的成本模型是建立在仅以涡轮机叶片成本为基础重构涡轮机总成本的假设之上的。这就要求，对于给定的额定功率，涡轮机部件成本的比例不变。然而，它没有考虑这种比例的可能变化可能发生在非常规的涡轮机设计中，例如，在非常规的叶尖速度的情况下。事实上，叶尖转速会影响达到规定额定功率所需的最大扭矩，进而影响传动系的设计和成本。在这种情况下，成本模型没有捕捉到这样的影响。Malcolm（2003）从公众可获得的信息中计算了一些商用 HAWT 和 VAWT 的单位扫掠面积的转子质量。他指出，对于

给定的扫掠面积,无论涡轮机的大小如何,VAWT 的质量几乎是 HAWT 的 10 倍。然而,正如 Malcolm 解释的那样,这些数据并没有将 HAWT 的塔身重量考虑在内,但垂直和水平质量/扫掠面积之间仍然存在约 4 倍的系数。

另一方面,单一质量倾向于以两种涡轮机的扫掠面积均呈方立方函数(放大定律)增加,因此,与涡轮机质量相关的能源成本应有利于 HAWT,特别是其中发电量较小的 HAWT。然而,正如 Malcolm 所指出的那样,单台小型风力涡轮机的安装成本要比风力发电场中的大型机器高得多,而且在最终安装成本中占很大比例。事实上,其他研究人员也证实了这一观点,他们发现 COE 随着涡轮机额定功率的增大而增大。因此,与独立装置相比,最近开发的大型 HAWT 不太适合风力发电厂的二维布局,其中 AEP 代表了真正的能源目标。

在海上应用中,超大型 VAWT 的潜在用途似乎比 HAWT 更具有独特的优势。事实上,由于涡轮机体积/扫掠面积的增大对两种类型的涡轮机质量/扫掠面积的影响几乎是相同的,因此 VAWT 应该利用它们在重力载荷下更好的性能。这些载荷似乎限制了超大型 HAWT 转子的设计。然而,超大型海上 VAWT 的具体可行性还需要进一步的研究才能得到验证。由欧盟资助的 DeepWind 项目就是一个使用倾斜转子证明这一概念的例子(DeepWind 项目 2016)。

5.1.1 水平轴风力涡轮机的优化

HAWT 转子的气动设计是一个复杂的过程,其特点是需要进行多项权衡决策,以寻求最优的综合性能和经济性。决策过程是困难的,但是设计方向不是唯一的:目前使用的许多不同的商用涡轮机类型都是从理论和经验方法中得出的,但没有明确的证据表明哪些类型的涡轮机被认为是最优的。其原因是 HAWT 必须针对特定的风场进行优化。

对于给定的威尔尔风分布,设计人员可能想知道哪个转子为给定(或目标)COE 提供了最大的 AEP 密度。另一方面,设计人员将从实现所需 AEP 密度的最小 COE 中获益。一般来说,了解 AEP 如何作为给定的一组 HAWT 的 COE 的函数而变化,对于开发多风场地是非常重要的。使用众所周知的优化术语,这相当于搜索关于 AEP 和 COE 的 Pareto 最优设计解决方案集。其他非气动目标函数也可能对优化 HAWT 有重要影响,比如最大化叶片刚度和/或优化涡轮机动力学。

为了实现这些任务,首先必须构建一些流动模型。其中包括各种各样的方法,从叶素理论法(BEM)到计算流体力学(CFD)。在优化问题中,BEM 仍然比 CFD 更受欢迎,这是因为 BEM 的使用成本低廉,并且易于与结构动力学等其他设计学科相耦合。尽管如此,如果实现了适当的修正,BEM 可提供准确的性能预测。

5.1.2 叶素理论法

这些理论通常被称为"条带理论",它们结合了两个基本理论:(i)通过涡轮机转子的环形流管上的动量平衡(产生轴向和切向推力的基本分量)和(ii)翼型沿叶片不同截面的升力和阻力产生的力平衡。通过在每个径向(或叶片截面)上对两种方法的力分量进行等效处理,可以得到一个非线性方程组并迭代求解(Hansen,1993)。转子被划分为有限数量的环形控制体("条带",见图 5.1),每个控制体独立于其他控制体,其中空气对叶片施加的力在每个环形单元中被认为是恒定的。

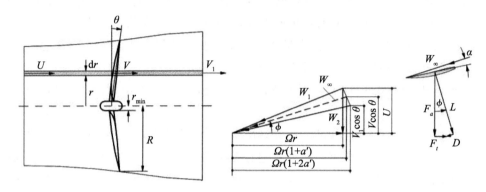

图 5.1　BEM 模型中使用的控制体积(左)和水平轴风力涡轮机在任意半径 r 处的速度三角形(右)

〔资料来源:经 Benini 和 Toffolo(2002)许可转载(原始资料中的图 1 和图 2),版权所有©2002 美国机械工程师协会〕

　　尽管 BEM 代码简单而古老(叶素理论是 Rankine 和 Froude 在 19 世纪首次提出的致动盘理论的延伸),但它被证明是非常可靠的,只要实施一些修正,如叶尖和轮毂损失模型,考虑大诱导速度的 Glauert 修正,即可精确地扩展升力和阻力极线、旋转和级联效应。同时,有人还提出了其他更复杂的修正,如与三维内失速延迟效应有关的修正,并可在必要时使用(Sant,2007;Lindenburg,2003)。与更先进的工具(如 CFD)相比,BEM 代码的主要优势在于其计算量小且易于实现。当修正得到充分的建模和翼型极性的准确预测时,BEM 代码对设计和优化都是非常有帮助的。还值得一提的是,由于在设计阶段往往没有试验验证,因此利用基于修正的面板方法的数值编码,如 XFoil(Lindenburg,2003)或 RFoil(Drela,1989),可以在预测实际翼型特性方面提供宝贵的帮助。

　　作为一个例子,图中显示了安装在科罗拉多州 NREL(国家可再生能源实验室)国家风力技术中心(NWTC)的 AOC 15/50 风力涡轮机的试验和预测的功率与风速曲线之间的比较(Jacobson 等,2003)。作者采用 BEM 代码对涡轮机翼型的极坐标曲线进行了数值预测,并使用 Lindenburg 方法将极坐标曲线推广到 90°入射角。从图 5.2 中可以明显看出,在风速为 18 m/s 时,叶片发生深度失速。从这个风速开始,BEM 代码的结果就不能被认为是准确的;然而,涡轮机的设计和优化通常是在远离转子失速的工况下进行的。

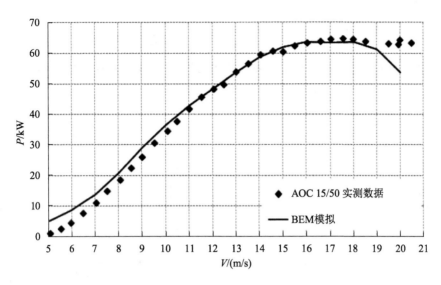

图 5.2　AOC 15/50 风力涡轮机数值模拟和试验功率曲线的对比

[资料来源:转载自 Dal Monte 等(2017)(原始资料中的图 3),经爱思唯尔许可]

5.1.3　涡轮机参数化

在涉及风力涡轮机的优化问题中,参数化通常是指转子的几何形状,但也可以考虑功能参数。使用 BEM 代码,通常使用以下部分或全部决策变量(Benini 和 Toffolo,2002):

·叶尖速度 ΩR。根据实践中通常采用的值,40 m/s$<\Omega R<$80 m/s 是常见的。Ω 和 R 通过施加固定的涡轮机额定功率 P 获得。当前的涡轮机通常以角速度运行,使得叶尖速度保持在 80 m/s 以下,以控制叶根处的最大许用应力及噪声排放。

·叶片数。在用于发电的 HAWT 中,叶片数在 1 到 3 之间。

·轮毂比 $\nu=r_{min}/R$。公开文献中缺乏关于这一变量的知识,尽管人们普遍认为它在确定涡轮机的工作范围方面具有突出的作用,因为它与翼型根部出现的失速现象有关。通常假定其范围为 0.05$<\nu<$0.2。

·沿叶片的弦长分布 $c/R=f(r/R)$。弦长被定义为叶片半径的函数。贝塞尔曲线可以用于此目的。4 个控制点被认为是叶片形状灵活性的必要性与叶片可制造性的约束之间的一个很好的折中(见图 5.3)。

·沿叶片的扭曲度分布 $\gamma_c=f(r/R)$。与弦长分布一样,扭曲度被定义为叶片半径的函数(见图 5.3)。扭曲度分布可以是相当任意的,尽管它必须符合沿叶片半径的相对速度的正确入射。

·沿叶片的壳体(表面)厚度分布。分布可以使用贝塞尔曲线或其他类型的曲线进行配准(在图 5.4 中使用了抛物线分布),最大厚度位于叶根处。轮毂厚度的实际值是由结构因素决定的,特别是考虑到叶片载荷引起的弯曲应力和轮毂轮廓的离心力引起的拉应力。一个非常简单的模型可以用来确定最大等效法向应力,如下所示:

$$\sigma_{\max} = \chi\left[\frac{M_b}{I(s)}\frac{0.21c_{\text{hub}}}{2} + \frac{F_c}{S}\right] \tag{5.6}$$

其中,χ 是安全裕度,M_b 是弯矩,I 是轮毂轮廓的惯性矩,F_c 是离心力,S 是轮毂轮廓的面积。

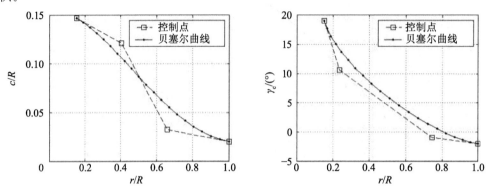

图 5.3 描述弦长和扭曲度分布的贝塞尔曲线

[资料来源:经 Benini 和 Toffolo(2002)许可转载(原始资料中的图 4),版权所有ⓒ2002 美国机械工程师协会]

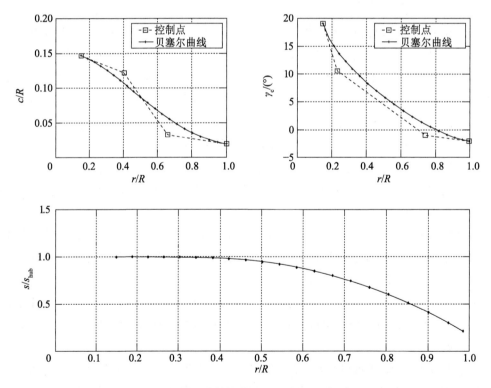

图 5.4 描述壳体厚度分布的抛物线型曲线

[资料来源:经 Benini 和 Toffolo(2002)许可转载(原始资料中的图 5),版权所有ⓒ2002 美国机械工程师协会]

·锥角 θ。它用于结构原因和实现塔的可容纳性,而不是用于空气动力学目的。通常为 θ 假设一个特定值。

·倾角 δ,即风向与转子旋转轴的夹角。它经常用于塔架适应的目的。同样在该例中为 δ 假设一个特定值。

·任何半径下的翼型特性(C_L 和 C_D 作为入射角 δ 的函数)。翼型族由 3 种翼型(叶根翼型、主翼型和叶尖翼型)组成,通常被认为可实现良好的气动性能并符合形状约束。例如,由于大多数风力涡轮机的叶片都有一个连接到轮毂的圆形截面,因此需要从圆形截面到根部翼型截面的平滑过渡,这要求叶根翼型相对弦长要厚。因为厚翼型没有显示出很高的效率,所以主要采用较薄的翼型,将其堆叠在叶根至叶片跨度的 75%,以确保更大的升阻比。叶尖翼型,通常比主翼型薄得多,最终定位到叶片跨度的 95%。在 95% 以上时,变细是为了将气动叶尖损失降到最低。

这些翼型沿叶片的形状分布及其厚度都可以参数化。早期的风力涡轮机优化研究考虑了固定的叶片形状,并将叶片和扭曲度作为决策变量(Selig 和 Coverstone-Carrol,1996)。最近的研究将翼型作为优化过程的一部分。在图 5.5 中,给出了一个使用贝塞尔曲线进行翼型参数化的例子,以及使用 RFoil 代码可以得到的相关极坐标曲线。为了能很好地表示典型风力涡轮机的几何形状,建议共采用 10 个控制点:5 个吸力侧控制点,5 个压力侧控制点,对应于图 5.5 中的 x 坐标。注意,在这种情况下,前缘位置是固定的,而实际的后缘位置必须遵循沿翼弦的分布。如果使用 3 个翼型族,则建议总共使用 $10 \times 3 = 30$ 个决策变量来描述翼型形状。

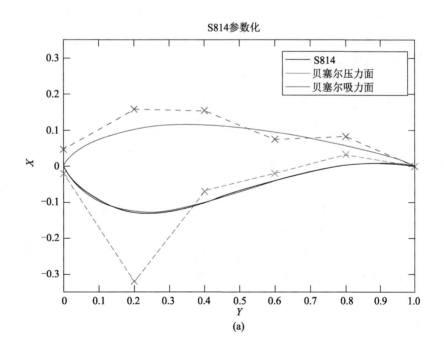

(a)

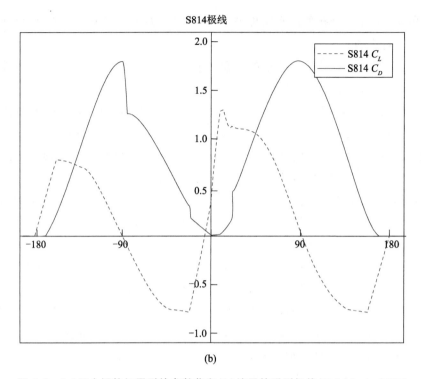

(b)

图 5.5 (a)风力涡轮机翼型的参数化和(b)扩展的翼型极线(Dal Monte,2017)

5.1.4 转子优化策略

正如 Dal Monte(2017)所解释的，AEP/R^2 或 COE 的优化，或两者同时的优化,涉及前面提到的所有决策变量,由于适用的环境过于复杂,通常会产生次优结果。更重要的工程结果可以使用下面描述的顺序方法获得。

(1) 在保持翼型形状不变的前提下,首先对弦长和扭曲度分布进行优化。

(2) 然后优化轮毂轮廓形状,保持步骤(1)的结果。

(3) 接着优化主轮廓形状,保持步骤(2)的结果。

(4) 在保持前面所有步骤的结果的同时,最终优化叶尖轮廓形状。

使用这种方法,AEP/R^2 相比于标准风力涡轮机配置可以提高 10％左右(Dal Monte,2017)。在这里的干预措施中,弦长和扭曲度的优化[步骤(1)]以及叶尖轮廓形状的优化[步骤(4)]提供了总能量产生的大部分增量。关于 COE,预期的改进是减少 2％～4％,与可获得的最大化 AEP 结果相比,这是一个不太明显的结果,因为大多数商业涡轮机都非常接近最低 COE。另外,因为方程(5.5)的成本模型是相对简单的,除体现与叶片的质量有关的变化外,可能不会体现涡轮机成本的明显变化。

5.2 海洋能

海洋被认为是一种巨大的能源。海洋能包括可以从海浪、潮汐、洋流、盐度和热梯度中获取的能量。海洋能源及其开采技术将在以下各节中详细说明。

海洋覆盖了地球表面 70% 的面积。海洋具有各种形式的巨大可再生能源潜力。据预测,海洋的能源潜力远远超过我们目前的能源需求。这些可以通过设计各种技术加以利用,并且可以转换成一种方便的电能形式。

由于太阳的热辐射、月球的引力、地球的自转等各种原因,能量从海洋中观测到的下列自然现象中获取。下面几段简要介绍用于产生海洋能的自然现象。

5.2.1 温度梯度

由于海洋覆盖了地球很大部分的面积,这使得它们成为世界上最大的太阳能收集器。与深海相比,海洋表面的温度更高。海水的温差为热能提供了可能。较冷的深海和较暖的浅海之间的温差被利用,以运行一个热机来产生能量。

5.2.2 潮汐与潮汐流

潮汐流与潮汐的涨落同时发生,潮汐的涨落是由月球、太阳的引力和地球的自转引起的。当潮汐发生时,海岸附近地表水的垂直运动会导致海水向水平方向移动,从而产生潮汐流。潮汐流可以发生在两个相反的方向。当水向陆地移动时,就会"涨潮";当它离开陆地时,就会"退潮"。高潮时,涨潮流的强度大于退潮流的强度;低潮时,退潮流的强度大于涨潮流的强度。

5.2.3 盐度梯度

通过使用合适的方法可以从河水和海水之间的盐浓度变化中获取能量。从这些自然发生的现象中,可以通过设计合适的技术将能量转化为有用的形式。

5.2.4 波浪

波浪是由于风在海面上移动而产生的。风的起因是海面上空气被不均匀温差加热。波浪能可以有效地用于海水淡化或发电。从海洋中得到的能量被称为海洋能。旨在利用这种能源的技术被称为海洋能源技术。

5.3 从海浪中获取能量

用于波浪能转换的设备称为波浪能转换器。目前有各种各样的波浪能转换器。它们可以根据安装在海上的深度(深、中、浅)、离岸距离(近海、海岸线、近岸)以及波浪与各自运动的相互作用(起伏、涌动、纵摇)进行分类(Lewis 等,2011)。

图 5.6 显示了以水深和离岸距离为分类特征的波浪能转换器(WEC)装置的不同类别。图 5.7 阐明了基于工作方法的波浪能转换器装置的分类。

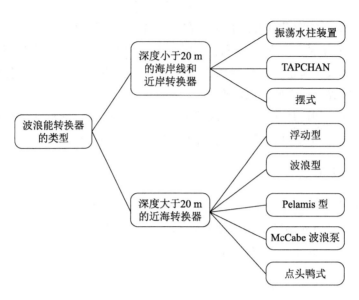

图 5.6 基于安装深度的 WEC 装置分类

[资料来源：经 Shehata 等（2017）许可转载（原始资料中的图 1），©Wiley-VCH Verlag GmbH & Co. KGaA]

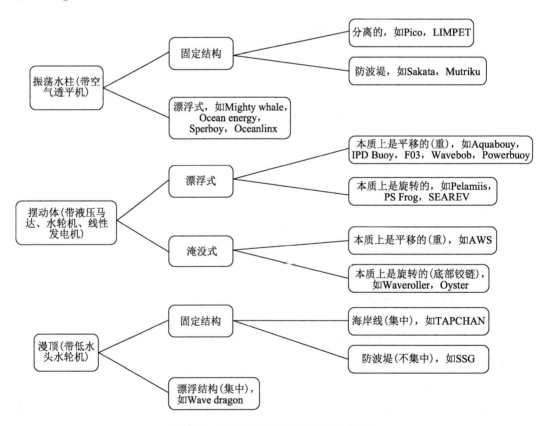

图 5.7 基于工作原理的 WEC 装置分类

[资料来源：转载自 Antonio（2010）（原始资料中的图 4），经爱思唯尔许可］

5.4 振荡水柱（OWC）

OWC 是最常用的波浪能设备。OWC 包括一个在吃水线下有一个通向大海的开口的舱室。当波浪接近 OWC 装置时，水进入舱室内，室内空气被加压。然后加压空气通过涡轮机排放到大气中。当水排出舱室时，空气通过涡轮机被吸入舱室内（见图 5.8）。设备可分为固定结构 OWC 和漂浮结构 OWC 两类。

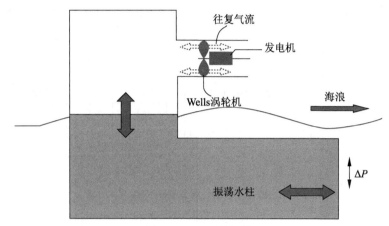

图 5.8　OWC 的运作

［资料来源：转载自 Ceballos 等（2015）（原始资料中的图 1），经爱思唯尔许可］

5.4.1　固定结构 OWC

固定结构 OWC 位于海底或被固定在悬崖上。它们通常被放置在海岸附近或海岸线上。如果被放置在海岸附近，它们有许多优点，如易于安装和维护，没有深水泊系统和冗长的水下电缆（Falcao 和 Gato，2012）。

5.4.2　漂浮结构 OWC

它们不是固定在岸边或海底的。相反，它们是在海面上上下移动的漂浮结构。漂浮的 OWC 装置松散地连接在海床上，并允许振荡。OWC 与海浪的振荡在气室装置中产生了气压差，从而驱动空气涡轮机。

5.5 涡轮机的分类

贝尔法斯特女王大学的 Alan Arthur Wells 在 20 世纪 70 年代末设计了 Wells 涡轮机。Wells 涡轮机使用对称翼型，是一种双向涡轮机。由于除主涡轮外没有运动部件，因此它更容易维护，而且经济实惠。相反，翼型的大攻角会产生很多阻力。因此，在高气流条件下，它的一些效率被牺牲了。OWC 中使用的空气涡轮机主要有两种：冲击式涡轮机和 Wells 涡轮机。图 5.9 显示了用于 OWC 的不同类型的涡轮机。冲击式涡轮机要求在转子前后放置导叶,以保持导叶的单向旋转。导叶会降低涡轮机的性能。

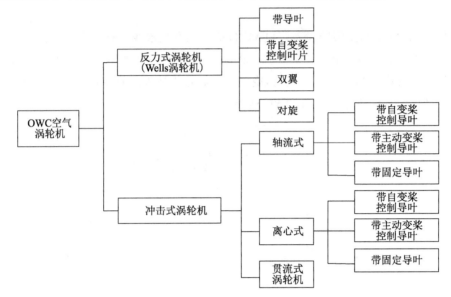

图 5.9　空气涡轮机的分类

5.5.1　Wells 涡轮机

Wells 涡轮机(图 5.10)被认为是最简单和最常用的波能转换自整流装置。它吸收来自进风的轴向力,而切向力使得涡轮旋转。对于对称翼型,攻角正、负值的切向力方向相同(α)。因此,转子的旋转方向始终与气流方向无关。

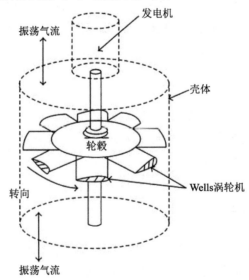

图 5.10　Wells 涡轮机示意图

[资料来源:经 Soltanmohamadi 和 Lakzian(2015)许可转载(原始资料中的图 1)]

如果绝对流速为 C,切向转子速度为 U,则相对流速(W)是 C 和 U 的合成。根据二维叶栅理论,稳态流速度(W)是上游和下游相对速度(分别为 W_1 和 W_2)的平均值,并与叶片弦线形成一个角度 α(Torresi 等,2009)(见图 5.11)。根据经典翼型理论,在流体流动过程中,以 α 入射角设置的翼型产生垂直于自由流的升力 L。在自由气流的作用下,翼型也受到一个阻力 D。升力 L 和阻力 D(分别垂直于和平行于 W)可分解为切向分量和轴向分量(分别为 F_u 和 F_n),它们在周期内的大小不同(Raghunathan 和 Abtan,1983)。方程(5.7)和方程(5.8)表示了这两个分量。

$$F_u = L\sin\alpha - D\cos\alpha \tag{5.7}$$

$$F_n = L\sin\alpha + D\cos\alpha \tag{5.8}$$

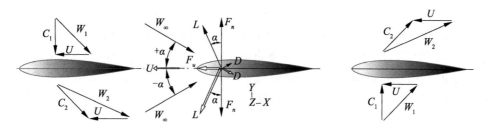

图 5.11　速度图和作用在叶片上的力

[资料来源:经 Torresi 等(2009)许可转载(原始资料中的图 2),版权所有©2009 美国机械工程师协会]

切线方向的力(F_u)在对称翼型中对于 α 的正值和负值是相同的。当这些翼型叶片围绕一个旋转轴旋转时,无论气流方向如何,它们的旋转方向都是 F_u 的方向。因此,F_u 的方向不依赖于轴向流动方向。当阻力占主导地位时,F_u 就会变为负的。当流量达到零或出现失速时,就会发生这种情况。

对于真实流体,L 和 D 随着 α 的增大而增大,当达到极限之后,翼型的周围会出现流动分离。失速角可以定义为气流与翼型表面分离的入射角。随着 α 增大至超过失速角,升力减小,阻力显著增大。

然而,Wells 涡轮机也存在一些固有的缺点,如效率低、启动特性差、噪声水平大、桨角操作范围相对较小等,操作范围以失速角为临界角度。由于启动特性不佳,涡轮机无法达到其运行速度,这称为爬杆效应(Raghunathan 和 Tan,1982)。

5.5.2　冲击式涡轮机

冲击式涡轮机利用的是高速气流/射流冲击叶片时产生的冲力。冲击后,气流方向发生变化,能量转移到叶片上,使得叶片的动能非常低。为了获得高功率输出,必须使上游流体的速度头达到最大。因此,上游流体的压力头通过喷嘴加速被转化为速度头。加速流体通过喷嘴,在到达叶片之前流体的压力头被转化为速度头。在冲击式涡轮机中,能量的传递仅仅是由于冲击而发生的,叶片处的压降可以忽略不计。

根据欧拉涡轮机械方程(Dixon 和 Hall,2014),冲击式涡轮机产生的扭矩与流经涡轮机转子的流体动量变化成正比。当采用一维近似时,方程可以表示为

$$T = \dot{m}(r_1 V_1 - r_2 V_2) \tag{5.9}$$

如果 $r_1 = r_2 = r$,方程可以写成

$$E = \omega r(V_1 - V_2) \tag{5.10}$$

对于正扭矩,进口速度应高于出口速度,即 $V_1 > V_2$。喷嘴放置在进口侧,以便将流入的流体加速到更高的速度。在 OWC 中,气流是双向的。定子安装在转子的两侧,这样无论气流的方向如何,涡轮机都是单向的。在喷嘴/固定导叶中发生转换后的气流具有很高的速度头。利用高速气流冲击叶片时产生的冲力来实现转子的旋转。与反力式涡轮机不同的是,当气流流经转子叶片时,气流中不会有任何压力变化。因此,旋转完全是基于冲击力。由于从两端看转子叶片和导叶是对称的,因此无论气流的方向如何,涡轮机的旋转方向都是相同的(图 5.12),这使得其在本质上是自整流的(Setoguchi 等,2000,2002)。径向涡轮机由于其径向结构,从转子获得的扭矩也更优。虽然径向涡轮机具有较高的阻尼,但由于其耐久性和较低的维护成本,径向涡轮机是有用的。

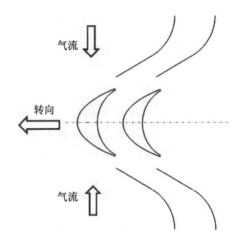

图 5.12　冲击式涡轮机上的流动

5.6　空气涡轮机的优化

在可再生能源装置中,经常使用优化技术来优化整体性能。由于任何可再生能源系统的性能都是由多个参数决定的,因此需要一个优化算法来找出使性能最佳化的最优设计。在风力涡轮机设计中,使用优化算法进行涡轮机叶片设计是一种非常普遍的做法。Chehouri 等(2015)详细分析了优化方法在风力涡轮机叶片设计中的应用。Banos 等(2011)解释了可再生能源应用中的优化技术。然而,在波浪能优化中所使用的优化技术

却很少被提及。在过去的 10 年中,不同的优化技术被用来优化波浪能涡轮机,以获得更好的效率和改进的性能特性。所使用的优化技术包括基于梯度的优化、直接进化优化、基于代理的优化和使用遗传算法的自动优化等。这些优化方法既适用于波浪能转换系统中的冲击式涡轮机,也适用于波浪能转换系统中的反力式涡轮机。

Gato 和 Henriques(1996)在二维势流计算和 Polak - Ribiere 共轭梯度算法的基础上,对对称叶片轮廓线进行了优化。其目的是控制压力沿叶型分布的形状,延迟分离和失速,从而扩大涡轮机的工作范围。采用传统的共轭梯度法进行优化。设计空间由描述叶片几何形状的一组几何参数定义。采用 NACA 四位数参数描述叶片形状,几何参数为后缘厚度、后缘角、最大厚度、前缘半径。这种情况下的目标函数是最小化叶片周围的逆向压力梯度。优化结果表明,改进后的涡轮机工作范围明显改善。

基于代理的优化用于优化冲击式和反力式涡轮机。Badhurshah 和 Samad(2015a)基于遗传算法,在多代入器的辅助下,在冲击式涡轮机上创建了多目标优化(MOO),以提高其性能。以定子和转子叶片数为设计变量,目标函数为压降最小化和涡轮机轴功率最大化。采用加权平均代理(WAS)、克里格法、神经网络和响应面近似法为 MOO 技术创建种群,并生成目标的 Pareto 最优前沿。代理建模是一种利用数值优化技术进行流场分析和几何修正的近似方法。设计优化流程图如图 5.13 所示。图 5.14 显示了代理模型和参考模型的效率比较。

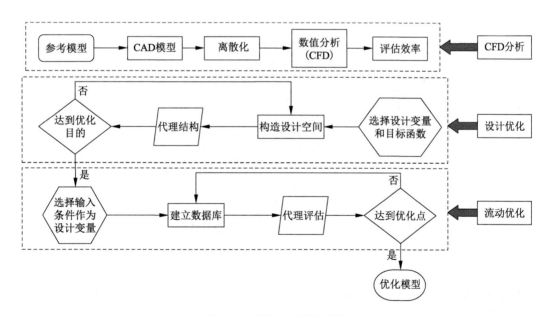

图 5.13 代理建模的流程图

[资料来源:转载自 Badhurshah 和 Samad(2015b)(原始资料中的图 2 和图 6),经爱思唯尔许可]

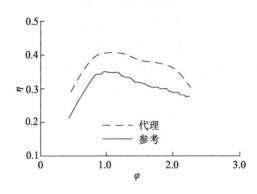

图 5.14　代理模型和参考模型的预测效率对比

[资料来源:转载自 Badhurshah 和 Samad(2015b)(原始资料中的图 6),经爱思唯尔许可]

Gomes 等(2012)采用了轴向冲击式涡轮机二维叶片截面的两步优化方法。在第一步中,采用了一种反设计方法,通过改变沿轴向弦的弯度线斜率施加恒定的压力载荷。在第二步中,通过比较叶片前缘和后缘处的压力分布来优化叶片厚度。采用贝塞尔曲线勾勒出涡轮机叶片的厚度(见图 5.15)。这个问题的设计变量是表示叶片截面厚度分布的贝塞尔曲线的控制点。该研究的目标功能是提高涡轮机效率。结果表明,与标准设计相比,转子效率有所提高。

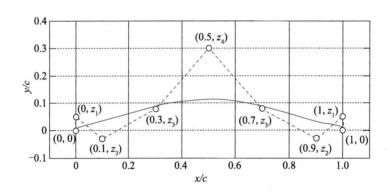

图 5.15　带有 9 个控制点的贝塞尔曲线

为了提高 Wells 涡轮机的性能,同样采用了优化技术。与冲击式涡轮机相似,Wells 涡轮机也采用了代理建模技术,以达到性能优化的目的。所选择的不同设计变量和目标函数如表 5.1 所示。

表 5.1　用于 Wells 涡轮机优化的设计变量

设计变量	目标函数
叶尖和轮毂处的叶片弯扭角（Halder 等，2017）	最大扭矩系数峰值和效率
叶尖和中截面处的叶片弯扭角，叶尖和轮毂处的叶片厚度（Halder 和 Samad，2016）	最大扭矩系数峰值和效率
涡轮机转速和进口空气速度（Halder 和 Samad，2016）	最大扭矩系数峰值和效率

　　Mohamed 等（2011）以及 Mohamed 和 Shaaban（2014）使用自动优化算法对某 Wells 涡轮机的叶片型线进行了优化。自动优化是在同一迭代循环内进行优化和 CFD 分析的一种技术。自动优化是使用优化库 OPAL 进行的，该优化库由德国马格德堡奥托·冯·格里克大学的研究人员编写。优化算法采用 Gambit 进行 CAD 建模和网格生成，采用 CFD 软件 ANSYS FLUENT 对改进后的 Wells 涡轮机的流场进行计算。这些方法是通过带有 Gambit 和 FLUENT 的日志脚本自动实现的，因此一旦流程开始，就不需要人工干预。为了进行叶片型线优化 12，沿叶片型线边界考虑了几个点。给出了各点的上、下限（见图 5.16），使优化后的叶片形状仍适合制造。每次迭代后，各点取不同的值，生成一个新的叶片形状，然后进行 CFD 模拟。这样的过程一直持续到得到一个优化的叶片形状。在该研究中，初始参考叶片为 NACA0021，优化后的叶片形状如图 5.17 所示。优化后的叶片输出功率提高 11.3%，效率提高 1%。采用相同的优化方法，对涡轮机叶片的桨叶角进行了优化，以找出最佳桨叶角。结果表明，NACA0021 叶片的最佳桨叶角为 +0.3°。

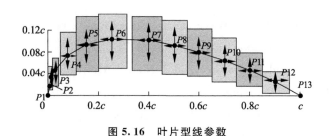

图 5.16　叶片型线参数

［资料来源：转载自 Mohamed 等（2011）（原始资料中的图 7），经爱思唯尔许可］

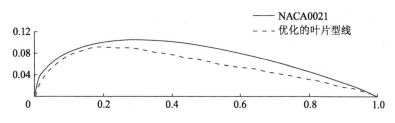

图 5.17　NACA0021 和优化的叶片型线的对比

［资料来源：转载自 Mohamed 等（2011）（原始资料中的图 10），经爱思唯尔许可］

Shaaban(2017)提出了一种叶片型线优化技术,该技术在考虑复杂的三维流动现象的同时,提高了空气涡轮机的性能。该技术根据标准叶片型线的坐标生成非标准叶片型线。为了确定最优的叶片型线,提出了一种 MOO 算法。在这种情况下,翼型被分为两部分:从前缘到最大厚度点和从最大厚度点到后缘。对两部分进行了改进,得到了优化后的非标准叶片型线。图 5.18 显示了原始的 NACA0015 和优化后的叶片型线。

结果表明,在所有情况下,优化后的叶片型线均能提高涡轮机的性能。

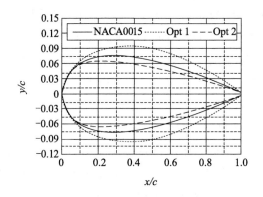

图 5.18　原始和优化的叶片型线

[资料来源:转载自 Shaaban (2017)(原始资料中的图 8),©Wiley-VCH Verlag GmbH & Co. KGaA]

参考文献

［1］Antonio, F. D. O. (2010). Wave energy utilization: a review of the technologies. *Renewable and Sustainable Energy Reviews* 14 (3): 899 - 918.

［2］Badhurshah, R. and Samad, A. (2015a). Multi-objective optimization of a bidirectional impulse turbine. *Proceedings of the Institution of Mechanical Engineers, Part A: Journal of Power and Energy* 229 (6): 584 - 596. https://doi.org/10.1177/0957650915589271.

［3］Badhurshah, R. and Samad, A. (2015b). Multiple surrogate based optimization of a bidirectional impulse turbine for wave energy conversion. *Renewable Energy* 74: 749 - 760. https://doi.org/10.1016/j.renene.2014.09.001.

［4］Baños, R., Manzano-Agugliaro, F., Montoya, F.G. et al. (2011). Optimization methods applied to renewable and sustainable energy: a review. *Renewable and Sustainable Energy Reviews*. https://doi.org/10.1016/j.rser.2010.12.008.

［5］Benini, E. and Toffolo, A. (2002). Optimal design of horizontal-axis wind turbines using blade-element theory and evolutionary computation. *Journal of Solar Energy Engineering* 124 (4): 357 - 363.

［6］Ceballos, S., Rea, J., Robles, E. et al. (2015). Control strategies for combining local energy storage with wells turbine oscillating water column devices. *Renewable Energy* 83:1097 - 1109. https://doi.org/10.1016/j.renene.2015.05.030.

[7] Chehouri, A., Younes, R., Ilinca, A., and Perron, J. (2015). Review of performance optimization techniques applied to wind turbines. *Applied Energy*. https://doi.org/10.1016/j.apenergy.2014.12.043.

[8] Council, G. W. E. (2016). Global wind report 2010. Online: www.gwec.net/index.php.

[9] Dal Monte, A. (2017). Development of an opensource environment for the aero-structural optimization of wind turbines. Ph.D. Thesis, Dipartimento di Ingegneria Industriale, Università di Padova, Italy.

[10] Dal Monte, A., De Betta, S., Castelli, M. R., and Benini, E. (2017). Proposal for a coupled aerodynamic-structural wind turbine blade optimization. *Composite Structures* 159: 144 - 156.

[11] Dixon, S. L. and Hall, C. A. (2014). *Fluid Mechanics and Thermodynamics of Turbomachinery*. Amsterdam: Butterworth-Heinemann/Elsevier.

[12] Drela, M. (1989). XFOIL: an analysis and design system for low Reynolds number airfoils. In: *Low Reynolds Number Aerodynamics*, 1 - 12. Berlin, Heidelberg: Springer.

[13] Falcão, A. F. O., and Gato, L. M. C. (2012). Air turbines. In *Comprehensive Renewable Energy* (Vol. 8, pp. 111 - 149). Oxford: Elsevier. https://doi.org/10.1016/B978-0-08-087872-0.00805-2.

[14] Gato, L. M. C. and Henriques, J. C. C. (1996). Optimization of symmetrical profiles for the Wells turbine rotor blades. In: *ASME Fluids Engineering Division Summer Meeting*, vol. 238, 623 - 630. https://doi.org/10.13140/2.1.4689.7922. ASME Publications.

[15] Gomes, R. P. F., Henriques, J. C. C., Gato, L. M. C., and Falcão, A. F. O. (2012). Multi-point aerodynamic optimization of the rotor blade sections of an axial-flow impulse air turbine for wave energy conversion. *Energy* 45 (1): 570 - 580. https://doi.org/10.1016/j.energy.2012.07.042.

[16] Halder, P. and Samad, A. (2016). Optimal wells turbine speeds at different wave conditions. *International Journal of Marine Energy* 16: 133 - 149. https://doi.org/10.1016/j.ijome.2016.05.008.

[17] Halder, P., Rhee, S. H., and Samad, A. (2017). Numerical optimization of wells turbine for wave energy extraction. *International Journal of Naval Architecture and Ocean Engineering* 9 (1): 11 - 24. https://doi.org/10.1016/j.ijnaoe.2016.06.008.

[18] Hansen, C. (1993). Aerodynamics of horizontal-axis wind turbines. *Annual Review of Fluid Mechanics* 25: 115 – 149. https://doi. org/10. 1146/annurev. fluid. 25. 1. 115.

[19] Jacobson, R., Meadors, M., Jacobson, E., and Link, H. (2003). Power performance test report for the AOC 15/50 wind turbine, test B. In: *National Wind Technology Center*. Colorado: National Renewable Energy Laboratory.

[20] Lewis, A., Estefen, S., Huckerby,J. et al. (2011). Ocean energy. In: *IPCC Special Report on Renewable Energy Sources and Climate Change Mitigation* (ed. O. Edenhofer, R. Pichs-Madruga, Y. Sokona, et al.). Cambridge and New York: Cambridge University Press.

[21] Lindenburg, C. (2003). Investigation into rotor blade aerodynamics. ECN Report: ECN-C-03-025.

[22] Malcolm, D. J. (2003). Market, cost, and technical analysis of vertical and horizontal axis wind turbines task ♯ 2: VAWT vs. HAWT technology. Lawrence Berkeley National Laboratory.

[23] Mohamed, M. H. and Shaaban, S. (2014). Numerical optimization of axial turbine with self-pitch-controlled blades used for wave energy conversion. *International Journal of Energy Research* 38 (5): 592 – 601. https://doi. org/10. 1002/er. 3064.

[24] Mohamed, M. H., Janiga, G., Pap, E., and Thévenin, D. (2011). Multi-objective optimization of the airfoil shape of wells turbine used for wave energy conversion. *Energy* 36 (1):438 – 446. https://doi. org/10. 1016/j. energy. 2010. 10. 021.

[25] Raghunathan, S. and Abtan, C. (1983). Aerodynamic performance of a wells air turbine. *Journal of Energy* 7 (3): 226 – 230. https://doi. org/10. 2514/3. 48075.

[26] Raghunathan, S. and Tan, C. (1982). Performance of the wells turbine at starting. *Journal of Energy* 6 (6): 430 – 431. https://doi. org/10. 2514/3. 48058.

[27] Sant, T. (2007). Improving BEM-based aerodynamic models in windturbine design codes. Doctoral thesis. TU Delft. Doi: uuid: 4d0e894c-d0ad-4983-9fa3-505a8c6869f1.

[28] Selig, M. S. and Coverstone-Carroll, V. L. (1996). Application of a genetic algorithm to wind turbine design. *Journal of Energy Resources Technology* 118 (1): 22 – 28.

[29] Setoguchi, T., Takao, M., Kinoue, Y. et al. (2000). Study on an impulse turbine for wave energy conversion. *International Journal of Offshore and Polar Engineering* 10 (2):145 – 152.

[30] Setoguchi, T., Santhakumar, S., Takao, M. et al. (2002). A performance study

of a radial turbine for wave energy conversion. *Proceedings of the Institution of Mechanical Engineers, Part A: Journal of Power and Energy* 216 (1): 15 - 22. https://doi.org/10.1243/095765002760024917.

[31] Shaaban, S. (2017). Wells turbine blade profile optimization for better wave energy capture. *International Journal of Energy Research* 41 (12): 1767 - 1780. https://doi.org/10.1002/er.3745.

[32] Shehata, A. S., Xiao, Q., Saqr, K. M., and Alexander, D. (2017). Wells turbine for wave energy conversion: a review. *International Journal of Energy Research* 41 (1): 6 - 38.

[33] Soltanmohamadi, R. and Lakzian, E. (2015). Improved design of wells turbine for wave energy conversion using entropy generation. *Meccanica* 51 (8): 1713 - 1722. https://doi.org/10.1007/s11012-015-0330-x.

[34] Spera, D. A. (1994). Introduction to modern wind turbines. In: *Wind Turbine Technology: Fundamental Concepts of Wind Turbine Engineering*, 47 - 72. New York: ASME. "The DeepWind Project 2016." http://www.deepwind.eu/the-Deepwind-Project.

[35] Torresi, M., Camporeale, S. M., and Pascazio, G. (2009). Detailed CFD analysis of the steady flow in a wells turbine under incipient and deep stall conditions. *Journal of Fluids Engineering* 131 (7): 71103. https://doi.org/10.1115/1.3155921.

符号说明

a	有效流道宽度
A	面积
$\mathbf{A}$	从 DOE 的输入值得到的矩阵
B	叶片安放角,堵塞系数
BB	叶片负载参数
b	叶片高度
C	绝对速度,叶片弦长
$\mathbf{C}$	搜索迭代开始时的单位矩阵
C_d	能耗系数
C_L	升力系数
C_P	功率系数
C_f	摩擦系数
COV	协方差矩阵
c_f	剪切应力系数
D	直径
d	直径
DR	扩散因子
E	比液压能,效率
F	非设计流速比,力
F_c	合并的目标函数
f	目标函数
f_c	圆周力
f_r	径向力
g	重力加速度
H	扬程,叶片高度,水轮机水头,形状系数
h	扬程,环空高度,绝热效率,焓
h_c	集中的泵的损失
h_d	分散的泵的损失
I	滞止焓,惯性矩
i	入射角

K	基于试验的损失因子,压缩系数
K_c	标准化速度
K_f	摩擦系数
K_M	偏离设计系数
K_u	标准化圆周速度
K_δ	经验推导系数
k	比转速,湍动能
L	扩散负荷系数,涡轮级比功
l	型面弦长
l_a	叶片轴向弦长
M	马赫数
M_b	弯矩
m	最大外倾角
$(m)_{\sigma=1}$	级联样板强度为 1 时的参数
$\dot{m}$	质量流量
N	转速,叶片数
n	采样点的数量
Nss	吸入比转速
P	压力,风机功率,功率
p	阶数,压力
p^0	总压
P_R	风机功率
Q	体积流量
Q_f	泄漏流量
R	半径,相关系数,皮尔逊相关系数,反动度
R_B	气泡半径
R_b	叶片的曲率半径
r_c	流线的曲率半径
S	熵,源项
s	翼型厚度
T	温度,角螺距
t	最大厚度,Student t 参数
Th	叶片前缘厚度
U	叶片速度,圆周速度,叶片周向速度
u	轴向速度
V	绝对速度,风机出口的平均速度

v	切向速度
W	叶片切向速度,相对速度,叶片宽度
$\boldsymbol{W}$	加权系数的对角矩阵
w	径向速度
w_f	权重因子
$\boldsymbol{X}$	决策变量的向量
x	自变量
Y	Ainley 损失系数
$\boldsymbol{Y}$	相关适应度函数的向量
y_{CL}	控制点
$\boldsymbol{y}$	从 DOE 获得的输出响应的向量
y^+	无量纲壁面距离
Z	叶片数,点的高度
x , y , z	直角坐标
r , θ , z	圆柱坐标
m' , θ , z	保角坐标
$\hat{e}_n$, $\hat{e}_\theta$, $\hat{e}_m$	圆柱坐标系中的单位向量

缩略语

AEP	年发电量
AMCA	空气流动和控制协会
AMGA	基于归档的微遗传算法
ANN	人工神经网络
AO	自动优化
AOD	随机优化设计
BEP	最佳效率点
BEM	叶素理论法
BHP	制动马力
BOS	电站收支
CCD	电荷耦合器件
CFD	计算流体力学
COE	单位发电量的生产成本
DCA	双圆弧
DFR	下游流动阻力
DNS	直接数值模拟

DOE	试验设计
DPIV	数字粒子图像测速仪
EG	误差目标
FCR	固定充电费率
FEA	有限元分析
FEASM	有限元近似解法
GA	遗传算法
GMDH	群数据处理方法
PRESS	预测误差平方和
HAWT	水平轴风力涡轮机
HVAC	供暖、通风和空调
ISO	国际标准化组织
IGV	进口导叶
LOS	OPAL＋＋脚本语言
KRG	克里格代理模型
LB	下限
LE	前缘
LDA	激光多普勒风速测量法
LDV	激光多普勒测速法
LES	大涡模拟
LHM	拉丁超立方法
LHS	拉丁超立方体抽样
MDO	多学科设计优化
MGV	导叶偏置
MI	匹配指数
MOEA	多目标进化算法
MOGA	多目标遗传算法
MoI	惯性矩
MOO	多目标优化
MORDE	多目标鲁棒设计探索
MPI	消息传递接口
MRF	移动参考系
MSE	均方误差
NOP	操作条件的个数
NPSH	净正吸压头
NPSE	净正吸比能

NSGA	遗传算法的非支配排序
NURBS	非均匀有理数 B 样条曲线
ORC	有机朗肯循环
OPAL	优化算法库
OWC	振荡水柱
PADRAM	参数化设计和快速网格划分
PBA	基于预测误差平方和的平均
PDA	相位多普勒风速仪
PIV	粒子图像测速仪
POSs	Pareto 最优解集
PR	压比
PRESTO	压力交错选项
PRESS	预测误差平方和
PS	压力面
RANS	雷诺平均 Navier‑Stokes 法
RE	径向平衡
RBNN	径向基神经网络
RSA	响应面近似
RNG	重整化群
SC	扩展常数
SLC	流线曲率
SM	失速裕度
SOPHY	水力学软件 PADRAM
SPL	声压级
SQP	二次序列规化算法
SGS	子网格尺度
SS	吸力面
SST	剪切应力输运
TC	涡轮机成本
TEIS	双元件串联
UB	上限
URANS	非定常雷诺平均 Navier‑Stokes 法
VAWT	垂直轴风力涡轮机
VSV	可变定子叶片
WAS	加权平均代理

希腊字母

Ω_{ij} 旋转张量率

$\hat{\beta}$ 多项式回归中 b 向量系数的估计

$\varnothing$ 黏性耗散，标量

α 绝对液流角，步长参数，攻角，权重

β 相对液流角，回归系数矢量

$\beta_i; \beta_{ij}$ 多项式回归中基函数的系数

Γ 扩散性

γ 扫掠角，表面张力，交错角，扭曲分布

δ^* 边界层位移厚度

δ 偏转角，叶顶间隙

ε 滑移系数，总堵塞系数，挠度，倾斜角，湍流耗散率

$\boldsymbol{\varepsilon}$ 随机误差向量

ζ 效率

ζ_s 二次耗散系数

ζ_{sh} 振动修正

ζ_δ 间隙损失系数

η 效率

θ 进口和出口端口之间的角度，剖面翼型曲率，边界层动量厚度，锥角

λ 叶轮进口和出口的平均面积

μ 平均值，滑移系数，动力黏度

ρ 密度

σ 滑移系数，标准偏差，空化系数，托马空化数，稠度，法向应力

τ 径向叶顶间隙，应力

ν 运动黏度

φ 出口系数

ϕ 流量，势函数，黏性耗散，标量

χ_M 基于马赫数的修正

χ_R 基于雷诺数的修正

ω 总压损失系数，周向速度

$(\delta_0)_{10}$ 对称的 10% 厚度与弦轮廓的基本偏差

Θ 边界层动量厚度

χ 安全裕度

δ 偏转角，叶顶间隙，倾斜角

ν　　　轮毂比

下标

0	停滞特性,进气管道
1	叶轮进口,上游
2	叶轮出口,下游
3	无叶扩压器出口
a	大气状态
ad	绝热的
at	大气状态
B	叶片,气泡
b	叶片
back	后弯
c	临界,叶片金属,离心
d	盘
e	边界层厚度的边缘量
F	前端,流体
for	前弯
h	水动力
HUB	轮毂
hyd	水动力
i	进口,初始
in	进口
im	叶轮
M	子午线的
m	子午线的,模型运行条件,中截面
max	最大的
mech	机械的
min	最小的
n	决策变量数,设计工况条件下的
o	出口
out	出口
p	原型的工作条件,轮廓
R	必需的,转子
r	径向的

s	比转速
ref	参考的
req	必需的
rms	均方根
S	静态的,吸入,定子
s	静态的,吸入,搜索方向,二次流
T	总
TIP	尖
t	尖,总的,目标,涡轮机,湍流
ti	间隙值
ts	总压-静压
U	切向分量
u	周向,切向
v	相
vol	体积
x	轴
θ	圆周

上标

.	时间变化率
is	等熵态
–	平均
*	设计工况
'	实际角度